现代工程实践与创新训练

胡慧　胡晓东　彭文静　刘美华　主　编

刘文锋　陈卓威　刘伟成　张小兵　副主编
彭潇潇　陈默兮　赵智航　周千祺

U0224129

清华大学出版社

北　京

内 容 简 介

本书采用以纸质书本为主，电子辅助配套资源为辅的方式。本书旨在提高学生的实践能力，培养学生创新意识和现代工程专业素养与职业道德，体现典型产品在设计、制造工艺、生产过程中的综合性、实用性和创新性。本书内容包括现代工程训练概述、工程师的职业素养与现代工程意识素养、传统制造工程训练、先进制造工程训练、电工电子工程训练、多工种融合创新训练六个篇章。本书名词术语和技术要求均采用国家标准。

本书适合用作高等院校工程训练类课程的课本，读者对象为参加相关产品设计、毕业设计及项目竞赛的学生，以及参加金工实习、电工电子实习的学生。

图书在版编目(CIP)数据

现代工程实践与创新训练/ 胡慧等主编. —北京：清华大学出版社，2023.6（2024.8重印）
ISBN 978-7-302-63689-2

I. ①现… II. ①胡… III. ①工程技术—高等学校—教材 IV. ①TB

中国国家版本馆 CIP 数据核字(2023)第 101476 号

责任编辑：王　军
封面设计：高娟妮
装帧设计：孔祥峰
责任校对：马遥遥
责任印制：杨　艳

出版发行：清华大学出版社
　　　　　网　　　址：https://www.tup.com.cn, https://www.wqxuetang.com
　　　　　地　　　址：北京清华大学学研大厦 A 座　　　　邮　　　编：100084
　　　　　社 总 机：010-83470000　　　　　　　　　　邮　　　购：010-62786544
　　　　　投稿与读者服务：010-62776969，c-service@tup.tsinghua.edu.cn
　　　　　质 量 反 馈：010-62772015，zhiliang@tup.tsinghua.edu.cn
印 装 者：三河市少明印务有限公司
经　　销：全国新华书店
开　　本：185mm×260mm　　　印　　张：18　　　字　　数：467 千字
版　　次：2023 年 7 月第 1 版　　　印　　次：2024 年 8 月第 2 次印刷
定　　价：69.00 元

产品编号：100478-01

前　言

湖南工程学院于 2006 年 7 月在原校办实习工厂的基础上组建了工程训练中心，承担全校 30 多个专业学生的金工实习、电工电子实习教学和课外科技指导工作。党的二十大会议提出加快建设高质量教育体系，指出要在面向经济社会发展需求，在努力培养经济社会急需的高素质人才上下功夫。近年来，工程训练中心为了更好地适应时代发展、响应国家二十大政策以及践行学校"实践育人"理念，组织了一批实训教学经验丰富的骨干教师，认真编写了本实训教材，主要包括现代工程训练概述、工程师的职业素养与现代工程意识素养、传统制造工程训练、先进制造工程训练、电工电子工程训练、多工种融合创新训练六个篇章，采用递进式和交叉式并存的实习层次，呈现车削、铣削、钳工、铸造、数控车、数控铣、线切割、逆向工程、3D 打印技术、激光加工、电工电子、多工种融合创新训练等多个实习项目，讲述传统制造工种、先进制造工种、电工电子之间的衔接与融合以及工程思维与实践教育之间的内在联系。由于篇幅有限，锻压、刨削、磨削、镗削、焊接、机器人技术、无人机技术等部分内容见本书配套的电子资源《现代工程实践与创新训练辅助学习材料》。本教材侧重于实践与创新，既把思政内容融合于细节中，又将理论和实践结合于工程训练中，既全面系统地总结了本校工程训练教学实践和改革经验，又吸收和借鉴了国内兄弟院校的相关实践教学经验与改革成果，特色鲜明。

(1) 强调实践能力的培养。金工实习是一门实践性很强的技术基础课。本课程是对学生进行必备的基本动手能力、创新意识、工程素养和职业技能培养的工程实践性教学环节。课程采用以现场教学为主、课堂教学为辅的教学方式。课堂教学主要讲授实习中需要了解和掌握的基础知识，现场教学则要求做到讲练结合，边示范操作边讲解教学内容。为使学生对典型工业产品的结构、工艺过程、设计、生产制造有一个基本完整的体验和认识，工程训练项目既考虑了传统制造工种的训练，又考虑了先进制造工种的训练，同时为动手能力强和科技创新意识强的学生开设了多工种融合项目的训练。

(2) 实训教学内容体系具有模块化和层次化的特点。①工程训练内容模块化。有 4 个一级模块，即"传统制造工程训练""先进制造工程训练""电工电子工程训练"和"多工种融合创新训练"；有 14 个二级模块，即传统制造工程训练的 7 个二级模块(按工种分为车削加工、铣削加工、钳工、铸造、焊接、刨削磨削镗削、焊接)，先进制造工程训练的 7 个二级模块(按工种分为数控车削、数控铣削、线切割、逆向工程与 3D 打印、激光加工、机器人技术、无人机技术)；有 1 个三级模块，即多工种融合创新训练模块，具备一定的科技创新含量。三个级别模块构成了模块化工程训练内容体系。②工程训练层次化。本教材教学内容从基础模块到拓展模块，由浅入深，由点到面，层层递进，在内容安排上将工程训练分为 4 个层次：工程认知层、工程基础动手能力层、工程综合能力层和工程拓展层。前两个层次的教学内容面向所有专业；工程综合能力层针对不同专业和实习时间选择教学内容；如果学生对学科竞赛、职业技能培训、课程/毕业设计有要求，可对工程拓展层进行教学内容选择。

(3) 突出了对工程师的职业素养与现代工程意识素养的培养。第 2 章"工程师的职业素养与现代工程意识素养"重点介绍了工程师的职业素养和工程师的职业精神，培养学生劳模精神、劳动精神、工匠精神，树立正确的现代工程意识。

(4) 增加了国家制造业发展战略重点领域的新技术训练。在做好数控技术实训和特种加工的基础上，主要增加了机器人技术、无人机技术等国家一再强调的战略新兴产业的相关教学内容，让学生接触到最新的生产设备、了解工艺技术以及设计理念、培养创新意识，提高实践能力。

辅助学习材料和 PPT 文件

读者可扫描封底二维码，下载本书的辅助学习材料和 PPT 文件。辅助学习材料共 115 页，分为两章；第 1 章是"传统制造的辅助学习材料"，第 2 章是"先进制造的辅助学习材料"。

编 者

2023 年 3 月

目　录

第1章
现代工程训练概述

1.1 机械制造技术

1.1.1 概述

机械制造技术是一门致力于研究机械产品的设计、加工制造、生产、使用、销售、维修甚至回收再生的整个流程的工程学科。这门学科主要以提高效益、质量和竞争力为目标。目前机械制造技术是现代科学技术与工业创新的融合,已成为国家间科技竞争的重点问题,成为衡量一个国家科技发展水平、综合国力的重要标志。

近些年来,我国机械制造业取得了飞速发展,促进了经济持续快速增长,已成为我国国民生产经济的最重要基础产业之一;人们的生活水平得到巨大提高,社会主义和谐社会的进程不断推进。在经济全球化的浪潮中,我国机械制造业取得快速发展,也是机械工业不断发展的动力和基础。

1.1.2 现代机械制造技术的特点

现代机械制造技术是指制造业(传统制造技术)不断吸收机械工程技术、电子信息技术(包括微电子、光电子、计算机软/硬件、现代通信技术)、自动化控制理论技术(自动化技术生产设备)、材料科学、能源技术、生命科学及现代管理科学等方面的成果,并将其综合应用于制造业中的产品设计、制造、管理(检测)、销售、使用、服务(售后服务)和回收处理这样一个制造全过程,实现优质、高效、低耗、清洁、灵活生产,提高对动态多变的产品市场的适应、竞争能力,取得具有市场竞争力的理想经济技术综合效果。

(1) 现代制造技术是一个动态过程,要不断吸取各种高新技术成果,并将其渗透到产品的设计、制造、生产管理及市场营销的所有领域及全部过程,并实现优质、高效、低耗、清洁的生产。

(2) 现代制造技术是面向新世纪的技术系统,它的目的是提高制造业的综合效益,赢得国际市场竞争。

(3) 现代制造技术不仅限于制造过程本身,它还涉及市场调研、产品设计、工艺设计、加工制造、售后服务等产品生命周期的所有内容。

(4) 现代制造技术特别强调计算机技术、信息技术和现代系统管理技术在产品设计、制造和生产管理等方面的应用。

(5) 现代制造技术强调各专业学科之间的相互渗透、融合和淡化，并最终消除它们之间的界限。

(6) 现代制造技术特别强调环境保护，要求产品是"绿色产品"，要求生产过程是环保型的。

1.1.3　机械制造技术的发展前景

作为基础工业的机械制造业，面临需求差异化越来越强烈的严峻挑战，未来将朝以下几个方面发展。

1. 集成化

随着新世纪的到来，计算机集成制造逐渐成为机械制造行业中最常见的生产形式。计算机集成制造系统为机械制造行业实现自动化操作提供了契机，使设备重量以及体积得以缩小，并且操作起来更容易进行控制。

2. 敏捷化

反应能力是否敏捷是判断机械制造业竞争实力的重要标准之一，因此机械制造企业必须提高自己的反应能力。机械制造企业的各部门之间要通力合作，通过相互学习彼此的优势实现共赢，以竞争为基础，提高反应能力。只有这样才能使产品满足使用者的使用需求，才能提升企业的竞争实力。

3. 智能化

智能化制造可理解为由智能机械和人类专家共同组成的人机一体化智能系统，智能系统在制造过程中能进行智能活动，如分析、推理、判断、构思、决策等。

4. 虚拟化

虚拟化制造，指的是在研发过程中利用计算机仿真技术和系统建模技术，使信息技术与机械制造工艺有效结合在一起。虚拟化可以应用在产品设计、制造和管理等多个方面。

5. 绿色化

绿色化属于全球共同探讨的话题，国家进行绿色化生产能够保障其长期可持续发展。机械制造绿色化为设计、材料、设备、生产、产品、包装、回收以及技术等方面的绿色化。机械制造绿色化是为了减少机械制作对环境产生的负面影响，提高材料和能源的利用率。

1.2　电子制造技术

1.2.1　概述

电子产品是通过电能工作的相关产品，日常指电话、手机、个人计算机、家庭办公用品、家用电子保健设备、汽车电子等电子类消费产品。电子制造是指电子产品从硅片开始到产品系统的物理实现过程。电子制造技术是近半个世纪以来高速发展的一门科学技术，其日益渗透到其他学科，并深入国民经济的各个领域，使得人们的生活更加便利。

1.2.2　现代电子制造技术的发展前景

在市场需求的驱动下，电子制造业的资源配置沿着劳动密集→设备密集→信息密集→知识密集-智能密集的方向发展。相应地，电子制造技术的生产方式沿着手工→机械→单机自动化→刚性流水自动化→柔性自动化→智能自动化方向发展。随着电子科技的迅猛发展和信息化时代对电子产品的要求，电子制造技术的发展主要体现在以下几个方面。

1. 技术的融合与发展

由于电子产品的日益微小型化和复杂化，传统的行业划分和技术概念逐渐模糊，学科、技术的交叉和融合成为现代电子制造技术的发展趋势；如封装技术与组装技术的融合，PCB 与 SMT 的渗透，元器件制造与板级组装技术的交汇。

2. 绿色、环保潮流

绿色、环保要求对电子制造业的影响很大。无铅化、免洗焊接、无卤、节约资源、绿色设计、能源效率等都是电子制造技术的发展趋势。

3. 微组装技术的应用和发展

随着技术的不断进步，信息化社会的发展对电子信息产品微小型化、系统化、智能化的需求促使微组装技术蓬勃发展。同时，现代科技的发展促使电子制造业相关行业的技术不断提高，为微组装技术的发展提供了坚实的理论和技术基础。

4. 电子制造技术的标准化和国际化

随着电子制造技术的发展和深入，电子制造业日趋国际化。因而，采用国际标准对于我们及时掌握先进技术，提高行业先进技术应用水平，提高产品质量和高科技含量，尽快把握抢占市场的有利时机，都是十分重要的。

1.3　多工种融合技术

1.3.1　概述

现代工程训练中的多工种融合技术，是指由两种及两种以上的机械制造技术或电子制造技术的有机结合，完成机械产品或机电一体化产品的制作，可涵盖冷加工和热加工等传统机械制造技术，数控加工和特种加工等先进制造技术，电工电子技术和多种测量技术。多工种融合技术的实现通常以项目为载体，其实现过程包含了项目产品的结构设计、加工制作、测量、装配、调试与运行等，涵盖了"设计—制造—测量—优化"全产品生产流程，体现了"闭环"的工程思维。

1.3.2　多工种融合技术的特点

1. 多工种融合技术具有协同性

工程训练中的多工种融合技术是两种以上工程训练工种技术的协同与融合，既可包含传统制造工程技术，也可包含先进制造工程技术及电工电子技术。各工种技术各有特点，强调不同工种技术之间的并行协同或串行协同，各工种技术具有系统连贯性和目标一致性，强调动手及创新，服务于实践创新教学及复杂产品的加工。

2. 多工种融合技术以项目为载体

多工种融合技术项目以实现产品为目的，覆盖产品构思、设计、生产、安装、调试及运行全生命周期。通过项目，建立起"工程教育"与"实际工程"之间的紧密联系，以工程意识训练为目标，依托产品的"设计—制造—测量—优化"全过程，将多种工程技术融合，打造一个闭环的工程训练链条，让各个工种技术不再孤立存在，形成一个围绕产品生产的全链整体，让项目参与者树立可靠性意识、成本意识、效率意识等工程意识，并形成综合优化、整体效益的系统工程观。

3. 多工种融合技术具有开放性

多工种融合技术是以完成项目为目标，其产品加工过程可分解为多个加工子过程。加工工种技术及技术的组合具有多样性，使用的加工材料亦具有多样性，因此多工种融合技术的组合具有灵活性和开放性。通过对比分析不同加工材料及不同加工方法，可深入理解产品设计与材料及加工方法之间的联系，同时能发现各加工工艺的优势和局限性。

4. 多工种融合技术强调创新性

多工种融合技术项目目标确定后，其实现方式灵活多样，需要项目参与者使用设计、制造、质量评价、改进优化的系统思路，在理解加工材料、加工工艺、检验方法、各工序间的衔接与配合、装配等相关知识的基础上创新性地进行应用，全面融合、自主创新，是一种融合创新教育新模式。

第 2 章
工程师的职业素养与现代工程意识素养

2.1 工程师的职业素养

工程是科技转化为生产力的重要环节，是联系科技与经济的桥梁。纵观人类社会发展的历史进程，正是工程科技的持续发展极大地推动了生产力的革命性飞跃，才使得人类的生活方式发生了根本性变革。工程科技人才是中国实现创新发展的中坚力量，是人类物质文明的创造者和建设者。当代工程师从事工程技术活动时，不仅要自觉遵守国家的法律法规，而且必须具备高尚的伦理道德、正确的职业价值观、娴熟的职业技能和良好的职业规范，才能为国家的创新发展提供持续动力。

但是，一名在校园里表现优秀的工科大学生到工作单位后是否就是一名优秀的工程师？很显然，这两者之间不能画等号，因为学校与社会对优秀的判断标准不一样。甚至可以说，社会对优秀的判断标准更严格，其中很重要的一项就是对职业素养的要求。

2.1.1 工程师的职业素养要求

职业素养是职业内在的规范和要求的综合，是在从事某种职业过程中表现出来的综合品质，是员工素质的职场体现。它包含职业道德、职业观念、职业技能、职业规范等方面。在工程领域，职业素养体现一个工程师在职场中的素养及智慧。对于从事工程相关工作的人员来说，应该深度了解工程相关知识，并且能够综合考虑技术、政治、经济、环境等因素解决工程问题；对于从事非工程相关工作的人员来说，应该具备一定的工程知识，并能处理日常生活中涉及的工程问题，能对公共工程项目和问题做出科学、理性、独立的判断和选择。

职业人员的职业素养程度的高低，决定了企业未来的发展，也决定了该职业人员自身未来的发展。职业素养包括职业道德、职业观念、职业技能和职业规范等要素。是否具备职业化的意识、道德、态度，以及职业化的技能、知识与行为，直接决定了企业和职业人员自身发展的潜力和成功的可能性。

职业道德：职业道德是和人们的职业活动紧密联系的，符合职业特点的道德准则、道德情操与道德品质的总和。它既是对本职员工在职业活动中行为的要求，又是职业对社会所担负的道德责任与义务。

职业观念：指具有其职业特征的职业精神和职业态度。职业精神是与人们的职业活动紧密联系的，具有自身职业特点的精神。职业精神既是一个人的人生观、世界观、价值观的集中体现和正确荣辱观的具体化，又是企业发展、企业竞争和个人生存的需要。

职业技能：从业人员在职业活动中能够娴熟运用的，并能保证职业生产、职业服务得以完成的特定能力和专业本领。职业技能是由多种能力复合而成的，是从事某项职业必须具备的多种能力的总和。它是择业的标准和就业的基本条件，也是从业人员胜任职业岗位工作的基本要求。

职业规范：指维持职业活动正常进行或处于合理状态的成文和不成文的行为要求，这些行为要求是人们在长期活动实践中形成和发展起来的，是大家共同遵守的各种制度、规章、秩序、纪律等。它们有的反映了人与人之间的关系，如组织观念、劳动纪律、集体准则、人事制度等，这些属于组织系统方面；有的反映了职业劳动中人与物的关系，如职业劳动的操作规程、安全要求等，这些多属于技术系统方面。了解职业规范并培养相应的好习惯，既可以适应多元化经济体制的人才需求，也能对人的可持续发展和终身发展产生深远影响。

2.1.2　工程师的职业精神

2020 年 11 月 24 日，习近平总书记在全国劳动模范和先进工作者表彰大会上发表重要讲话，提出要大力弘扬劳模精神、劳动精神、工匠精神。会上，总书记精辟阐释了这三种精神的科学内涵，分别是"爱岗敬业、争创一流、艰苦奋斗、勇于创新、淡泊名利、甘于奉献的劳模精神""崇尚劳动、热爱劳动、辛勤劳动、诚实劳动的劳动精神""执着专注、精益求精、一丝不苟、追求卓越的工匠精神"，强调这三种精神"是以爱国主义为核心的民族精神和以改革创新为核心的时代精神的生动体现，是鼓舞全党全国各族人民风雨无阻、勇敢前进的强大精神动力"。

其中，爱岗敬业的家国情怀是一个人对自己国家和人民所表现出来的深情，是对国家富强、人民幸福所展现出来的理想追求，是对自己国家的一种高度认同感、归属感、责任感和使命感。爱岗敬业不仅是一种态度，更是一种责任。对工程师而言，爱岗敬业就是其家国情怀的最直接表达方式。工匠精神则体现了社会对从业者技术与道德两个方面的要求。

其中，精益求精的品质精神是工匠精神最基础的要求和规范。对工程师而言，工匠精神应该包含三个层面：严谨求实的工作态度，一丝不苟的工作作风，追求极致的工作理念。

2.2　现代工程意识素养

工程架起了科学发现、技术发明与产业发展之间的桥梁，是产业革命、经济发展和社会进步的推动力。如何做好每一项工程以及如何做一位合格的工程人员就成了时代发展所面临的课题。工程人员只有树立正确的现代工程意识，才能做出符合科学发展观的好工程，才能为国家、社会和人类做出贡献。因此，现代工程人员树立正确的现代工程意识就成了贯彻科学发展观、建设和谐社会的基本要求。

现代工程意识是指从系统的、整体的全局观出发，分析工程的效用和利弊，以及由此引申而来的科学技术问题、功能审美问题、生态环境问题、资源安全问题、伦理道德问题等，将工程技术、科学理论、艺术手法、管理手段、经济效益、环境伦理、文化价值进行综合，树立科学的可持续发展观。作为新时代的工程师，应该具有必要的现代工程意识。

2013 年 11 月 28 日，教育部、中国工程院印发了《卓越工程师教育培养计划通用标准》(教高函〔2013〕15 号)。这个通用标准规定了卓越计划各类工程型人才培养应达到的基本要求，同时是制定行业标准和学校标准的宏观指导性标准。通用标准分为本科、硕士和博士三个层次。根据通用标准以及社会发展的需求，现代工程人员应具有良好的质量意识、安全意识、效益意识、环境意识、创新意识、精细化工作意识，另外还有职业健康意识、服务意识、保密意识等。

质量意识：指工程技术人员对质量和质量工作的认识、理解和重视程度。拥有良好的质量意识是工程技术人员追求卓越的前提，需要贯穿于工程技术人员的整个职业生涯。

安全意识：指工程技术人员在从事生产活动中对安全现状的认识，以及对自身和他人安全的重视程度。良好的安全意识关系到人民群众的人身安全和切身利益、国家和企业财产的安全，以及经济社会的健康稳定发展。

效益意识：指工程技术人员在从事相关工程活动中对经济效益和社会效益的重视程度，以及对两者关系的认识水平。良好的效益意识要求工程技术人员在进行工程活动时，既关注工程产生的经济效益，也注重其带来的社会效益。

环境意识：指人们对环境的认识水平以及对环境保护行为的自觉程度。良好的环境意识是工程技术人员在工程活动中重视环境保护、处理好人与自然和谐关系的基础。

创新意识：指推崇创新、追求创新、主动创新的意识，即创新的积极性和主动性、创新的愿望与激情。创新意识具体表现为强烈的求知欲、创造欲、自主意识、问题意识，以及执着、不懈的创新追求等。

精细化工作意识：指工作人员在工作中对小事和工作细节的态度、认知、理解和重视程度。

第 3 章
传统制造工程训练

3.1 车削

车削加工是在车床上利用工件旋转运动和刀具的移动来改变毛坯的形状和尺寸，把装夹在机床主轴端面卡盘上的毛坯加工成符合图纸要求的零件的过程。其中，工件的旋转运动为主运动，刀具的直线或曲线运动为进给运动。

在金属切削加工的各工种中，车削加工是最基本、最常见的切削方式，无论是成批大量生产，还是单件小批生产，以及在机械维修方面，都占有重要的地位；常用于加工各种回转体(如圆柱体、圆柱孔、圆锥体和各种螺纹等)的表面。因机械加工中带回转体表面的零件所占比例较大，在各类金属切削机床中，车床是应用最广泛的一类，约占机床总数的 50%。车床既可用车刀对工件进行车削加工，又可加上各类附件和夹具，进行磨削、研磨、抛光等加工。

3.1.1 常见的车床种类

车床的种类很多，按用途和结构的不同，主要分为下列几类。

(1) 卧式车床(图 3.1.1)：车床中应用最广泛的一种，因其主轴以水平方式放置，故称为卧式车床。

(2) 落地车床(图 3.1.2)：也叫花盘车床、端面车床或地坑车床。它适用于车削直径为 800～4000mm 的直径大、长度短、重量较轻的盘形、环形工件或薄壁筒形等工件。适用于单件、小批量生产。结构特点为无床身、尾架，没有丝杠。

(3) 立式车床(图 3.1.3、图 3.1.4)：立式车床的主轴垂直于水平面，工件装夹在水平的回转工作台上，刀架在横梁或立柱上移动。适用于加工较大、较重、难以在普通车床上安装的工件，一般分为单柱和双柱两大类。

(4) 转塔车床(图 3.1.5)：转塔车床和回转车床具有能装多把刀具的转塔刀架或回轮刀架，能在工件的一次装夹中由操作人员依次使用不同刀具完成多种工序，适用于成批生产。

(5) 仿形车床：按照样板或靠模控制刀具或工件的运动轨迹进行切削加工的半自动车床。

(6) 专门化车床：例如，凸轮轴车床、曲轴车床、凸轮车床、铲齿车床等。此外，在大批量生产中还有各种专用车床。

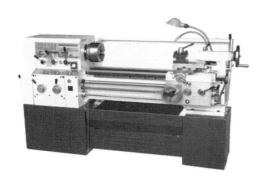

图 3.1.1　卧式车床

图 3.1.2　落地车床

图 3.1.3　单柱式立式车床

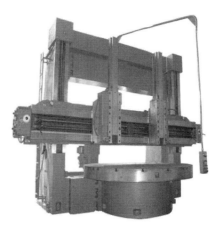

图 3.1.4　双柱式立式车床

图 3.1.5　转塔车床

3.1.2　车削加工特点

(1) 对于轴、盘、套类等零件各表面之间的位置精度要求容易达到，例如，零件各表面之间的同轴度要求、零件端面与其轴线的垂直度要求以及各端面之间的平行度要求等。

(2) 一般情况下，切削过程比较平稳，可以采用较大的切削用量，以提高生产效率。

(3) 刀具简单，制造、刃磨和使用都较方便，容易满足加工对刀具几何形状的要求，有利于提高加工质量和生产效率。

(4) 运用精车的加工方法可对有色金属零件进行精加工。有色金属容易堵塞砂轮，不便于采用磨削对有色金属零件进行精加工。

(5) 采用先进刀具，如多晶立方氮化硼刀具、陶瓷刀具或涂层硬质合金刀具等，可把淬硬钢(硬度HRC55～65)的车削作为最终加工或精加工。

3.1.3　卧式车床

在所有车床中，卧式车床是车床中应用最广泛的一种，约占车床类总数的65%。卧式车床主轴转速和进给量的调整范围大，工艺范围广，能进行多种表面的加工，如内外圆柱面、圆锥面、环槽、成形回转面、端平面和各种螺纹等，还可以进行钻孔、扩孔、铰孔和滚花等工作，如图3.1.6所示。

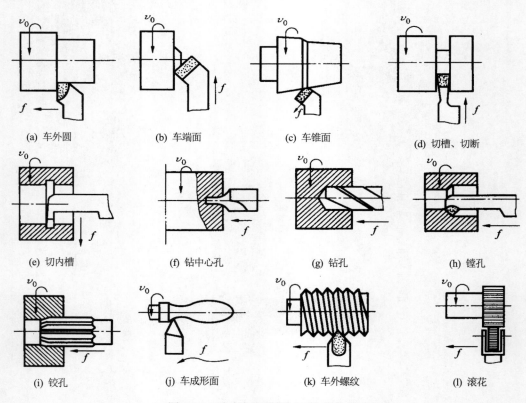

| (a) 车外圆 | (b) 车端面 | (c) 车锥面 | (d) 切槽、切断 |

| (e) 切内槽 | (f) 钻中心孔 | (g) 钻孔 | (h) 镗孔 |

| (i) 铰孔 | (j) 车成形面 | (k) 车外螺纹 | (l) 滚花 |

图 3.1.6　卧式车床所能加工的典型表面

1. 卧式车床的型号

机床型号是机床产品的代号，用于简明地表示机床类别、主要规格、技术参数和结构特性等。由汉语拼音字母和阿拉伯数字按一定规律排列组成。

卧式车床型号用 C61×××表示，其中，C 为机床分类号，表示车床类机床；61 为组系代号，表示卧式。其他数字或字母表示车床的相关参数和改进号。如 C6132A1 型卧式车床中，32 表示主要参数代号(最大车削直径为 320mm)，A 表示重大改进序号(第一次重大改进，1 为小改进序号)，如图 3.1.7 所示。

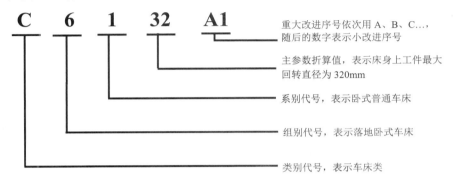

C　6　1　32　A1

重大改进序号依次用 A、B、C…，随后的数字表示小改进序号

主参数折算值，表示床身上工件最大回转直径为 320mm

系别代号，表示卧式普通车床

组别代号，表示落地卧式车床

类别代号，表示车床类

图 3.1.7　卧式车床型号示例

2. 卧式车床组成及其用途

为充分了解卧式车床的结构组成及其作用，现以 C6132A 型车床(图 3.1.8)为例介绍其结构。

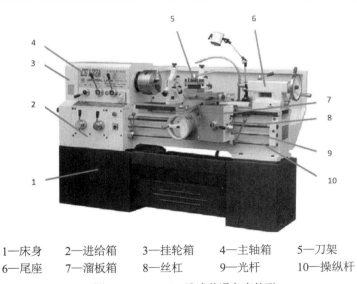

| 1—床身 | 2—进给箱 | 3—挂轮箱 | 4—主轴箱 | 5—刀架 |
| 6—尾座 | 7—溜板箱 | 8—丝杠 | 9—光杠 | 10—操纵杆 |

图 3.1.8　C6132A 卧式普通车床外形

1) 床身

床身是车床的基本支承件。它用来支承和安装车床的各部件，并使它们在工作时保持准确的相对位置。床身上有供刀架和尾架移动的高精度导轨。床身由床腿支撑并固定在地基上。

2) 进给箱

进给箱又称为走刀箱，箱体内装有进给运动的变速机构，用以传递进给运动和改变进给速度。操作中可通过移动变速手柄来改变进给箱中滑动齿轮的啮合位置，得到所需进给量或螺距，并可将主轴的运动分别传递给光杆和丝杠。传递给光杆，可得到不同的进给速度；传递给丝杠，可以车削不同螺距的螺纹。

3) 挂轮箱

挂轮箱用来搭配不同齿数的齿轮，以获得不同的进给量，主要用于车削不同种类的螺纹。

4) 主轴箱

主轴箱又称为床头箱，用来支承主轴和主轴变速机构，通过操纵主轴箱外面的变速手柄，改变齿轮或离合器的位置，可使主轴获得多种不同的转速。主轴的反转是通过电动机的反转来实现的。主轴是空心的，便于穿过长的工件。在主轴的右端有外螺纹和内外圆锥面，可以利用锥孔安装顶尖，也可利用主轴外圆锥面和螺纹安装卡盘和拨盘，以便装夹工件。

5) 刀架

刀架用来夹持车刀并使其做纵向、横向或斜向进给运动，如图 3.1.9 所示，刀架由以下几个部分组成。

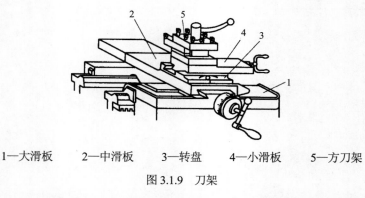

1—大滑板　　2—中滑板　　3—转盘　　4—小滑板　　5—方刀架

图 3.1.9　刀架

(1) 大滑板：与溜板箱连接，可沿床身导轨做纵向移动，其上面有横向导轨。

(2) 中滑板：可沿大滑板上的横向导轨做横向移动，用于横向车削和控制背吃刀量。

(3) 转盘：与中滑板之间用螺钉紧固，松开螺钉便可在水平面内扳转任意角度。其上有小滑板的导轨。

(4) 小滑板：它可沿转盘上面的导轨做短距离移动，当转盘偏转若干角度后，可使小滑板做斜向进给，以便车锥面。

(5) 方刀架：可同时装夹 4 把车刀。松开锁紧手柄，即可转动方刀架，把所需要的车刀更换到工作位置上。

6) 尾座

尾座用于安装后顶尖以支持工件，或安装钻头、铰刀等刀具进行孔加工。尾座的结构如图 3.1.10 所示，它主要由套筒、尾座体、底座等部分组成。转动手轮，可调整套筒伸缩一定距离，并且尾座还可沿床身导轨推移至所需位置，以满足加工不同工件的要求。

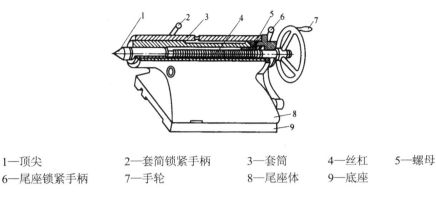

1—顶尖　　　　2—套筒锁紧手柄　　3—套筒　　4—丝杠　　5—螺母
6—尾座锁紧手柄　7—手轮　　　　8—尾座体　9—底座

图 3.1.10　尾座

7) 溜板箱

溜板箱又称为拖板箱，是车床进给运动的操纵箱，可将光杆传来的旋转运动变为车削所需的纵向或横向的直线运动；也可操纵对开螺母，使溜板箱直接由丝杠带动车削螺纹。溜板箱中设有互锁机构。

8) 丝杠

丝杠能带动大拖板做纵向移动，用来车削螺纹。丝杠是车床中的主要精密件之一，一般不用丝杠自动进给，以便长期保持丝杠的精度。

9) 光杠

光杠用于自动进给时传递运动。通过光杠可把进给箱的运动传递给溜板箱，使刀架做纵向或横向进给运动。

10) 操纵杆

操纵杆是车床的控制机构。在操纵杆左端和拖板箱右侧各装有一个手柄，操作者可以很方便地操纵手柄以控制车床主轴正转、反转或停车。

3. 卧式车床的传动系统

车床的运动分为工件旋转和刀具进给两种运动。工件旋转为主运动，电动机输出的动力，经变速箱通过带传动传给主轴，更换变速箱和主轴箱外的手柄位置，得到不同的齿轮组啮合，从而得到不同的主轴转速，主轴再通过卡盘带动工件做旋转运动。同时，主轴的旋转运动通过换向机构、交换齿轮、进给箱、光杠(或丝杠)传给溜板箱，使溜板箱带动刀架沿床身做直线进给运动。进给运动又分为纵向(纵走刀)和横向(横走刀)两种运动，纵向进给运动是指车刀沿车床主轴轴向移动，横向进给运动是指车刀沿主轴径向移动，C6132A 型车床的传动框图如图 3.1.11 所示。

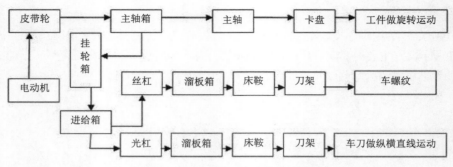

图 3.1.11　C6132A 型车床的传动框图

4. 卧式车床的基本操作

车床的调整主要通过变换各自相应的手柄位置实现，如图 3.1.12 所示。其基本操作如下。

(1) 停车练习：主轴正反转及停止手柄的正确使用。当提起主轴正方转及停止手柄 1 或 18 时，主轴按选择的速度做逆时针旋转，称之为正转；当按下主轴正方转及停止手柄 1 或 18 时，主轴按选择的速度做顺时针旋转，称之为反转；当手柄处于自然平行状态时，机床主电机断电，主轴渐渐停止转动。一般情况下，主轴尽量正转。

(2) 正确变换主轴转速：变动主轴箱外的变速手柄 6、7 的相对位置，选择高低速开关 8(也是主运动变速手柄)的指向，可得到各种相对应的主轴转速。如果手柄拨动有阻碍，可用手稍微转动卡盘即可。变换主轴转速前，需要确认主轴处于静止状态。

1，18—主轴正反转及停止手柄　　　2，3—进给运动变速手柄　　　　4—急停按钮
5—刀架左右移动的换向手柄　　　　6，7，8—主运动变速手柄　　　　9—刀架纵向手动手轮
10—刀架横向手动手轮　　　　　　11—方刀架锁紧手柄　　　　　　12—"开合螺母"开合手柄
13—尾座套筒锁紧手柄　　　　　　14—小刀架移动手柄　　　　　　15—尾座锁紧手柄
16—尾座套筒移动手轮　　　　　　17—刀架横向、纵向自动走刀手柄

图 3.1.12　C6132 车床调整手柄图

(3) 正确变换进给量：按所选的进给量查看进给箱上的标牌，再按标牌上的进给变换手柄位置来变换手柄 2 和 3 的位置，即可得到所选定的进给量。

(4) 熟悉掌握纵向或横向机动进给的操作：确认"开合螺母"开合手柄 12 处于松开状态，将刀架横向、纵向自动走刀手柄 17 按下即为纵向自动进给，将刀架横向、纵向自动走刀手柄 17 前推，即为横向自动进给。居中则可停止纵、横机动进给。

(5) 尾座的操作：尾座靠手动移动，拉起尾座锁紧手柄，可将尾座固定在导轨上。转动尾座套筒移动手轮 16，可使套筒在尾架内移动；转动尾座套筒锁紧手柄 13，可将套筒固定在尾座内。

(6) 低速开车练习：练习前，应先检查各手柄位置是否处于正确的位置，准确无误后再进行开车练习。

特别注意，机床主轴未完全停止前，严禁变换主轴转速，否则可能发生严重的主轴箱内齿轮打齿现象，甚至发生机床事故。开车前要检查各手柄是否处于正确位置。

3.1.4 车削刀具

1. 车刀的分类

1) 车刀按用途分类

(1) 外圆车刀：如图 3.1.13(a)、(b)所示，主偏角一般取 90°和 75°，用于车削外圆表面和台阶。

(2) 端面车刀：如图 3.1.13(c)所示，主偏角一般取 45°，用于车削端面和倒角，也可用来车削外圆。

(3) 切断、切槽刀：如图 3.1.13(d)所示，用于切断工件或车沟槽。

(4) 镗孔刀：如图 3.1.13(e)所示，用于车削工件的内圆表面，如圆柱孔、圆锥孔等。

(5) 成形刀：如图 3.1.13(f)所示，有凹、凸之分。用于车削圆角和圆槽或者各种特形面。

(6) 内、外螺纹车刀：用于车削外圆表面的螺纹和内圆表面的螺纹。外螺纹车刀如图 3.1.13(g)所示。

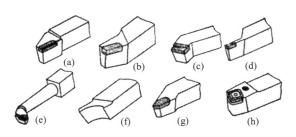

图 3.1.13 常用的车刀种类

2) 车刀按结构分类

(1) 整体式车刀：刀头部分和刀杆部分均为同一种材料。用作整体式车刀的刀具材料一般是整体高速钢，如图 3.1.13(f)所示。

(2) 焊接式车刀：刀头部分和刀杆部分分属两种材料。即刀杆上镶焊硬质合金刀片而后经刃磨所形成的车刀。图 3.1.13 中(a)、(b)、(c)、(d)、(e)、(g)均为焊接式车刀。

(3) 机械夹固式车刀：刀头部分和刀杆部分分属两种材料。将硬质合金刀片用机械夹固的方法固定在刀杆上，如图 3.1.13(h)所示。机械夹固式车刀又分为机夹重磨式(图 3.1.14(a))和机夹不重磨式(图 3.1.14(b))两种车刀。两者区别在于：后者刀片形状为多边形，即多条切削刃，多个刀尖，用钝后只需要将刀片转位即可使用新的刀尖和刀刃进行切削而不需要重新刃磨；前者刀片则只有一个刀尖和一个刀刃，用钝后就必须刃磨。目前，机械夹固式车刀应用较为广泛，尤其以数控车床应用更为广泛；用于车削外圆、端面、切断、镗孔、内螺纹、外螺纹等。

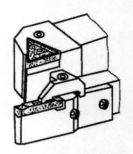
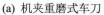

(a) 机夹重磨式车刀　　　　(b) 机夹不重磨式车刀

图 3.1.14　机械夹固式车刀

2. 车刀的组成

车刀由刀头和刀柄两部分组成。刀头称为切削部分；刀柄称为夹持部分，用于把车刀装夹在刀架上。

车刀刀头在切削时直接接触工件，具有一定的几何形状。车刀刀具的各部分结构如图 3.1.15 所示，它主要由以下各部分组成。

(1) 前刀面：刀具上切屑流过的表面。

(2) 主后刀面：同工件上加工表面相互作用或相对应的表面。

(3) 副后刀面：同工件上已加工表面相互作用或相对应的表面。

(4) 主切削刃：前刀面与主后刀面相交的交线部位。

(5) 副切削刃：前刀面与副后刀面相交的交线部位。

(6) 刀尖：主、副切削刃相交的交点部位。为提高刀尖的强度和耐用度，往往把刀尖刃磨成圆弧形和直线形的过渡刃。

(7) 修光刃：副切削刃近刀尖处一小段平直的切削刃。与进给方向平行且长度大于工件每转一转车刀沿进给方向的移动量，才能起到修光作用。

以上结构亦称为刀切削部分的"三面、两刃、一尖"。其组成如图 3.1.16 所示。

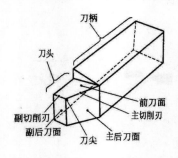

图 3.1.15　车刀的结构

图 3.1.16　车刀的"三面、两刃、一尖"

3. 车刀的主要角度及作用

车刀的主要角度有前角(γ_0)、后角(a_0)、主偏角(K_r)、副偏角(K_r')、刃倾角(λ_s)。

为了确定车刀的角度，要建立 3 个坐标平面：切削平面、基面和正交平面(又称主剖面)。对车削而言，切削平面可以认为是铅垂面；基面是水平面；当主刀刃水平时，正交平面为垂直于主刀刃所作的剖面，如图 3.1.17 所示。

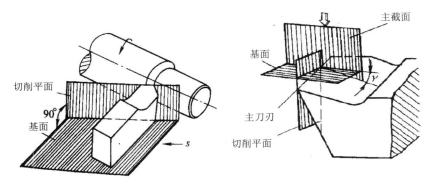

图 3.1.17　车刀上的 3 个坐标平面

1) 前角(γ_0)

正交平面中所测量的基面与前刀面之间的夹角。其作用是使刀刃锋利，便于切削。但前角也不能太大，否则会削弱刀刃的强度，容易磨损甚至崩坏。加工塑性材料时，前角一般可选大些。用硬质合金车刀加工钢件时，一般取 $\gamma_0=10°\sim20°$。加工脆性材料时，前角一般要选小些。用硬质合金车刀加工铸铁件时，一般取 $\gamma_0=5°\sim15°$。

2) 后角(a_0)

正交平面中测量的主后面与切削平面之间的夹角。其作用是减小车削的主后面与工件的摩擦。后角一般为 3°～12°。粗加工时选小值，精加工时选大值。

3) 主偏角(K_r)

基面中主刀刃在基面上的投影与进给运动方向的夹角。其作用一是可改变主刀刃参加切削的长度，如图 3.1.18 所示；二是可影响径向切削力的大小 F_x，如图 3.1.19 所示。

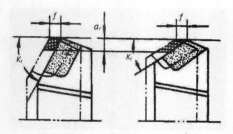
图 3.1.18 主偏角对切削长度的影响

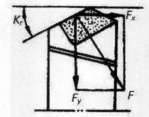
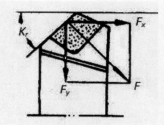
图 3.1.19 主偏角对径向力的影响

小的主偏角可增加主切削刃参加切削的长度，因而散热较好，对延长刀具使用寿命有利。但在加工细长轴时，由于工件刚度不足，小的主偏角会使刀具作用在工件上的径向力增大，易产生弯曲和振动，因此，此时应选择较大的主偏角。常采用 75°或 90°的车刀。车刀常用的主偏角有 45°、60°、75°、90°等几种，其中 45°使用最多。

4) 副偏角($K_{r'}$)

基面上测量的副切削刃与进给反方向之间的夹角。其主要作用是通过减少副偏角来减小副切削刃与已加工表面之间的摩擦，以改善加工表面的表面粗糙度。

由图 3.1.20 可知，在同样背吃刀量和进给量的情况下，减小副偏角可以减少车削后的残留面积，使表面粗糙度降低。一般选取 $K_{r'}=5°\sim15°$。

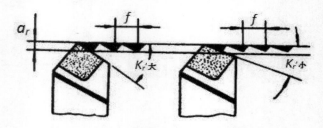
图 3.1.20 副偏角对残留面积的影响

5) 刃倾角(λ_s)

切削平面中测量的主切削刃与基面的夹角。其作用主要是控制切屑的流动方向并影响刀尖强度。由图 3.1.21 可知，当 $\lambda_s=0$ 时，切屑在前刀面上并沿垂直于主切削刃方向流出；当 $\lambda_s<0$ 时，刀尖处于切削刃最低点，k 为负值，刀尖强度增大，切屑流向已加工表面，用于粗加工；当 $\lambda_s>0$ 时，刀尖处于切削刃的最高点，刀尖强度削弱，切屑流向待加工表面，用于精加工。一般选取 $\lambda_s=-5°\sim5°$。

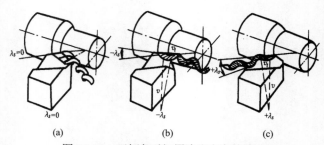
(a)   (b)   (c)
图 3.1.21 刃倾角对切屑流出方向的影响

4．车刀材料应具备的性能

车刀切削部分在工作时要承受较大的切削力和较高的切削温度以及摩擦、冲击和振动。因此车刀材料应具备以下性能。

(1) 硬度：是刀具材料应具备的基本特征。刀具材料的硬度要高于被加工材料的硬度，通常常温硬度需要在 HRC60 以上。

(2) 耐磨性：即材料抵抗磨损的能力，是刀具材料的机械性能、组织结构和化学性能的综合反映。通常硬度愈高，耐磨性就愈好。

(3) 耐热性：指在高温下能保持材料硬度、耐磨性、强度和韧性不变，从而不失切削性能。可用高温硬度表示，也可用红硬性(维持刀具材料切削性能的最高温度限度)表示。高温硬度愈高，则刀具切削性能愈好，允许的切削速度就愈高。它是衡量刀具材料性能的主要标志。同时，在高温下还应具有抗氧化、抗扩散的能力，即具有良好的化学稳定性。

(4) 强度和韧性：为了承受冲击力、切削力和振动，刀具材料应具有足够的强度和韧性。强度用抗弯强度表示，韧性用冲击值表示。

(5) 工艺性：为了便于刀具的制造，要求刀具材料具有良好的锻造、焊接、热处理、高温塑性变形和磨削加工等性能。

此外，还应考虑刀具材料的经济性。

5．常用的车刀材料

常用的车刀材料很多，一般用作刀杆部分的材料为优质碳素结构钢，常采用 45#钢。一般，用作切削部分的材料有合金工具钢、高速工具钢、硬质合金及其他新型刀具材料。

6．车刀的刃磨

车刀(指整体车刀与焊接车刀)用钝后，重新刃磨是在砂轮机上进行的。磨高速钢车刀用氧化铝砂轮(白色)，磨硬质合金刀用碳化硅砂轮(绿色)。

1) 车刀刃磨的操作顺序

(1) 磨主后刀面，同时磨出主偏角及主后角，如图 3.1.22(a)所示。

(2) 磨副后刀面，同时磨出副偏角及副后角，如图 3.1.22(b)所示。

(3) 磨前面，同时磨出前角，如图 3.1.22(c)所示。

(4) 修磨各刀面及刀尖，如图 3.1.22(d)所示。

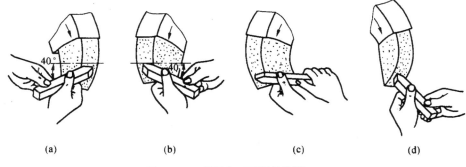

| (a) | (b) | (c) | (d) |

图 3.1.22　外圆车刀刃磨的步骤

2) 刃磨车刀的姿势及方法

人站立在砂轮机的侧面，以防砂轮碎裂时碎片飞出伤人。握刀的两手分开一定距离，两肘夹紧腰部，以减小磨刀时的抖动。

磨刀时，车刀要放在砂轮的水平中心，刀尖略向上翘 3°～8°，车刀接触砂轮后，应做左右方向水平移动。当车刀离开砂轮时，车刀需要向上抬起，以防磨好的刀刃被砂轮碰伤。磨后刀面时，刀杆尾部向左偏过一个主偏角的角度；磨副后刀面时，刀杆尾部向右偏过一个副偏角的角度。磨刀尖圆弧时，通常以左手握车刀前端为支点，用右手转动车刀的尾部。

7. 车刀的安装

车刀必须正确、牢固地安装在刀架上，如图 3.1.23 所示。

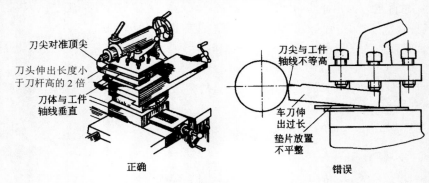

图 3.1.23　车刀的安装

安装车刀应注意以下几点。

(1) 车刀在切削过程中要承受很大的切削力，若刀杆伸出太长则会刚性不足，极易产生振动而影响切削，从而影响工件加工精度和表面粗糙度。所以，车刀刀头伸出的长度应以满足使用为原则，一般不超过刀杆高度的 2 倍。

(2) 车刀在刀架上放置的位置要正确。加工外表面的刀具在安装时其中心线应与进给方向垂直，加工内孔的刀具在安装时，其中心线应与进给方向平行，否则会使主、副偏角发生变化而影响车削。

(3) 车刀刀尖要与工件回转中心高度一致。高度不一致会使切削平面和基面变化而改变车刀应有的静态几何角度。车刀装得太高，会加剧后刀面与工件的摩擦；装得太低，切削时工件会被抬起，而影响正常的车削，甚至会使刀尖或刀刃崩裂。刀尖应与车床主轴中心线等高。可根据尾架顶尖高低来调整。

(4) 刀垫的作用是垫起车刀使刀尖与工件回转中心高度一致。车刀底面的垫片要平整，并尽可能用厚垫片，以减少垫片数量。车刀在切削过程中要承受一定的切削力，如果安装不牢固，就会松动移位发生意外。所以在调整好刀尖高低后，至少要用两个螺钉，交替将车刀拧紧。

3.1.5　工件的安装方法及车床附件

车削时必须把工件夹在车床夹具上，经过校正、夹紧，使它在整个切削加工过程中始终保持正确的相对位置，这是车削加工准备工作中的一个重要环节。

工件安装的速度和好坏，直接影响生产效率和加工质量的高低。车削加工中，应根据工件的形状、大小和加工数量选用合适的工件安装方法。以确保工件位置准确、装夹牢固。

在车床上常用三爪自定心卡盘、四爪卡盘、顶尖、中心架、跟刀架、花盘和弯板的附件来装夹工件。

1. 三爪自定心卡盘装夹工件

三爪自定心卡盘是车床上应用最广的通用夹具，适合安装较短的轴类或盘类工件。它由盘体、小圆锥齿轮、大圆锥齿轮和三个卡爪组成，如图 3.1.24 所示。

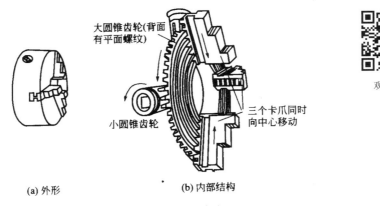

观看视频

图 3.1.24　三爪自定心卡盘

三个卡爪上有与平面螺纹相应的螺牙与之配合，三个卡爪在爪盘体中的导槽中呈 120°均匀分布。盘体的锥孔与车床主轴前端的外锥面配合，起对中作用，通过键传递扭矩，最后用螺母将卡盘体锁紧在主轴上。当卡盘扳手转动其中任意一个小圆锥齿轮时，啮合的大圆锥齿轮也随之转动，大圆锥齿轮背面的平面螺纹带动与之相啮合三个卡爪背面的平面螺纹，使三个卡爪同时做内向或外向的移动，以夹紧或松开工件。

三爪自定心卡盘的特性是对中性好，自动定心精度一般可达到 0.05～0.15mm。对于同轴度要求较高的工件表面，应尽可能在一次装夹中车出。三爪自定心卡盘夹紧力不大，一般只适用于装夹重量较轻的工件。当需要装夹直径较大的回转体类工件时可用三个反爪。

用三爪自定心卡盘安装工件时，可按下列步骤进行：

(1) 工件在卡爪间放正，轻轻夹紧。

(2) 开动机床，使主轴低速旋转，检查工件有无偏摆。若有偏摆应停车，用小锤轻轻敲击找正，然后夹紧工件。夹紧工件后，卡盘扳手应立即取下，以免开车时飞出，造成人员或设备事故。

(3) 移动车刀至车削行程的最左端，用手转动卡盘，检查卡盘与刀架或工件之间是否有碰撞。

2. 四爪单动卡盘装夹工件

四爪单动卡盘的全称是机床用手动四爪单动卡盘，是由一个盘体，4 个丝杆，一副卡爪组成，其结构外形如图 3.1.25(a)所示。

四爪单动卡盘的每个卡爪后面有半瓣内螺纹，当卡盘扳手转动螺杆时，卡爪就可沿着导向槽移动。由于四个卡爪是用螺杆分别调整的，因此可以用来夹持矩形、椭圆或不规则形状的工件。由于四爪单动卡盘的夹紧力大，因此也用来夹持较大、较重的回转体类工件。

由于四爪卡盘的四个卡爪是单独移动的，在用四爪单动卡盘安装工件时，一般按预先在工件上划的线进行找正。当零件的安装进度要求很高，三爪自定心卡盘不能满足安装精度要求时，往往使用四爪卡盘安装，并使用百分表校正，安装精度可达到0.001mm。

如图3.1.25(b)所示，四爪卡盘安装按划线找正工件的方法如下。

(1) 使百分表或划针靠近工件上划出的加工界线。

(2) 校正端面。慢慢转动卡盘，在离百分表的测头或划针针尖最近的工件端面上用小锤轻轻敲击，直至各处与针尖距离相等。如果是精确校正，此时还需要将百分表的测头轻轻触碰工件，然后慢慢转动卡盘，采用轻轻敲击的方法，使百分表的测值读数在允许的误差范围内。

(3) 校正中心。步骤同上，转动卡盘，将离开百分表的测头或划针针尖最远处的一个卡爪松开，拧紧其对面的一个卡爪，反复调整几次，直至校正为止。

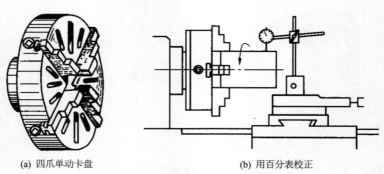

(a) 四爪单动卡盘　　　　　　　　　　　　(b) 用百分表校正

图3.1.25　用四爪卡盘安装工件

3. 用顶尖安装工件

对于较长的或必须经过多次装夹才能加工好的工件，如长轴、长丝杠等的车削，或工序较多，在车削后还要铣削或磨削的工件，为了保证每次装夹时的安装精度(如同轴度要求)，可用两顶尖来安装。两顶尖安装工件方便，不需要校正，安装精度高。

用顶尖安装工件必须先在工件的端面，用中心钻在车床或专用机床上钻出中心孔，如图3.1.26(a)所示。中心孔的轴线应与工件毛坯的轴线相重合。中心孔的圆锥孔部分应平直光滑，因为中心孔的锥面是和顶尖的锥面相配合的。中心孔的圆锥孔部分一方面用来容纳润滑油，另一方面是不使顶尖尖端接触工件，并保证在锥面处配合良好。带有120°保护锥面的中心孔为双锥面中心孔，如图3.1.26(b)所示，主要目的是防止60°的锥面被碰伤而不能与顶尖紧密接触；另外也便于工件装夹在顶尖上后进一步加工工件的端面。

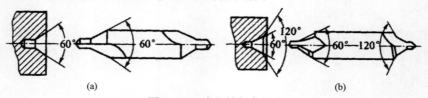

(a)　　　　　　　　　　　　　　　　(b)

图3.1.26　中心钻与中心孔

常用顶尖有普通顶尖(死顶尖)和活顶尖两种，如图 3.1.27 所示。普通顶尖刚性好，定心准确，但与工件中心孔之间因产生滑动摩擦而发热过高，容易将中心孔或顶尖"烧坏"，因此死顶尖只适用于低速加工精度要求较高的工件。活顶尖将顶尖与工件中心孔之间的滑动摩擦改成顶尖内部轴承的滚动摩擦，能在很高的转速下正常工作；但活顶尖存在一定的装配积累误差，以及当滚动轴承磨损后，会使顶尖产生径向摆动，从而降低了加工精度，所以活动顶尖一般用于轴的粗加工或半精加工。

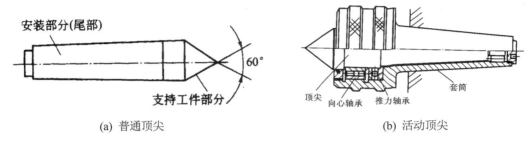

(a) 普通顶尖　　　　　　　　　　　　　　　(b) 活动顶尖

图 3.1.27　顶尖及其结构

对同轴度要求比较高且需要调头加工的轴类工件，常用双顶尖装夹工件，如图 3.1.28 所示。其前顶尖为普通顶尖，装在主轴孔内，并随主轴一起转动；后顶尖为活顶尖，装在尾架套筒内。工件利用中心孔被顶在前后顶尖之间，并通过拨盘和卡箍随主轴一起转动。

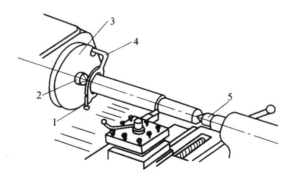

1—卡箍螺钉　2—前顶尖　3—拨盘　4—卡箍　5—后顶尖

图 3.1.28　用顶尖安装工件

用顶尖安装工件应注意：

(1) 卡箍上的支承螺钉不能支承得太紧，以防工件变形。

(2) 由于靠卡箍传递扭矩，因此车削工件的切削用量要小。

(3) 钻两端中心孔时，要先用车刀把端面车平，再用中心钻钻中心孔。

(4) 安装拨盘和工件时，首先要擦净拨盘的内螺纹和主轴端的外螺纹，把拨盘拧在主轴上，再把工件的一端装在卡箍上，最后安装在双顶尖中间。

(5) 两顶尖工件中心孔的配合不宜太松或太紧。过松时，工件定心不准，容易引起振动，有时会发生工件飞出；过紧时，因锥面间摩擦增加会将顶尖和中心孔磨损，甚至烧坏。当切削用量较大时，工件因发热而伸长，在加工过程中还需要将顶尖位置进行一次调整。

4. 用一夹一顶安装工件

用两顶尖安装工件虽然精度高，但刚性较差。对于较重的工件，如果采用两顶尖安装会很不稳固，难以提高切削效率。因此，在加工中常采用一端用卡盘夹住，另一端用顶尖顶住的装夹方法。为防止工件由于切削力的作用而产生位移，一般会在卡盘内装一个限位支撑，或利用工件的台阶做限位。这种装夹方法比较安全，能承受较大的轴向切削力。刚性好，轴向定位比较正确，因此，车轴类零件时常采用这种方法。但是装夹时要注意，卡爪夹紧处长度不宜太长，否则会产生过定位，憋弯工件。

5. 用心轴安装工件

盘套类零件其外圆、内孔往往有同轴度要求，与端面有垂直度要求，最好保证这些形位公差的加工方法就是采用一次装夹，在此过程中全部加工完毕，但在实际生产中往往难以做到。此时，一般先加工出内孔，以内孔为定位基准，将零件安装在心轴上，再把心轴安装在前后顶尖之间来加工外圆和端面，一般也能保证外圆轴线和内孔轴线的同轴度要求。

根据工件的形状和尺寸精度的要求及加工数量的不同，应采用不同结构的心轴。一般以圆柱孔定位常用圆柱心轴和小锥度心轴；对于带有锥孔、螺纹孔、花键孔的工件定位，常用相应的锥体心轴、螺纹心轴和花键心轴。

圆柱心轴是以其外圆柱面定心、端面压紧来装夹工件的，如图 3.1.29 所示，心轴与工件孔一般用 H7/h6、H7/g6 的间隙配合，所以工件能很方便地套在心轴上。但由于配合间隙较大，一般只能保证同轴度在 0.02mm 左右。为了消除间隙，提高心轴定位精度，心轴可以做成锥体，但锥体的锥度应很小，否则工件在心轴上会产生歪斜，见图 3.1.30(a)。心轴常用的锥度为 $C=1/5000\sim 1/1000$，定位时工件楔紧在心轴上，楔紧后孔会产生弹性变形，见图 3.1.30(b)，以免工件倾斜。

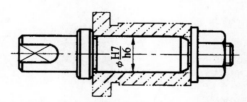

图 3.1.29　零件在圆柱心轴上定位

小锥度心轴的优点是靠楔紧产生的摩擦力带动工件，不需要其他夹紧装置；定心精度高，可达 0.005～0.01mm。其缺点是工件的轴向无法定位。

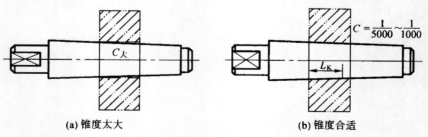

(a) 锥度太大　　　　　　　　　　　(b) 锥度合适

图 3.1.30　圆锥心轴安装工件的接触情况

6. 用其他附件安装工件

1) 花盘、弯板

对于车削形状不规则，无法使用三爪或四爪卡盘装夹的零件，或者要求零件的一个面与安装面平行，或内孔、外圆面与安装面有垂直度要求时，可以用花盘装夹。

花盘是安装在车床主轴上的一个大圆盘，盘面上有许多长槽用于穿放螺栓，工件可以用螺栓和压板直接安装在花盘上，如图 3.1.31 所示。也可以把辅助支撑角铁(弯板)用螺栓牢固夹持在花盘上，工件则安装在弯板上，图 3.1.32 所示为加工一轴承座端面和内孔时在花盘上装夹的情况。用花盘和弯板安装工件时，找正比较费时。同时，要用平衡铁平衡工件和弯板等，防止旋转时产生振动。

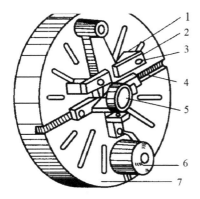 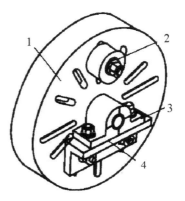

1—垫铁　2—压板　3—螺栓　4—螺栓槽 5—工件　6—平衡铁　7—花盘

图 3.1.31　在花盘上安装零件

1—花盘　2—平衡铁　3—工件　　4—弯板

图 3.1.32　在花盘上用弯板安装零件

2) 跟刀架和中心架

当工件长度与直径之比大于 25(L/d >25)时，由于工件本身的刚性变差，在车削时，工件受切削力、自重和旋转时离心力的作用，会产生弯曲、振动，严重影响其圆柱度和表面粗糙度。同时，在切削过程中，工件受热伸长产生弯曲变形，车削很难进行，严重时会使工件在顶尖间卡住。此时，需要用中心架或跟刀架来支承工件。

(1) 用中心架支承车削细长轴。

在车削细长轴时，一般用中心架增加工件的刚性。当工件可以进行分段切削时，中心架支承在工件中间，如图 3.1.33 所示。在工件装上中心架之前，必须在毛坯中部车出一段支承于中心架支承爪的沟槽，其表面粗糙度值及圆柱度偏差要小，并需要在支承爪与工件接触处经常加润滑油。为提高工件精度，车削前应将工件轴线调整到与机床主轴回转中心同轴。当车削支承于中心架的沟槽比较困难或一些中段不需要加工的细长轴时，可用过渡套筒，使支承爪与过渡套筒的外表面接触。过渡套筒的两端各装有 4 个螺钉，用这些螺钉夹住毛坯表面，并调整套筒外圆的轴线与主轴旋转轴线相重合。

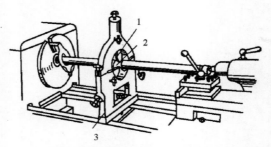

1—可调节支撑爪　2—预先车出的外圆面　3—中心架

图 3.1.33　用中心架支撑车细长轴

(2) 用跟刀架支承车削细长轴

对不适宜调头车削的细长轴，不能用中心架支承，而要用跟刀架支承进行车削，以增加工件的刚性，如图 3.1.34 所示。跟刀架固定在床鞍上，一般有两个支承爪，它可以跟随车刀移动，抵消径向切削力，提高车削细长轴的形状精度和减小表面粗糙度。如图 3.1.35(a)所示为两爪跟刀架，此时车刀给工件的切削抗力 F_r 使工件贴在跟刀架的两个支承爪上。但由于工件本身的重力以及偶然的弯曲，车削时工件会瞬时离开和接触支承爪，因而产生振动。比较理想的跟刀架是三爪跟刀架，如图 3.1.35(b)所示。此时，由三爪和车刀抵住工件，使之上下、左右都不能移动，车削时工件就比较稳定，不易产生振动。

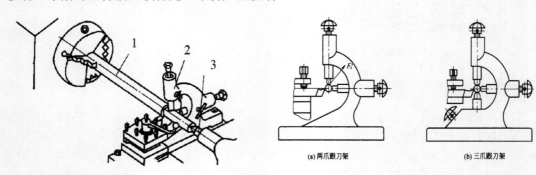

(a) 两爪跟刀架　　　　　　　　　　　(b) 三爪跟刀架

1—工件　2—跟刀架　3—后顶尖

图 3.1.34　跟刀架的应用　　　　　　图 3.1.35　跟刀架支承车削细长轴

3.1.6　典型车削操作

1. 车床操作要点

1) 粗车和精车

在车床上加工一个零件，往往需要经过许多车削步骤才能完成。为了提高生产效率，保证加工质量，生产中把车削加工分为粗车和精车。当零件精度高还需要磨削时，车削分粗车和半精车。

(1) 粗车

粗车的目的是尽快从工件上切去大部分加工余量，使工件接近最后的尺寸和形状。粗车要给精车留有合适的加工余量。粗车加工精度较低。实践证明：加大背吃刀量不仅可以提高生产率，而且对车刀的耐用度影响小，因此粗车时要优先选用较大的背吃刀量；其次，根据情况适当加大进给量，最后确定切削速度。

在 C6132A 型车床上使用硬质合金车刀进行粗车的切削用量推荐为：背吃刀量 a_p = 2～4mm；进给量 f = 0.15～0.4mm/r；切削速度 Vc = 0.8～1.2m/s(加工钢件)或 0.7～1m/s(加工铸铁件)。

选择粗车的切削用量时，要看加工时的具体情况，如工件安装是否牢固等。若工件夹持的长度较短或表面凹凸不平，则切削用量不宜过大。粗车应留下 0.5～1mm 作为精车余量。

(2) 精车

精车是把工件上经过粗车、半精车后留有的少量加工余量车去，使工件达到图纸要求。其目的是保证零件尺寸精度和表面粗糙度。一般精车的尺寸精度为 IT7 至 IT8，表面粗糙度值为 Ra=0.8μm 至 3.2μm，为保证加工精度和表面粗糙度的要求，应采取如下措施。

① 合理选择车刀角度。适当选用较小的主偏角或副偏角，或刀尖磨有小圆弧，以减小残留面积，使表面粗糙度 Ra 值减小。

② 适当加大前角 r，将刀刃磨得更为锋利，并用油石把车刀的前刀面和后刀面打磨光滑，亦可使 Ra 值减小。

③ 合理选用切削用量。生产实践证明，较高的切削速度(V_c > 1.67m/s)或较低的切削速度(V_c< 0.1m/s)，都可以获得较小的 Ra 值。但采取低速切削生产率低。一般只在精车较小工件时使用。同时选用较小的切深 a_p 和进给量 f 可减小残留面积，使 Ra 值减少。

④ 合理使用切削液。无论是粗车还是精车，加工时首先要对刀，对刀要开车进行，此时刀尖要轻轻接触加工表面，并以此为基准确定背吃刀量进行试切。

2) 刻度盘及刻度盘的正确使用

在车削工件时要准确、迅速地控制背吃刀量，必须熟练地使用横刀架和小刀架的刻度盘。横刀架的刻度盘装在横向丝杠轴头上，横刀架和丝杠由螺母紧固在一起。当横刀架手柄带着刻度盘转一周时，丝杠也转一周，这时螺母带着横刀架移动一个螺距。所以刻度盘每转一格横刀架移动的距离等于丝杠螺距除以刻度盘总格数。横刀架移动的距离可根据刻度盘转过的格数来计算。

例如，C6132A 型车床横刀架丝杠螺距为 4mm，横刀架的刻度盘等分为 200 格，故每转一格横刀架移动的距离为 4mm/200=0.02mm。车刀是在旋转的工件上切削，当横刀架刻度盘每进一格时，工件直径的变化量是背吃刀量的 2 倍，即 0.04mm，见图 3.1.36(a)。回转表面的加工余量都是对直径而言，测量工件尺寸也是看其直径的变化，所以用横刀架刻度进刀切削时，通常将每格读作 0.04mm。

加工外表面时，车刀向工件中心移动为进刀，远离中心移动为退刀。加工内表面时则相反。由于丝杠与螺母之间有间隙， 进刀时必须慢慢地转到刻度需要的格数。如果刻度盘手柄转过了头，或试切后发现尺寸不对而需要将车刀退回，绝不能简单地直接退回几格，如图 3.1.36(b)所示，必须向相反方向退回全部空行程，再转到所需要的格数，如图 3.1.36(c)所示。

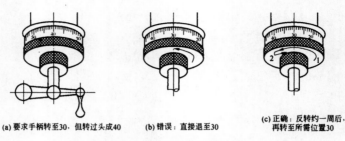

(a) 要求手柄转至30，但转过头成40   (b) 错误：直接退至30   (c) 正确：反转约一周后，再转至所需位置30

图 3.1.36　刻度盘的正确使用

小刀架刻度盘的原理及其使用方法与横刀架刻度盘相同。小刀架刻度盘主要用于控制工件长度方向的尺寸。它与加工圆柱面不同，即小刀架移动了多少，工件的长度尺寸就改变多少。

3) 对刀和试切的方法与步骤

半精车和精车时，为保证工件的尺寸精度，完全靠刻度盘确定背吃刀量是不够的，还要进行试切。因为刻度盘和丝杠都有误差，往往不能满足半精车和精车的要求。为防止造成废品，也需要采用试切的方法。现以车外圆为例说明试切的方法与步骤，如图 3.1.37(a)～(e)所示，为试切的一个循环。如果尺寸合格，就以该背吃刀量切削整个表面；如果未到尺寸，就要自图 3.1.37(f)起重新进刀、切削、测量；如果尺寸车小了，必须按照上述步骤加以纠正。直到尺寸合格时，才能进行整个表面的加工。注意，纠正进刀量时，必须按照图 3.1.36 正确使用刻度盘。

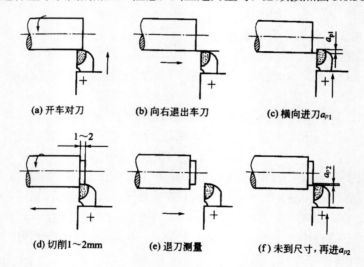

(a) 开车对刀   (b) 向右退出车刀   (c) 横向进刀a_{p1}

(d) 切削1～2mm   (e) 退刀测量   (f) 未到尺寸，再进a_{p2}

图 3.1.37　试切的方法与步骤

2. 车外圆

车外圆是车削加工中最基本的操作，具体操作步骤如下。

(1) 安装工件和校正工件。安装工件的方法主要有使用三爪自定心卡盘或者四爪卡盘、心轴等。

观看视频

(2) 选择车刀。车外圆可用图 3.1.38 所示的各种车刀。直头车刀(尖刀)的形状简单，主要用于粗车外圆；弯头车刀不但可以车外圆，还可以车端面；加工台阶轴和细长轴则常用偏刀。

(3) 调整车床。车床的调整包括主轴转速和车刀的进给量。

　　主轴的转速是根据切削速度计算选取的，而切削速度的选择则与工件加工精度有关。用高速钢车刀车削时，$V_c = 0.3\sim1$m/s；用硬质合金时，$V_c = 1\sim3$m/s。车硬度高的钢比车硬度低的钢的转速低一些。根据选定的切削速度计算出车床主轴的转速，再对照车床主轴近似计算值选取偏小的一挡，然后按表 3.1.1 所示的手柄位置要求，扳动手柄即可。特别要注意的是，必须在停车状态下扳动手柄。

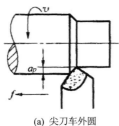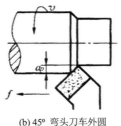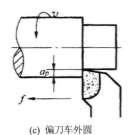

(a) 尖刀车外圆　　　　　　　(b) 45º 弯头刀车外圆　　　　　　(c) 偏刀车外圆

图 3.1.38　车外圆的几种情况

表 3.1.1　C6132A 型车床的主轴转速(r/min)铭牌

高低速开关位置		高速挡(蓝色)			低速挡(黄色)		
手柄位置		短手柄			短手柄		
		↖	↑	↗	↖	↑	↗
长手柄	↖	210	1120	50	105	560	25
	↗	1600	260	360	800	130	180

　　例如，用硬质合金车刀加工直径 $D = 200$mm 的铸铁带轮，选取的切削速度 $v = 0.9$m/s，计算主轴的转速为：

$$n = \frac{1000 \times 60 \times v}{\pi \times D} \approx \frac{1000 \times 60 \times 0.9}{3.14 \times 200} \approx 86\text{r/min}$$

　　从主轴转速铭牌中选取偏小一挡的近似值为 105 r/min，即短手柄和长手柄都扳向右方，高低速开关放在低速挡位置。

　　进给量是根据工件加工要求来确定的。粗车时，一般取 $f = 0.2\sim0.3$mm/r；精车时，随所需要的表面粗糙度而定。例如，表面粗糙度为 Ra3.2 时，选用 $f = 0.1\sim0.2$mm/r；表面粗糙度为 Ra1.6 时，选用 $f = 0.06\sim0.12$mm/r 等。调整进给量时，可对照车床进给量表扳动手柄位置，具体方法与调整主轴转速相似。

3. 车端面

　　车端面时应用端面车刀，如图 3.1.39 所示。45°弯头刀车端面(图 3.1.39(a))是利用主切削刃进行切削，工件表面粗糙度小，适用于车削较大的平面，还能车削外圆和倒角。右偏刀车端面(图 3.1.39(b))是由中心向外进给，这时是用主切削刃切削，切削顺利，表面粗糙度小。90°外圆车刀车端面(图 3.1.39(c))是用原车刀的副切

观看视频

削刃变成主切削刃进行切削，切削起来不顺利，因此当切近中心时应放慢进给速度。

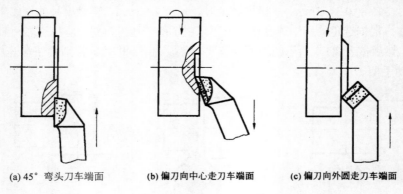

(a) 45°弯头刀车端面　　**(b) 偏刀向中心走刀车端面**　　**(c) 偏刀向外圆走刀车端面**

图 3.1.39　车端面

车端面时应注意以下几点：

(1) 刀的刀尖应对准工件中心，以免车出的端面中心留有凸台或刀尖崩坏。

(2) 偏刀车端面，当背吃刀量较大时容易扎刀。背吃刀量 a_p 的选择是：粗车时 $a_p= 0.2\sim1mm$；精车时 $a_p= 0.05\sim0.2mm$。

(3) 端面的直径从外到中心逐渐减小，切削速度也在逐渐降低，会影响到端面的表面粗糙度，因此在计算切削速度时必须按端面的最大直径计算，且速度选择上比车外圆略高。

(4) 车直径较大的端面时，若出现凹心或凸肚，应检查车刀和方刀架，以及大拖板是否锁紧。

4. 车台阶

车削台阶的方法与车削外圆基本相同，但在车削时应兼顾外圆直径和台阶长度两个方向的尺寸要求，还必须保证台阶平面与工件轴线的垂直度要求。

车高度在 5mm 以下的台阶时，可用主偏角为 90°的偏刀在车外圆时同时车出；车高度在 5mm 以上的台阶时，应分层进行切削。台阶的车削如图 3.1.40 所示。

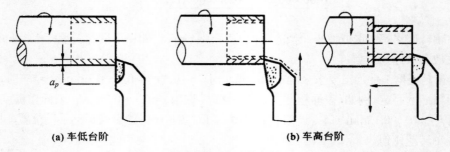

(a) 车低台阶　　　　　　　　　**(b) 车高台阶**

图 3.1.40　台阶的车削

台阶长度尺寸的控制方法。

(1) 台阶长度尺寸要求较低时，可直接用大拖板刻度盘控制。

(2) 台阶长度可用钢直尺或样板确定位置，如图 3.1.41 所示。车削时先用刀尖车出比台阶长度略短的刻痕作为加工界线，台阶的准确长度可用游标卡尺或深度游标卡尺测量。

(3) 台阶长度尺寸精度要求较高且长度较短时，可用小滑板刻度盘控制其长度。

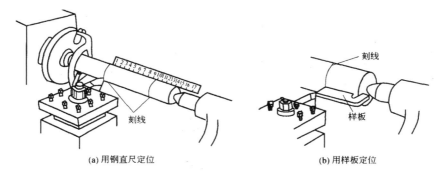

图 3.1.41　台阶位置的确定

5. 切槽

在工件表面上车沟槽的方法称为切槽，槽的形状有外槽、内槽和端面槽，如图 3.1.42 所示。

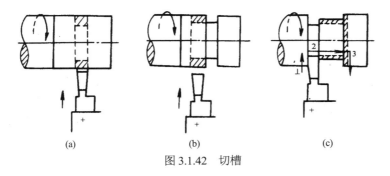

图 3.1.42　切槽

1) 切槽刀的选择

常选用高速钢切槽刀切槽。切槽刀的几何形状和角度如图 3.1.43 所示。

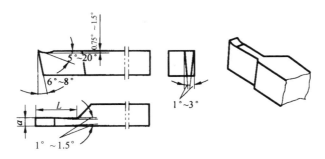

图 3.1.43　切槽刀的结构

2) 切槽的方法

(1) 车削尺寸精度要求不高和宽度较窄的矩形沟槽，可以用刀宽等于槽宽的切槽刀，采用直进法一次车出。

(2) 精度要求较高的，一般分两次车成。车削较宽的沟槽，可用多次直进法切削，并在槽的两侧留一定的精车余量，然后根据槽深、槽宽精车至尺寸。车削较小的圆弧形槽，一般用成形车刀车削；较大的圆弧槽，可用双手联动车削，用样板检查修整。车削较小的梯形槽，一般用成形车刀完成；较大的梯形槽，通常先车直槽，然后用梯形刀直进法或左右切削法完成。

6. 切断

切断要用切断刀。切断刀的形状与切槽刀相似，但因刀头窄而长，在切断过程中，散热条件差，刀具刚性低，很容易折断，因此必须降低切削用量，以防止工件和机床的振动以及刀具的损伤。

常用的切断方法有直进法和左右借刀法两种，如图 3.1.44 所示。直进法常用于切断铸铁等脆性材料，左右借刀法常用于切断钢等塑性材料。

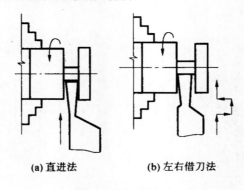

(a) 直进法　　　　　(b) 左右借刀法

图 3.1.44　切断方法

切断时应注意以下几点：

(1) 切断时，工件一般用卡盘装夹，切断处应尽量靠近卡盘处，以免引起工件振动。

(2) 切断刀刀尖必须与工件中心等高，较高或较低均会使工件中心部位形成凸台，损坏刀头。

(3) 切断刀伸出刀架的长度不要过长，进给要缓慢均匀。即将切断时，必须放慢进给速度，以免刀头折断。

(4) 切断钢件时需要加切削液进行冷却润滑；切铸铁时一般不加切削液，必要时可用煤油进行冷却润滑。

7. 车成形面

表面轴向剖面呈现曲线形特征的零件称为成形面。下面介绍三种加工成形面的方法。

1) 样板刀车成形面

图 3.1.45 所示为车圆弧的样板刀。用样板刀车成形面，其加工精度主要靠刀具保证。但要注意由于切削时接触面较大，切削抗力也大，易出现振动和工件移位。因此，转速要低些，切削力要小些，工件必须夹紧。

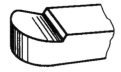

图 3.1.45　车圆弧的样板刀

2) 用靠模车成形面

图 3.1.46 所示是用靠模加工手柄的成形面。此时刀架的横向滑板已经与丝杠脱开，其前端的拉杆 3 上装有滚柱 5。当大拖板纵向走刀时，滚柱 5 即在靠模 4 的曲线槽内移动，从而使车刀刀尖也随着做曲线移动，同时用小刀架控制切深，即可车出手柄的成形面。这种方法加工成形面，操作简单，生产率较高，因此多用于成批生产。当靠模 4 的槽为直槽时，将靠模 4 扳转一定角度，即可用于车削锥度。

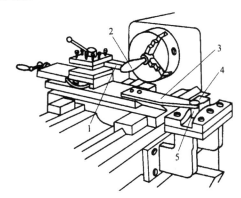

1—车刀　　2—成形面　　3—拉杆　　4—靠模　　5—滚柱

图 3.1.46　靠模法车成形面

3) 手控制法车成形面

单件加工成形面时，通常采用双手控制法车削成形面，即双手同时摇动小滑板手柄和中滑板手柄，并通过双手协调的动作，使刀尖走过的轨迹与所要求的成形面曲线相仿，如图 3.1.47 所示。它的特点是灵活、方便，不需要其他辅助工具，但需要较高的技术水平。

图 3.1.47　手控制法车成形面

8. 滚花

各种工具和机器零件的手握部分，为便于握持和增加美观，常常在表面上滚出各种不同的花纹。如百分尺的套管、铰杠扳手以及螺纹量规等。花纹有直纹和网纹两种，滚花刀也分直纹滚花刀和网纹滚花刀，如图 3.1.48(a)、图 3.1.48 (b)、图 3.1.48 (c)所示。这些花纹一般是在车床上用滚花刀滚压而形成的(见图 3.1.49)。滚花是用滚花刀挤压工件，使其表面产生塑性变形而形成花纹。滚花的径向挤压力很大，因此，加工时工件的转速要低些，还需要充分供给冷却润滑液，以免辗坏滚花刀和防止细屑滞塞在滚花刀内而产生乱纹。

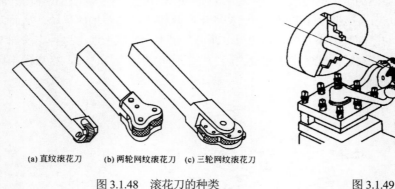

(a) 直纹滚花刀　　(b) 两轮网纹滚花刀　　(c) 三轮网纹滚花刀

图 3.1.48　滚花刀的种类　　　　　　图 3.1.49　滚花

9. 车圆锥面

锥体有配合紧密、传递扭矩大、定心准确、同轴度高、拆装方便等优点，应用较广。将工件车削成圆锥表面的方法称为车圆锥面。常用车削圆锥面的方法有宽刀法、转动小刀架法、靠模法、尾座偏移法等几种。这里介绍宽刀法、转动小刀架法和尾座偏移法。表 3.1.2 为锥面的各部分名称及代号。

观看视频

1) 宽刀法

车削较短的圆锥时，可以用宽刃刀直接车出，如图 3.1.50 所示。其工作原理实质上属于成形法，所以要求切削刃必须平直，切削刃与主轴轴线的夹角应等于工件圆锥半角 $\alpha/2$。同时要求车床有较好的刚性，否则易引起振动。当工件的圆锥斜面长度大于切削刃长度时，可以用多次接刀方法加工，但接刀处必须平整。

表 3.1.2　锥面的各部分名称及代号

锥　面	锥面的各部分名称及代号	各部分相关计算公式
	圆锥角 α	
	圆锥半角 $\alpha/2$	
	锥度 C	$\tan\dfrac{\alpha}{2}=\dfrac{D-d}{2L}$
	大端直径 D	
	小端直径 d	$C=\dfrac{D-d}{L}$
	椎体长度 L	

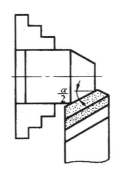

图 3.1.50 用宽刃刀车削圆锥

2) 转动小刀架法

当加工锥面不长的工件时，可用转动小刀架法车削。车削时，将小滑板下面的转盘上的螺母松开，把转盘转至所需要的圆锥半角 $\alpha/2$ 的刻线上，与基准零线对齐，然后固定转盘上的螺母，如果锥角不是整数，可在锥角附近估计一个值，试车后逐步找正，如图 3.1.51 所示。

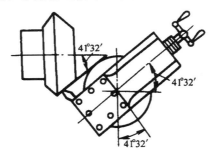

图 3.1.51 转动小刀架法车圆锥

3) 尾座偏移法

当车削锥度小、锥形部分较长的圆锥面时，可以用偏移尾座的方法。将尾座上滑板横向偏移一个距离 s，使偏位后的两顶尖连线与原来两顶尖中心线相交一个 $\alpha/2$ 角度，尾座的偏向取决于工件大小头在两顶尖间的加工位置。尾座的偏移量与工件的总长有关，尾座偏移量可用下式计算：

$$s \approx L \tan \frac{\alpha}{2} = L \frac{D-d}{21}$$

式中

s——尾座偏移量；

L——工件锥体部分长度；

D、d——锥体大头直径和锥体小头直径。

10. 孔加工

车床上可以用钻头、镗刀、扩孔钻头、铰刀进行钻孔、镗孔、扩孔和铰孔。下面介绍钻孔和镗孔的方法。

1) 钻孔

在实体材料上用钻头进行孔加工的方法称为钻孔。钻孔时刀具为麻花钻，钻孔的公差等级为 IT10 以下，表面粗糙度为 Ra12.5μm，多用于粗加工孔。

在车床上钻孔如图 3.1.52 所示，工件装夹在卡盘上，钻头安装在尾架套筒锥孔内。钻孔前，先车平端面并车出一个中心坑或先用中心钻钻中心孔作为引导。钻孔时，摇动尾架手轮使钻头缓慢进给，注意经常退出钻头排屑。钻孔进给不能过猛，以免折断钻头。钻钢料时应加切削液。

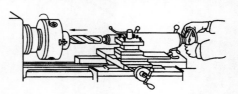

图 3.1.52　在车床上钻孔

2) 镗孔

在车床上对工件的孔进行车削的方法称为镗孔(又叫车孔)。镗孔可以作粗加工，也可以作精加工。镗孔分为镗通孔和镗不通孔，如图 3.1.53 所示。镗通孔基本上与车外圆相同，只是进刀和退刀方向相反。粗镗和精镗内孔时也要进行试切和试测，其方法与车外圆相同。注意通孔镗刀的主偏角为 45°～75°，不通孔车刀主偏角为大于 90°。

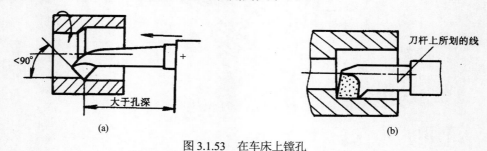

(a) 　　　　　　　　　　　　　　　　　　(b)

图 3.1.53　在车床上镗孔

11. 车螺纹

在机械制造工业中，螺纹的应用很广。螺纹种类很多，按牙形分有三角螺纹、梯形螺纹、方牙螺纹等，如图 3.1.54 所示。按标准分有公制螺纹、英制螺纹两种。公制三角螺纹的牙形角为 60°，用螺距或导程表示其主要规格；英制三角螺纹的牙形角为 55°，用每英寸牙数作为主要规格。其中普通公制三角螺纹应用最广。各种螺纹都有左、右、单线、多线之分，其中以公制三角螺纹应用最广，称为普通螺纹。

观看视频

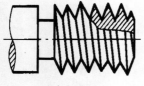　　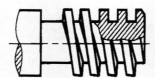　　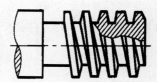

(a) 三角螺纹　　　　　　　(b) 方牙螺纹　　　　　　　(c) 梯形螺纹

图 3.1.54　螺纹的种类

1) 普通螺纹的基本尺寸

GB192～196—1981 规定了公称直径自 1～50mm 普通螺纹的基本尺寸，如图 3.1.55 所示。其中大径、中径、螺距、牙形角是最基本的要素，也是螺纹车削时必须控制的部分。

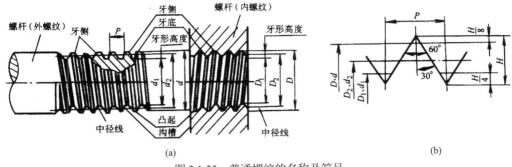

(a)　　　　　　　　　　　　　　　　　　　　　　(b)

图 3.1.55　普通螺纹的名称及符号

(1) 大径 D、d 是螺纹的最主要尺寸之一，外螺纹中为螺纹外径，用符号 d 表示；内螺纹中为螺纹的底径，用 D 表示。

(2) 中径 D_2、d_2 是螺纹中假想的圆柱面直径，该处圆柱面上螺纹牙厚与螺纹槽宽相等，是主要的测量尺寸。只有螺纹的中径一致时，两者才能很好地配合。

(3) 螺距 P 是相邻两牙在轴线方向上对应点的距离，由车床传动部分控制。

(4) 牙形角 α 是螺纹轴向剖面上相邻两牙侧之间的夹角。

车削螺纹时，必须使上述要素都符合要求，螺纹才是合格的。

2) 螺纹车削

各种螺纹车削的基本规律都是相同的，现以加工普通螺纹为例加以说明。

(1) 螺纹车刀及其安装。

螺纹牙形角要靠螺纹车刀的正确形状来保证，因此三角螺纹车刀刀尖及刀刃的夹角应为 60°，而且精车时车刀的前角应为 0°。刀具用样板安装，应保证刀尖分角线与工件轴线垂直，如图 3.1.56 所示。

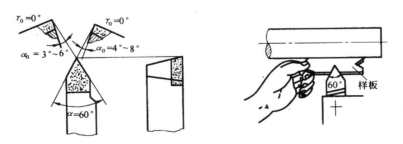

图 3.1.56　螺纹车刀几何角度与样板对刀

(2) 车床运动调整和工件的安装。

车刀安装好后，必须要对车床进行调整。首先要根据螺距大小确定手柄位置，脱开光杠进给机构，改由丝杠进给，调整好转速。最好用低速，以便有退刀时间。车削过程中，工件必须装夹牢固，以防工件因未夹牢而导致牙形或螺距的不正确。

为得到正确的螺距 P，应保证工件转一转时，刀具准确地纵向移动一个螺距，即

$$n_1 p_1(丝杆) = n_2 p_2(工件)$$

其中：

n_1——丝杆每分钟转数；

n_2——工件每分钟转数；

p_1——丝杠的螺距；

p_2——工件的螺距。

通常在具体操作时，可按车床进给箱表牌上的数值按欲加工工件螺距值，调整相应的进给调速手柄即可满足公式的要求。

(3) 操作方法。

车三角螺纹有两种方法，即直进法和左、右车削法，具体操作步骤如下：

① 确定车螺纹切削深度的起始位置。将中滑板刻度调到零位，开车，使刀尖轻微接触工件表面，然后迅速将中滑板刻度调至零位，以便统计进刀数。

② 切第一条螺旋线并检查螺距。将床鞍摇至离工件端面 8～10 牙处，横向进刀 0.05mm 左右。开车，合上开合螺母，在工件表面车出一条螺旋线，至螺纹终止线处退出车刀，开反车把车刀退到工件右端，停车，用钢尺检查螺距是否正确，如图 3.1.57(a)所示。

③ 刻度盘调整背吃刀量，开车切削，如图 3.1.57(b)所示。螺纹的总背吃刀量 a_p 按其与螺距关系的经验公式 $a_p \approx 0.65p$ 确定，每次的背吃刀量约为 $0.1p$。

④ 车刀将至终点时，应做好退刀停车准备，先快速退出车刀，然后开反车退出刀架，如图 3.1.57(c)所示。

⑤ 再次横向进刀，继续切削至车出正确的牙形，如图 3.1.57(d)所示。

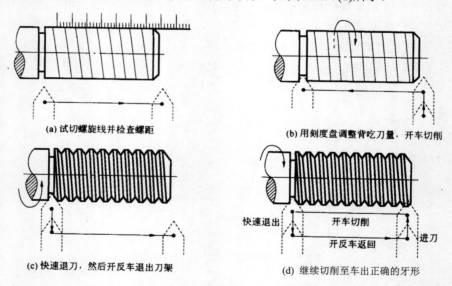

(a) 试切螺旋线并检查螺距　　　　　　　　(b) 用刻度盘调整背吃刀量，开车切削

(c) 快速退刀，然后开反车退出刀架　　　　(d) 继续切削至车出正确的牙形

图 3.1.57　螺纹切削方法与步骤

(4) 螺纹车削注意事项。

① 车削螺纹前要检查组装配换齿轮的间隙是否适当。把主轴变速手柄放在空挡位置，用手

旋转主轴，判断是否有过重或空转量过大现象。

② 开合螺母必须正确合上，如感到未合好，应立即提起，重新进行。

③ 车削无退刀槽的螺纹时，应特别注意螺纹的收尾在 1/3 圈左右。每次退刀要均匀一致，否则会撞到刀尖。

④ 车削螺纹时，应始终保持刀刃锋利。如中途换刀或磨刀后，必须重新对刀以防乱扣，并重新调整中滑板的刻度。

⑤ 粗车螺纹时，要留适当的精车余量。

3.1.7　典型零件的车削工艺

一般来说，加工一个有一定技术要求的零件，是一个或几个工种的许多东西的组合。而车削加工常常是先行工序，也是主要工序。加工时根据零件的加工精度、表面粗糙度、复杂程度等，合理安排，综合考虑，制订零件的加工工艺。下面以轴类和盘类零件为例说明车削加工的过程。

1. 轴类零件的车削工艺

在机械制造业中，轴为最普通的一种零件，几乎每台机器上都有轴类零件。例如，拉杆、芯轴、销钉、双头螺栓、轧辊、电动机转子等都属于轴类零件。

1) 轴类零件的结构特点

轴类零件是回转体零件，其长度大于直径。加工表面通常有内外圆柱面、内外圆锥面、螺纹、花键、键槽、横向孔和沟槽等。该类零件可分光轴、阶梯轴、空心轴和异形轴(包括曲轴、偏心轴、凸轮轴、花键轴等)。若根据轴的长度 L 与直径 d 之比，又可分为刚性轴($L/d < 12$)和挠性轴($L/d > 12$)两类。

2) 轴类零件的技术要求

(1) 尺寸精度。

轴类零件的支承轴颈一般与轴承相配，尺寸精度要求较高，为 IT5 至 IT7。装配传动件的轴颈尺寸精度要求较低，为 IT7 至 IT9。轴向尺寸一般要求较低，阶梯轴的阶梯长度要求高时，其公差可达 0.005～0.01mm。

(2) 形状精度。

轴类零件的形状精度主要指支承轴颈和有特殊配合要求的轴颈及内外锥面的圆度、圆柱度等。一般应将其误差控制在尺寸公差范围内。形状精度要求高时，可在零件图上标注允许偏差。

(3) 位置精度。

轴类零件的位置精度主要指装配传动件的轴颈相对于支承轴颈的同轴度，通常用径向跳动来标注。普通精度轴的径向跳动为 0.01～0.03mm，高精度轴通常为 0.001～0.005mm。

(4) 表面粗糙度。

一般与传动件相配合的轴颈表面粗糙度 Ra 为 3.2μm 至 0.4μm，与轴承相配合的轴颈表面粗糙度 Ra 为 0.8μm 至 0.1μm。

3) 轴类零件的车削加工

轴类零件是回转体零件，通常都采用车削进行粗加工、半精加工。精度要求不高的表面往往用车削作为最终加工。外圆车削一般可划分为荒车、粗车、半精车、精车和超精车(细车)。

(1) 荒车。

轴的毛坯为自由锻件或是大型铸件时，需要荒车加工，以减小毛坯外圆表面的形状误差和位置偏差，使后续工序的加工余量均匀。荒车后工件的尺寸精度可达 IT5 至 IT8。

(2) 粗车。

对棒料、中小型的锻件和铸件，可以直接进行粗车。粗车后的精度可达到 IT10 至 IT13，表面粗糙度 Ra 为 30μm 至 20μm，可作为低精度表面的最终加工。

(3) 半精车。

一般作为中等精度表面的最终加工，也可以作为磨削和其他精加工工序的预加工。半精车后，尺寸精度可达 IT9 至 IT10，表面粗糙度 Ra 为 6.3μm 至 3.2μm。

(4) 精车。

通常作为最终加工工序或作为光整加工的预加工。精车后，尺寸精度可达 IT7 至 IT8，表面粗糙度 Ra 为 1.6μm 至 0.8μm。

(5) 超精车。

超精车是一种光整加工方法。采用很高的切削速度(V_c =160～600m/min)、小的背吃刀量(a_p =0.03～0.05mm)和小的进给量(f= 0.02～0.12mm/r)，并选用具有高的刚度和精度的车床及良好的耐磨性的刀具，这样可以减少切削过程中的发热量、积屑瘤、弹性变形和残留面积。因此，超精车尺寸精度可达 IT6 至 IT7，表面粗糙度 Ra 为 0.4μm 至 0.2μm，往往作为最终加工。在加工大型精密外圆表面时，超精车常用于代替磨削加工。

安排车削工序时，应该综合考虑工件的技术要求、生产批量、毛坯状况和设备条件。对于大批量生产，为达到加工的经济性，则选择粗车和半精车为主；如果毛坯精度较高，可以直接进行精车或半精车；一般粗车时，应选择刚性好而精度较低的车床，避免用精度高的车床进行荒车和粗车。

为增加刀具的耐用度，轴的加工主偏角 K_r 应尽可能选择小一些，一般选取 45°。加工刚度较差的工件(L/d >15)时，应尽量使径向切削分力小一些，为此，刀具的主偏角应尽量取大一些，这时 K_r 可取 60°、75°甚至 90°来代替最常用的 K_r= 45°的车刀。

由于主偏角 K_r 增大(大于 45°)，径向切削力减小，工件和刀具在半径方向的弹性变形减小，因此可提高加工精度，同时增加抗振动能力。但是主偏角 K_r 增大后，切削厚度同时增加，轴向切削力也相应增大，减少了刀具耐用度。因此，无特殊的必要不宜用主偏角很大的刀具。

然而对于精车，应采用主偏角为 30°或更小角度的刀具，副偏角也要小一些，这样加工的表面粗糙度 Ra 值低，同时提高了刀具的耐用度。

轴类零件加工时，工艺基准一般是选用轴的外表面和中心孔。然而中心孔在图纸上，只有当零件本身需要时才注出，一般情况下则不注明。轴类零件加工，特别是 L/d > 5 以上的轴，必须借助中心孔定位。

2. 典型轴类零件的车削工艺分析

1) 零件图样分析

(1) 图 3.1.58 中以尺寸 $\phi 26_0^{+0.033}$ 轴心线为基准，$\phi 20_0^{+0.033}$ 尺寸与基准的同轴度要求为 $\phi 0.05$。

(2) 外径 $\phi40$ 的圆柱右端面与 $\phi26_0^{+0.033}$ 轴心线垂直度公差为 0.04。

(3) 直径 $\phi40$ 的圆柱表面带滚花，左端面带 $R=42.5$ 的圆弧，长度为 5mm。

(4) 工件材料为 45 钢，加工性能好，硬度低。

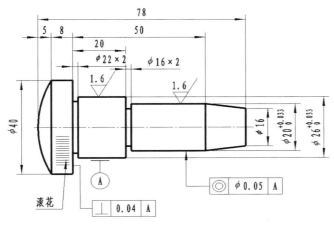

图 3.1.58 定位销轴

2) 工艺分析

(1) 该轴结构简单，在单件小批量生产时，采用普通车床加工，若批量较大时，可采用专业性较强的设备加工。

(2) 由于该件长度较短，所以除单件下料外，可采用几件一组连下，在车床上加工时，车一端后，用切刀切下，加工完一批后，再加工另一端。

(3) 由于该轴有同轴度和垂直度要求，且没有淬火，因此可将车削作为最终工序，因此，将加工工序分为粗车、精车。为保证 $\phi6_0^{+0.033}$ 和 $\phi20_0^{+0.033}$ 的同轴度公差，这两个尺寸在精车时一次装夹车出。

3) 工艺过程

定位销轴的加工工艺过程见表 3.1.3。

表 3.1.3 定位销轴机械加工工艺过程卡

机械加工 工艺过程卡		零件名称	定位销轴	材　料	45 钢
		坯料种类	圆　钢	生产类型	单件
工序号	工步号	工序内容		设　备	刀具
10		下料 $\phi42mm \times 82mm$		锯　床	
20		粗车		普通车床	
	1	夹坯料的外圆，伸出长度大于 40 mm，车外圆 $\phi40$ mm，长度大于 30 mm			45°弯头车刀
	2	调头夹 $\phi40$ mm 的外圆，校正，平端面			90°外圆车刀
	3	钻中心孔			中心钻

(续表)

机械加工	零件名称	定位销轴		材　料	45 钢
工艺过程卡	坯料种类	圆　钢		生产类型	单件
4	夹 $\phi 40$ mm 外圆，装夹长度小于 15 mm，用活动顶尖顶中心孔。粗车 $\phi 26_0^{+0.033}$ 外圆至尺寸 $\phi 21$，长度保证 64.5 mm				90°外圆车刀
5	车 $\phi 20_0^{+0.033}$ 外圆至尺寸 $\phi 21$ mm，长度保证 45 mm				90°外圆车刀
6	车退刀槽 $\phi 22 \times 2$				切断车刀
7	车退刀槽 $\phi 16 \times 2$，保证尺寸 20 mm				切断车刀
8	车锥体，保证尺寸 50 mm				90°外圆车刀
9	精车 $\phi 26_0^{+0.033}$ 外圆尺寸至要求				90°外圆车刀
10	精车 $\phi 20_0^{+0.033}$ 外圆尺寸至要求				90°外圆车刀
11	调头，夹 $\phi 20_0^{+0.033}$ 外圆，注意在卡爪处垫铜片，保护已加工面。校正，平端面保证总长 78 mm				45°弯头车刀
12	用手控制法车成形面，直至符合要求				圆弧车刀
13	滚花				滚花刀
30	检验				

3. 盘套类零件的车削工艺

在机器中套类零件通常起支撑和导向作用，这类零件由于用途不同，其结构和尺寸虽有较大的差异，但仍有其共同的特点：零件结构简单，主要表面为同轴度要求较高的内外旋转表面；多为薄壁件，加工时最大的问题是容易变形；长径比大于 5 的深孔比较常见。

盘类零件一般起连接和压紧作用，常见的盘类零件的直径比较大，长度较短。

1) 盘套类零件的技术要求

(1) 内孔的技术要求。

内孔是套类零件起支撑和导向作用的主要表面，通常与运动着的轴、刀具或活塞相配合。其直径尺寸精度一般为 IT6 至 IT7；形位公差一般应控制在孔径公差以内；内孔的表面粗糙度 Ra 为 2.5μm 至 0.16μm。

(2) 外圆的技术要求。

此类零件的外圆表面常以过盈或过渡配合，其直径尺寸精度一般为 IT6 至 IT7；形位公差一般应控制在孔径公差以内；内孔的表面粗糙度 Ra 为 5μm 至 0.63μm。

(3) 各主要表面之间的位置精度。

此类零件各主要表面之间的位置精度主要是内外圆之间的同轴度和孔轴线与端面之间的垂直度。

2) 盘套类零件的内孔加工

盘套类零件加工的主要工序多为内孔和外圆表面的粗精加工，尤其以孔的粗精加工最为重要。孔加工的常用加工方法有钻孔、扩孔、铰孔、镗孔、磨孔、拉孔及研磨等，其中钻孔、扩孔与镗孔一般作为孔的粗加工和半精加工，铰孔、磨孔、拉孔及研磨一般作为孔的精加工。在确定孔加工的工艺时，一般按以下原则进行：

(1) 对孔径较小的孔，大多采用钻—扩—铰的加工工艺。

(2) 对于孔径较大的孔，一般采用钻孔—镗孔，再进一步精加工的工艺。

(3) 对于淬火钢或精度较高的套筒类零件，则一般以磨削为最终加工工序。

4. 典型套类零件的车削工艺分析

1) 零件图样分析

(1) 图 3.1.59 中以尺寸 $\phi 30_0^{+0.033}$ 孔轴心线为基准，$\phi 45_{+0.070}^{+0.109}$ 尺寸与基准的同轴度要求为 $\phi 0.02$。

(2) 两端面与基准的垂直度公差为 0.05。

(3) 淬火处理，硬度达 45～50HRC。

(4) 工件材料为 45 钢，加工性能好。

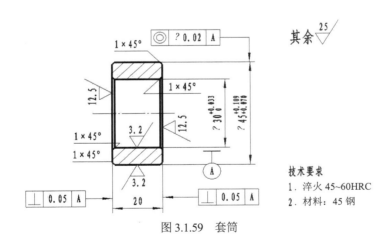

图 3.1.59　套筒

2) 工艺分析

(1) 该套筒结构简单，长度较短，所以除单件下料外，可采用长料加工，然后切断。

(2) 该零件在热处理之前为粗加工阶段，可一次安装直接加工出端面、外圆和孔，保证端面与基准之间的垂直度要求。热处理之后为精加工阶段，以外圆定位磨孔，再以内孔定位磨外圆，保证同轴度要求。

3) 工艺过程

套筒的加工工艺过程见表 3.1.4。

表 3.1.4　套筒机械加工工艺过程卡

机械加工工艺过程卡		零件名称	套筒	材　料	45 钢
		坯料种类	圆钢	生产类型	小批量
工序号	工步号	工序内容		设　备	刀具
10		下料 ϕ48mm×300mm		锯床	
20		粗车		普通车床	
	1	夹坯料的外圆，伸出长度小于 50mm，车端面，见平即可			45°弯头车刀
	2	钻孔 ϕ25mm			钻花
	3	镗孔 ϕ29.5mm			镗刀
	4	车外圆至尺寸 ϕ45.5mm			45°弯头车刀
	5	孔、外圆倒角 1.3×45°			45°弯头车刀
	6	切断，保证长度 20.5mm			切断刀
	7	调头。夹外圆，车端面，保证长度 20			45°弯头车刀
	8	孔、外圆倒角 1.3×45°			45°弯头车刀
30		淬火处理 45～50HRC			
40		磨削		万能外圆磨床	
	1	夹外圆，磨镗孔 $\phi 30_{0}^{+0.033}$ 孔至要求，表面粗糙度 Ra3.2			
	2	用心轴安装，磨 $\phi 45_{+0.070}^{+0.109}$ 外圆至要求，表面粗糙度 Ra3.2			
50		检验			

3.2　铣削

3.2.1　概述

铣削是使用旋转刀具通过将刀具推进工件来去除材料的加工过程，它可通过在一个或多个轴上改变方向、刀盘速度和压力来完成。铣削是一种典型的去除加工工艺，旋转的工具被作用于固定的工件，切削掉工件多余的材料，获得设定的形状。

观看视频

观看视频

铣削加工具有较高的加工精度，其经济加工精度一般为 IT9 至 IT7，表面粗糙度 Ra 值一般为 12.5μm 至 1.6μm。精细铣削精度可达 IT5，表面粗糙度 Ra 值可达到 0.20μm。其广泛用于各个行业，在普通铣床上使用各种不同的铣刀可以完成加工平面(平行面、垂直面、斜面)、台阶、沟槽(直角沟槽、V 形槽、T 形槽、燕尾槽等特形槽)、特形面等加工任务。加上分度头等铣床附件的配合运用，还可完成花键轴、螺旋轴、齿式离合器等工件的铣削。图 3.2.1 列出了铣削加工的基本范围。

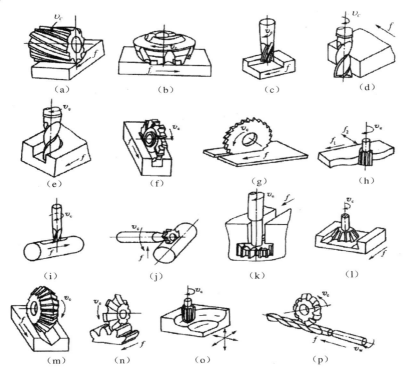

(a)、(b)、(c)铣平面；(d)、(e)铣沟槽；(f)铣台阶；(g)铣 T 形槽；(h)铣狭缝或切断；(i)铣角度槽；(j)铣燕尾槽；
(k)、(l)铣键槽；(m)铣齿轮；(n)铣螺旋槽；(o)铣曲面；(p)铣立体曲面

图 3.2.1　铣削加工的基本范围

　　铣削运动可分为主运动及进给运动，铣削的主运动是由铣床主轴带动铣刀的旋转运动，进给运动是工件做相对于铣刀的直线运动，如图 3.2.2 所示。

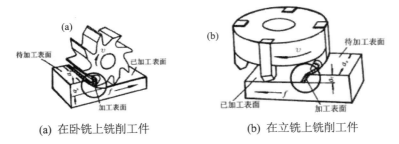

(a) 在卧铣上铣削工件　　　　　(b) 在立铣上铣削工件

图 3.2.2　铣削运动及铣削要素

　　铣削时，切削用量包括铣削速度、进给量、背吃刀量和侧吃刀量四个要素组成。

1. 铣削速度 v_c

铣削时切削刃上选定点在主运动中的线速度。可以由下式计算。

$$v_c = \pi d_0 n / 1000 \ (\text{m/min})$$

式中：d_0——铣刀直径，mm；

n——铣刀转速，r/min。

2. 进给量

进给量是工件相对于铣刀单位时间内移动的距离，进给量含三个方面，每转进给量、每齿进给量、每分钟进给量。

(1) 每齿进给量 f_z：铣刀每转中，每一刀齿在进给运动方向上相对工件的位移量。单位为 mm/z。

(2) 每转进给量 f：铣刀每回转一周在进给运动方向上相对工件的位移量。单位为 mm/r。

(3) 进给速度 v_f（每分钟进给量）：铣刀每回转一分钟在进给运动方向上相对工件的位移量。单位为 mm/min（一般铣床标盘上所指出的进给量即每分钟进给量）。

关系如下：

$$v_f = f \cdot n = f_z \cdot z \cdot n$$

式中：z——铣刀齿数；

n——铣刀每分钟转数。

3. 背吃刀量 a_p

背吃刀量又称铣削深度，是铣削中待加工表面与已加工表面之间的垂直距离，单位为 mm。

4. 侧吃刀量 a_e

侧吃刀量又称铣削宽度，是铣削一次进给过程中测得的已加工表面宽度，单位为 mm。

选择铣削用量的原则是在保证加工质量，降低加工成本和提高生产率的前提下，使铣削宽度（或深度）、进给量、铣削速度的乘积最大。这时工序的切削工时最少。

粗铣时，在机床动力和工艺系统刚性允许并具有合理的铣刀耐用度的条件下，按铣削宽度（或深度）、进给量、铣削速度的次序，选择并确定铣削用量。在铣削用量中，铣削宽度（或深度）对铣刀耐用度影响最小，进给量次之，铣削速度影响最大。因此，在确定铣削用量时，应尽可能选择较大的铣削宽度（或深度），然后，在工艺装备和技术条件允许的范围内选择较大的每齿进给量，最后根据铣刀的耐用度选择允许的铣削速度。

精铣时，为保证加工精度和表面粗糙度的要求，切削层宽度应尽量一次铣出；切削层深度一般在 0.5mm 左右；再根据表面粗糙度要求选择合适的每齿进给量；最后根据铣刀的耐用度确定铣削速度。在工厂的实际生产过程中，还需要根据经验并通过查表等方式进行选择。

3.2.2 常见铣床种类

铣床主要有立式铣床、卧式铣床、龙门铣床、工具铣床及各类专用铣床等，以适应不同的加工需要。在生产中，以卧式及立式铣床最常见，其区分特征为铣头主轴与工作台面的相互关系，相互垂直为立式铣床；相互平行为卧式铣床。

1. 卧式万能铣床

卧式铣床多用于开槽、齿轮、花键切割等。卧式万能铣床为铣床中应用广泛的一种，图 3.2.3 为 X6132 型卧式万能铣床的实物及结构示意图，其中，X 表示铣床，6 表示卧式铣床，1 表示万能升降台铣床，32 表示工作台宽度 320mm。X6132 型卧式万能铣床外观结构主要由床身、横梁、主轴、升降台、工作台、转台等组成。

(1) 床身：用来安装和支承机床的各部件，是铣床的身体，内部有主传动装置，变速箱、电器箱。床身安装在底座上，底座是铣床的脚，内部还有冷却液等。

(2) 横梁：安装在床身上方的导轨中，横梁可根据工作要求沿导轨做前后移动，满足加工需要。横梁内部的主轴变速箱是由电动机通过一系列齿轮再传递到一对锥齿轮上，最后从铣头主轴传出。

(3) 主轴：是前端带锥孔的空心轴，从铣床外部能看到主轴锥孔和前端，用来带动铣刀旋转，其上有 7:24 的精密锥孔，可以安装刀杆或直接安装带柄铣刀。

(4) 升降台：沿床身的垂直导轨做上下运动，即铣削时的垂直进给运动。

(5) 横向工作台：沿升降台水平导轨做横向进给运动。

(6) 纵向工作台：沿转台的导轨带动固定在台面上的工件做纵向进给运动。

(7) 转台：可随横向工作台移动，并使纵向工作台在水平内按顺或逆时针扳转某一角度，以切削螺旋槽等。

图 3.2.3 显示了 X6132 型卧式万能铣床的实物及结构示意图。

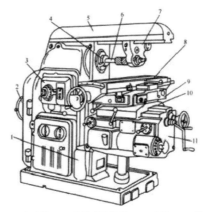

1—床身　2—电动机　3—主轴变速机构　4—主轴　5—横梁　6—刀杆
7—吊架　8—纵向工作台　9—转台　10—横向工作台　11—升降台

图 3.2.3　X6132 型卧式万能铣床的实物及结构示意图

2. 立式铣床

立式铣床除了多用于平面加工外，还有用于平面有高低曲直几何形状的工件，相对来说，立式铣床相对灵活方便一些，尽量使铣头可在垂直面内左右偏转，从而使主轴与工作台面倾斜成某个角度，扩大了铣床的加工范围。X5032 型为常见的立式铣床(图 3.2.4)，其中 X 表示铣床，5 表示组别(5 为立式铣床，6 为卧式铣床)，0 表示型别(升降台铣床型)，32 指主参数(工作台宽度 320mm)。

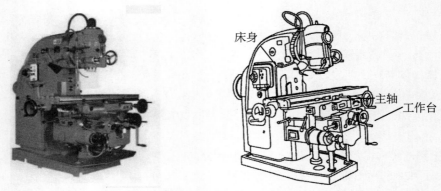

图 3.2.4　X5032 型立式铣床的实物及结构示意图

3.2.3　铣刀

铣削用的刀具称为铣刀。铣刀的种类很多，按用途分，常见铣刀有圆柱铣刀、面铣刀、盘形铣刀、锯片铣刀、键槽铣刀、模具铣刀、角度铣刀、T 形槽铣刀和成形铣刀等，如图 3.2.5 所示。

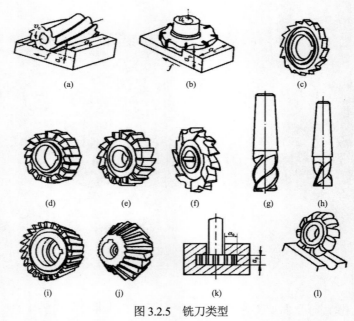

图 3.2.5　铣刀类型

(1) 圆柱平面铣刀。如图 3.2.5(a)所示，有整体高速钢和镶焊硬质合金两种，切削刃一般为螺旋形，用于卧式铣床加工平面。

(2) 端铣刀。如图 3.2.5(b)所示，主要采用硬质合金可转位刀片，主切削刃分布在铣刀端面上，多用于立式铣床加工大平面，加工质量、生产率均较高。

(3) 盘铣刀。盘铣刀分为单面刃、双面刃和三面刃三种，如图 3.2.5(c)、(d)、(e)所示，多采用硬质合金机夹结构，主要用于加工沟槽和台阶。

(4) 锯片铣刀。见图 3.2.5(f)，锯片铣刀齿数少，容屑空间大，主要用于切断和切窄槽。

图 3.2.5(f)所示为错齿三面刃铣刀，刀齿左右交错并为左右螺旋，可改善切削条件。

(5) 立铣刀。如图 3.2.5(g)所示，圆柱面上的螺旋刃为主切削刃，端面刃为副切削刃，不能沿轴向进给，主要用于加工槽、台阶面、小平面。

(6) 键槽铣刀。如图 3.2.5(h)所示，端刃和圆周刃都是主切削刃，铣削时，先轴向进给切入工件，然后沿键槽方向进给铣出键槽。

(7) 角度铣刀。角度铣刀分为单面和双面角度铣刀，如图 3.2.5(i)、(j)所示，用于铣削斜面、V 形槽、燕尾槽等。

(8) T 形槽铣刀。如图 3.2.5(k)所示，用于铣削 T 形槽。

(9) 成型铣刀。如图 3.2.5(l)所示，用于在普通铣床上加工各种成型表面，其廓形由工件的廓形确定。

铣刀切削部分的材料一般用高速钢(如 W18Cr4V)制成，此类刀具的切削速度仅为 30～40m/min，故适用于铣削中、小平面和硬度不太高的工件。为进一步提高铣削速度，可采用硬质合金制成刀片安装在刀头上，刀片磨损后可重新调整或更换，其允许的最高切削速度达100m/min，生产效率较高，适于铣削大平面和较硬材料的工件。现在生产中大量使用这种铣刀，进一步提高了生产效率。

3.2.4　铣削加工的特点

(1) 断续加工。其相比较于车削加工，有切削冲击，因而需要考虑刀具承受冲击载荷的问题。

(2) 开放式加工。其切削过程为开放式的，排屑比较容易。

(3) 生产率较高。铣刀是典型的多齿刀具，其为多齿工作，可采用较大的切削用量，同时旋转运动利于高速连续铣削。

(4) 刀齿散热条件较好，采用多刃刀具加工，刀刃轮替切削，刀具冷却效果好，耐用度高。

(5) 容易产生振动，由于铣刀刀齿不断切入切出，使铣削力不断变化，因而容易产生振动，这将限制铣削生产率和加工质量的进一步提高。

3.2.5　工件安装方法及其附件

铣削零件时，工件必须首先进行装夹，其包含两个方面。其一为定位，使工件获得相对于机床和刀具的正确位置；其二为夹紧，把工件可靠地夹紧，防止加工过程中工件松动。当零件较大或形状特殊时，可以用压板、螺栓等把零件直接固定在工作台上进行铣削。当生产批量大时，也可设计专用夹具进行零件的安装。工件在铣床上的安装通常借助一些通用的附件，常用机床附件有平口虎钳、回转工作台、万能分度头、万能铣头等。其中前三种用于零件的安装，万能铣头用于安装刀具。

1. 压板、螺栓装夹

大型工件常直接装夹在铣床工作台上，用螺柱、压板压紧，这种方法需要用百分表、划针等工具找正加工面和铣刀的相对位置，如图 3.2.6 所示。使用压板夹紧工件时，应选择两块以上的压板，压板的一端搭在工件上，另一端搭在垫铁上，垫铁的高度应等于或略高于工件被压紧部位的高度，中间螺栓到工件间的距离应略小于螺栓到垫铁间的距离。使用压板时，螺母和压板平面之间应垫有垫圈。用压板装夹工件时的注意事项如下：

(1) 在铣床工作台面上，不允许拖拉表面粗糙的铸件、锻件毛坯，夹紧时应在毛坯件与工作台面间垫铜皮，以免损伤工作台面。

(2) 用压板在工件已加工表面夹紧时，应在压板与工件表面间垫铜皮，以免压伤工件已加工表面。

(3) 压板的位置要放置正确，应压在工件刚性最好的部位，防止工件产生变形。如果工件夹紧部位有悬空现象，应将工件垫实。

(4) 螺栓要拧紧，以保证铣削时不致因压力不够而使工件移动，损坏工件、刀具和机床。

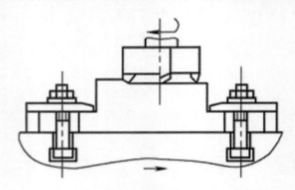

图 3.2.6　压板、螺栓装夹

2. V 形架装夹

用 V 形架装夹工件这种方法一般适用于轴类零件，除了具有较好的对中性以外，还可承受较大的切削力，如图 3.2.7 所示。

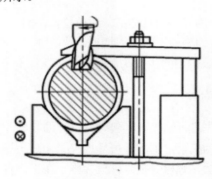

图 3.2.7　V 形架装夹

(1) 注意保持 V 形块的两 V 形面的洁净，无鳞刺、无锈斑，使用前应清除污垢。

(2) 装卸工件时防止碰撞，以免影响 V 形块的精度。

(3) 使用时，在 V 形块与机床工作台及工件定位表面间，不得有棉丝毛及切屑等杂物。

(4) 根据工件的定位直径，合理选择 V 形块。

(5) 校正好 V 形块在铣床工作台上的位置(以平行度为准)。

(6) 尽量使轴的定位表面与 V 形面多接触。

(7) V 形块的位置应尽可能地靠近切削位置，以防止切削振动使 V 形块移位。

(8) 使用两个 V 形块装夹较长的轴件时,应注意调整好 V 形块与工作台进给方向的平行度,以及轴心线与工作台台面的平行度。

3. 专用夹具装夹

用专用夹具装夹工件,专用夹具定位准确、夹紧方便、效率高,一般适用于成批、大量生产中。尽量使用通用夹具,必要时设计专用夹具。

(1) 夹具结构力求简单,以缩短生产准备周期。

(2) 装卸迅速方便,以缩短辅助时间。

(3) 夹具应具备刚度和强度,尤其在切削用量较大时。

(4) 有条件时可采用气、液夹具,它们动作快、平稳,且工件变形均匀。

4. 平口虎钳装夹

平口虎钳是一种通用夹具。机床用平口虎钳有非回转式和回转式两种,回转式平口虎钳底座设有转盘,可绕其轴线在 360° 范围内任意扳转,平口虎钳外形如图 3.2.8 所示。机床用平口虎钳适用于以平面定位和夹紧的中、小型工件。按钳口宽度不同,常用的机床用平口虎钳有 100mm、125mm、136mm、160mm、200mm、250mm 等 6 种规格。对于形状简单的中、小型工件,一般可装夹在机床用平口虎钳中,使用时需要保证虎钳在机床中的正确位置。正确而合理地使用平口虎钳,不仅能保证装夹工件的定位精度,而且可以保持平口虎钳本身的精度,延长其使用寿命。使用平口虎钳时,应注意以下几点。

(1) 随时清理切屑及油污,保持平口虎钳导轨面的润滑与清洁。

(2) 维护好固定钳口并以其为基准,校正平口虎钳在工作台上的准确位置。

(3) 为使夹紧可靠,尽量使工件与钳口工作面接触面积大些,尽量用中间部位夹持短于钳口宽度的工件。

(4) 装夹工件不宜高出钳口过多,必要时可在两钳口处加适当厚度的垫板。

(5) 装夹较长工件时,可用两台或多台平口虎钳同时夹紧,以保证夹紧可靠,并防止切削时发生振动。

(6) 要根据工件的材料、几何轮廓确定适当的夹紧力,不可过小,也不能过大。不允许任意加长平口虎钳手柄。

(7) 在加工相互平行或相互垂直的工件表面时,可在工件与固定钳口之间,或工件与平口虎钳的水平导轨之间垫适当厚度的纸片或薄铜片,以提高工件的定位精度。

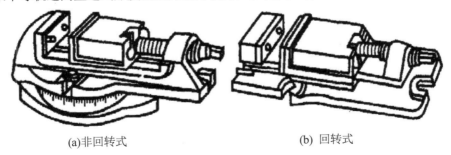

(a)非回转式   (b) 回转式

图 3.2.8   机床用平口虎钳

5. 回转工作台装夹

回转工作台又称转盘、平分盘、圆形工作台等，可进行圆弧面加工和较大零件的分度，其外形如图 3.2.9 所示。回转工作台内部有一套蜗轮蜗杆，摇动手轮，通过蜗杆轴能直接带动与转台相连接的蜗轮传动。转台周围有刻度，可以用来观察和确定转台的位置。拧紧固定螺钉可以固定转台。转台中央有一孔，利用它可以很方便地确定工件的回转中心。铣圆弧槽时，工件安装在回转工作台上绕铣刀旋转，用手均匀缓慢地摇动回转工作台，从而使工件铣出圆弧槽，如图 3.2.10 所示。回转工作台有手动与机动两种方式，在回转工作台上配上三爪自定心卡盘，就可以铣削四方、六方等工件。

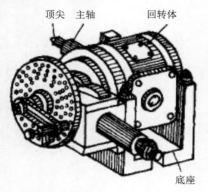

图 3.2.9　回转工作台

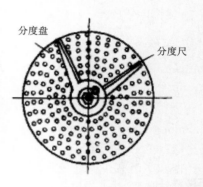

图 3.2.10　在回转工作台上铣圆弧槽

6. 万能分度头装夹

在铣削工作中，常会遇到铣六方、铣齿轮、铣花键和刻线等工作。此时的工件，每铣过一个面或槽后，要按要求转过一定角度，铣下一个面或槽，这种工作叫做分度。万能分度头就是安装在铣床上用于将工件分成任意份的机床重要附件。万能分度头还备有圆工作台，工件可直接紧固在工作台上，也可利用装在工作台上的夹具紧固，完成工件多方位加工。

分度头的外形如图 3.2.11(a)所示。它由底座、回转体、主轴等组成，底座固定在工作台上。主轴可随同回转体绕底座在 0°～90°范围内旋转成任意角度。主轴前端锥孔内可装顶尖，外部有螺纹以装卡盘或拨盘。回转体的侧面有分度盘。分度头备有两块分度盘，每块分度盘两面都有许多圈数目不同的等分小孔，如图 3.2.11(b)所示。

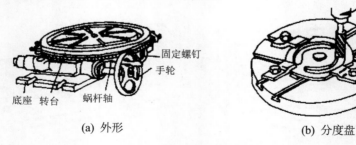

(a) 外形　　　　　　　　　　　　　　(b) 分度盘

图 3.2.11　分度头外形图

　　分度头内部的传动如图 3.2.12 所示。主轴上有固定齿数为 40 的蜗轮,它与单头蜗杆相啮合。当拔出定位销,转动手柄,通过一对齿数相等的齿轮传动,使蜗杆带动蜗轮及主轴转动。

　　手柄每转一转,主轴即转过 1/40 转。如果工件要分成 z 份,则每分一份就要求主轴转过 $1/z$ 转。因此,手柄应转过的转数 n 与工件等分数 z 之间具有以下关系式:

$$1 : 1/40 = n : 1/z$$

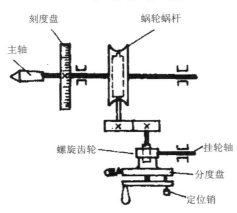

图 3.2.12　分度头的传动

7. 万能铣头

　　万能铣头是卧式升降台铣床的主要附件,用于扩大铣床的使用范围和功能。万能铣头主轴可以在相互垂直的两个回转面内回转,不仅能完成立铣、平铣工作,而且可在工件一次装卡中,进行各种角度的多面、多棱、多槽的铣削。

　　万能铣头的底座用 4 个螺栓固定在铣床垂直导轨上,铣床主轴的运动可以通过铣头内的两对齿数相同的锥齿轮传递到铣头主轴,因此铣头主轴的转速级数与铣床的转速级数相同。如图 3.2.13(a)所示为万能铣头外形图。其底座 1 用螺栓 2 固定在铣床垂直导轨上,铣床主轴的运动通过铣头内两对锥齿轮传到铣头主轴上,因此铣头主轴的转速级数与铣床的转速级数相同。铣头的壳体 4 可绕铣床主轴轴线偏转任意角度,如图 3.2.13 (b)所示。铣头主轴壳体 3 还能在壳体 4 上偏转任意角度,如图 3.2.13(c)所示。因此,铣头主轴在壳体上能偏转所需的任意角度,这样就可以扩大卧式铣床的加工范围。

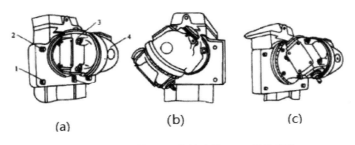

1—底座　2—螺栓　3—主轴壳体　4—铣头壳体

图 3.2.13　万能铣头

3.2.6 铣削的基本操作

1. 铣削操作要点

(1) 在对升降台铣床操作之前，首先要检查升降台铣床各部位手柄是否正常，按规定加注润滑油，并低速试运转 1～2min，才能操作。

(2) 开车时，应该检查工件和铣刀相互位置是否放置妥当和合适。

(3) 在移动升降台铣床的工作台与升降台之前，必须将固定螺丝松开；不移动时，将螺母拧紧。

(4) 工作前应穿好工作服，女工要戴工作帽，操作时严禁戴手套。

(5) 升降台铣床自动走刀时，手把与丝扣要脱开，工作台不能走到两个极限位置，限位块应安置牢固。

(6) 装夹工件要稳固。装卸、对刀、测量、变速、紧固心轴及清洁机床，都必须在铣床停稳后进行。

(7) 刀杆、拉杆、夹头和刀具要在开机前装好并拧紧，不得利用主轴转动来帮助装卸。

(8) 工作台上禁止放置工量具、工件及其他杂物。

(9) 使用多功能铣床完毕之后应该关闭电源，清扫机床，并将手柄置于空位，工作台移至正中。

要注意，铣床是主要用高速旋转的铣刀对工件进行加工的机床，其危险部位为旋转状态的铣刀，该部位常发生卷进衣物、绞伤手指、绞伤手臂等意外，所以操作时严禁戴手套。铣床旋转主轴时，若无安全防护罩，且作业人员衣物、头发等未能做好防护措施，则极易造成事故。

2. 铣削基本操作

1) 铣水平面

(1) 安装铣刀。

铣削水平面所用的铣刀如图 3.2.14 所示。选择合适的铣刀按前述方法正确安装。

观看视频

   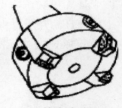

(a) 直齿圆柱铣刀　　　(b) 螺旋齿铣刀　　　(c) 端铣刀　　　(d) 镶齿式端铣刀

图 3.2.14　铣水平面所用的铣刀

(2) 安装工件。

铣削水平面时，工件可夹紧在平口钳上，也可以用压板直接夹持在工作台上。

(3) 铣削步骤。

在卧式万能铣床上用圆柱形铣刀铣削水平面的步骤如图 3.2.15 所示。调整切深后，以纵向进给进行铣削，具体操作步骤如下。

- 对刀：开车使铣刀旋转，慢慢地升高工作台使工件和铣刀稍微接触，停车。
- 退回工作台：纵向退回工作台。
- 调整切深：利用刻度盘将工作台升高到规定的铣削深度位置，紧固升降台和横溜板。
- 切入：先用手动使工作台纵向进给，当工件稍微切入后，改为自动进给。
- 下降工作台：铣削完一遍后，停车，下降工作台。
- 退回：退回工作台，检查尺寸及表面粗糙度。重复铣削到规定尺寸。

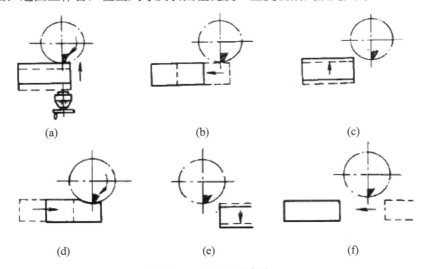

图 3.2.15　铣水平面步骤

在立式铣床上用端铣刀铣削水平面时，铣削步骤与卧式万能铣床相似，如图 3.2.16 所示。

图 3.2.16　在立式铣床上铣水平面

2) 铣斜面

铣斜面的方法常用如下两种。

(1) 将工件安装成所需要的角度铣削：将待加工的斜面转到水平位置，然后进行加工，如图 3.2.17 所示。

(2) 偏转立铣头铣削：在主轴能绕水平轴线偏转的立式铣床上以及在带有立铣头的卧式铣床上，都能用倾斜主轴的方法来铣斜面，如图 3.2.18 所示。

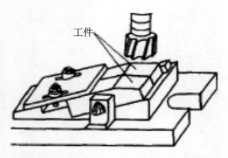

图 3.2.17　工件斜压在工作台上铣斜面

图 3.2.18　用倾斜主轴法铣斜面

3）铣台阶面与沟槽

（1）铣台阶面。

在铣床上铣台阶面时，可以用三面刃盘铣刀，如图 3.2.19(a)所示，或者使用立铣刀铣削，如图 3.2.19(b)所示。在成批生产中，也可以用组合铣刀同时铣削几个台阶面，如图 3.2.19(c)所示。

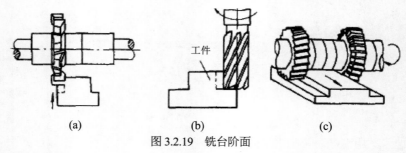

(a)　　　　　　　　　(b)　　　　　　　　　(c)

图 3.2.19　铣台阶面

（2）铣沟槽。

在铣床上可铣削各种沟槽，多采用直径为 2～20mm 的直柄立铣刀或盘铣刀。

如图 3.2.20 所示为卧式铣床铣削开口键槽的情况。此时采用三面刃盘铣刀，盘铣刀的宽度应根据键槽宽度选择。铣刀必须安装准确，不应左右摆动，否则铣出的槽宽将不准确。

封闭键槽大多在立式铣床上用键槽铣刀来铣削，如图 3.2.21 所示。键槽铣刀的端面有刀刃，可以直接向下进刀，但进给量应小些。

成形槽的铣削方法如图 3.2.22 所示。铣成形沟槽时，应采用相应的槽铣刀铣削。由于切削条件差，排屑困难，故切削用量应取得小些，并加冷却液。

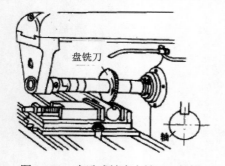

图 3.2.20　在卧式铣床上铣开口键槽

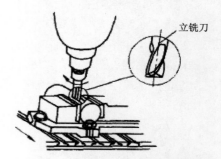

图 3.2.21　在立式铣床上铣封闭键槽

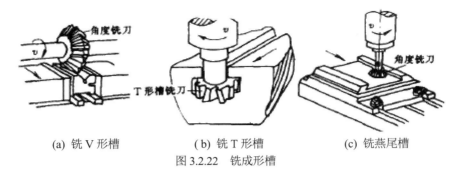

(a) 铣 V 形槽   (b) 铣 T 形槽   (c) 铣燕尾槽

图 3.2.22 铣成形槽

4) 铣螺旋槽

在铣床上铣螺旋槽与车螺纹的原理基本相同。铣削时，刀具做旋转运动，工件同时做等速移动和等速旋转运动(图 3.2.23)。要铣削出一定导程的螺旋槽，必须保证当工件沿轴向移动一个导程 L 时，工件刚好转过一周。为此，需要在纵向工作台丝杠的末端与分度头之间加配交换齿轮，以便在丝杠旋转带动工作台移动的同时，又带动分度头主轴，进而带动工件旋转(图 3.2.24)。这时丝杠为主动轴，分度头为被动轴。

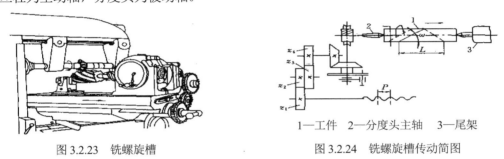

图 3.2.23 铣螺旋槽   1—工件 2—分度头主轴 3—尾架

图 3.2.24 铣螺旋槽传动简图

若纵向工作台丝杠螺距为 P，当工作台纵向移动距离为导程 L 时，丝杠应旋转 L/P 圈。经过配换齿轮 z_1、z_2、z_3、z_4 与分度头内两对齿轮和蜗杆、蜗轮传动，应恰好使分度头主轴转一圈。根据这一关系，有：

$$\frac{1}{\frac{L}{P}} = \frac{z_1}{z_2} \times \frac{z_3}{z_4} \times \frac{1}{1} \times \frac{1}{40}$$

化简得：

$$\frac{z_1}{z_2} \times \frac{z_3}{z_4} = \frac{40P}{L}$$

上式为铣螺旋槽时计算配换齿轮齿数的一般公式。

在卧式铣床上用盘状铣刀铣螺旋槽时，为获得所需要的螺旋槽的截面形状，还必须将纵向工作台在水平面内扳转一个工件的螺旋角，使螺旋槽的槽向与铣刀旋转平面一致。铣右旋螺旋槽时，逆时针扳转；铣左旋螺旋槽时，则顺时针扳转。

生产中常用分度头在卧式万能铣床上铣削螺旋齿铣刀、麻花钻头、螺旋齿轮等工件上的螺旋槽，但生产效率低，适于单件、小批量生产。

3.2.7　铣削实例(方形件的铣削)

如图 3.2.25 所示工件，材料为 HT 200，加工其 60±0.15mm 的平面，可在卧式铣床上用圆柱形铣刀铣削，也可在立式铣床上用套式立铣刀铣削。现选用圆柱形铣刀，在 X6132 型卧式万能铣床上加工该平面。

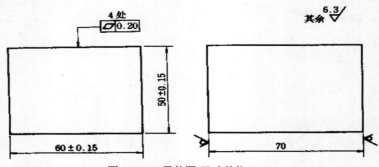

图 3.2.25　零件图(尺寸单位 mm)

1. 铣刀选择及安装

1) 选择铣刀

根据工件的尺寸精度和形状精度要求，加上工序分为粗铣和精铣。粗铣时选用外径 $D=63mm$、长度 $L=80mm$、内径 $d=27mm$、齿数 $Z=6$ 的粗齿圆柱形铣刀。精铣时选用"铣刀 63×80 GB115—85"齿数 $Z=10$ 的细齿圆柱形铣刀。

2) 安装铣刀

根据铣刀的规格，选用 $\phi27mm$ 的锥柄长刀杆。安装铣刀的步骤如下。

(1) 调整横梁。

① 先松开横梁左侧的两个螺母。

② 转动中间带齿轮的六角轴，使横梁调整到适当位置。

③ 紧固横梁左侧的两个螺母。

(2) 安装铣刀杆。

① 安装铣刀杆前，先擦净主轴锥孔和刀杆锥柄。

② 将刀杆装入主轴锥孔。

③ 用右手托住刀杆，左手旋入拉紧螺杆。

④ 拧紧螺杆上的螺母。

(3) 安装铣刀。

① 将铣刀和垫圈的两端面擦干净。

② 装上垫圈，使铣刀安装的位置尽量靠近主轴处，安装平键，以防铣削时铣刀松动，装上垫圈，并旋入螺母。

(4) 安装支架及紧固刀杆螺母。

① 装上支架，将支架左侧紧固螺母拧紧。

② 调整支架轴承间隙。

③ 紧固刀杆上的螺母时，应先装上支架，否则会扳弯刀杆。

2. 装夹工件

根据工件形状，选用平口虎钳装夹工件。装夹工件的过程如下：

1) 安装平口虎钳

(1) 将平口虎钳底部与工作台台面擦净。

(2) 将平口虎钳安放在工作台的中间 T 形槽内，使平口虎钳安放的位置稍偏左。

(3) 双手拉动平口虎钳底盘，使定位键向同一侧贴紧。

(4) 用 T 形螺栓将平口虎钳压紧。

2) 装夹工件

将平口虎钳的钳口和导轨面擦净，在工件的下面放置平行垫铁，使工件待加工面高出钳口 5mm 左右，夹紧工件后，用锤子轻轻敲击工件，并拉动垫铁检查是否贴紧。毛坯工件应在钳口处衬垫铜片以防损坏钳口。

3. 选择铣削用量

1) 粗铣

取铣削速度 $v_c = 15\text{m/min}$，每齿进给量 $f_z = 0.12\text{mm/}$ 齿，则主轴转速为 $n = \dfrac{1000v_c}{\pi D} = 75.83\text{r/min}$，实际调整铣床主轴转速 $n = 75 \text{ r/min}$。

每分钟进给量为 $v_f = f \cdot n = f_z \cdot z \cdot n = 0.12 \times 6 \times 75 \approx 54\text{mm/min}$，实际调整每分钟进给量 $v_f = 47.5\text{mm/min}$。

取铣削层深度 $a_p = 2.5\text{mm}$，铣削层宽度 $a_e = 60\text{mm}$。

2) 精铣

选取铣削速度 $v_c = 20\text{m/min}$、每齿进给量 $f_z = 0.06\text{mm}$。实际调整时，主轴转速为 $n = 95 \text{ r/min}$，每分钟进给量 $v_f = 60\text{mm/min}$，铣削层深度 $a_p = 0.5\text{mm}$，铣削层宽度量 $a_e = 60\text{mm}$。

4. 铣削方式的选择

铣平面时通常采用逆铣。如果采用顺铣，机床必须具有螺纹间隙调整机构，将丝杠螺母间隙调整在 0.05mm 以内，否则容易损坏铣刀。

观看视频

5. 铣平面的操作方法

(1) 对刀：使工件处于圆柱形铣刀的下方，在工件表面贴一张薄纸，开动机床，铣刀旋转后，再缓缓升高工作台，使铣刀刚好擦去纸片，在垂直方向刻度盘上做好记号，下降工作台，摇动纵向手柄，退出工件。

(2) 调整铣削层深度：粗铣时工作台垂直上升 2.5mm，精铣时工作台垂直上升 0.5mm。

(3) 铣削：用手动进给铣削，均匀摇动纵向手柄，粗铣时表面粗糙度 Ra 小于 12.5μm，精铣时表面粗糙度 Ra 小于 6.3μm。铣削完毕，停机，下降工作台，退出工件。将工件反转 180° 装夹后铣削另一平面。

(4) 测量：卸下工件，用游标卡尺或千分尺测量，要求工件尺寸达到 60±0.15mm。

3.3 钳工

钳工是一个工种，主要利用虎钳、各种手用工具和一些机械工具来完成某些零件的加工、机器或部件的装配和调试，以及各类机械的维护与修理。

钳工常用的设备包括钳工工作台、台虎钳、钻床等。其基本操作有划线、锯切、錾削、锉削、钻孔、扩孔、铰孔、攻螺纹、套螺纹、刮削、研磨等，也包括机器的装配、调试、修理及矫正、弯曲、铆接、简单热处理等操作。

钳工在机械制造及修理工作中起着十分重要的作用。钳工需要完成加工前的准备工作，如毛坯表面的清理、在工件上划线(单件小批生产时)等；某些精密零件的加工，如制作样板及工具、夹具、量具、模具用的有关零件，刮配、研磨有关表面；产品的组装、调整试车及设备的维修；零件在装配前进行的钻孔、铰孔、攻螺纹、套螺纹及装配时对零件的修整等；单件、小批生产中某些普通零件的加工。一些采用机械设备不能加工或不适于用机械加工的零件，也常由钳工来完成。

钳工的主要工艺特点是：工具简单，制造、刃磨方便；大部分是手持工具进行操作，加工灵活、方便；能完成机械加工不方便或难以完成的工作；劳动强度大、生产率低，对工人技术水平要求较高。

3.3.1 划线

划线是根据图纸上标注或对实物测量所得的尺寸，在毛坯或半成品上的表面划出加工图形、加工界线的操作。其作用是：确定工件上各加工面的加工位置，作为加工工件或安装工件的依据；通过划线及时发现和处理不合格的毛坯，避免造成更大的浪费；通过划线使加工余量不均匀的坯件得到补救，从而提高坯件的合格率；在型材上按划线下料，可合理使用材料。

划线用工具包括：支承工具(平板、方箱、V形架、千斤顶、角铁及垫铁等)、划线工具(划针、划规、划卡、划线盘、样冲、高度游标尺等)、量具(钢直尺、高度尺、高度游标尺、90°尺等)。图3.3.1所示为部分划线工具的外形图。

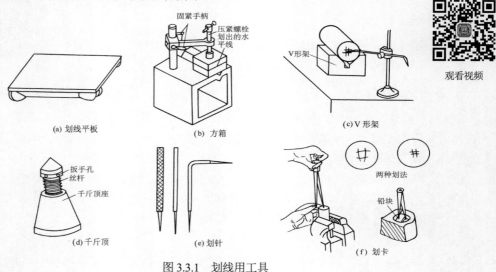

图 3.3.1 划线用工具

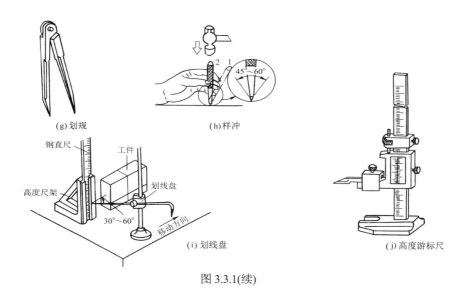

(g) 划规　　　　　(h) 样冲

(i) 划线盘　　　　　(j) 高度游标尺

图 3.3.1(续)

划线可分为平面划线和立体划线两种类型(图 3.3.2)。前者是在毛坯或工件的一个平面上划线，如图 3.3.2(a)；后者是在毛坯或工件的长、宽、高三个方向上划线，如图 3.3.2(b)所示。

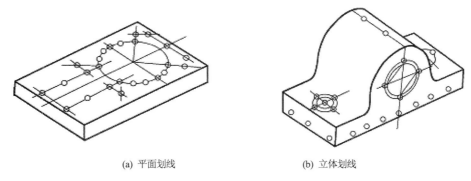

(a) 平面划线　　　　　(b) 立体划线

图 3.3.2　划线的种类

1. 划线过程

(1) 准备工作。按图样检查毛坯；清理铸件上的浇道、冒口及粘在表面上的型砂，锻件上的飞边及氧化皮，半成品上的毛刺、油污；在划线部位涂色；找孔的中心。

(2) 选择基准。划线时应以工件上某一个(条)或几个(条)面(或线)为依据，划出其余的线，这种作为划线依据的面或线就称为划线基准。一般选重要的中心线或某些已加工过的表面作为划线基准。

(3) 工件定位。选用适当的工具支承工件，使其有关表面处于合适位置。一般工件定位采用三点支承，图 3.3.3(a)就是一例；用已加工过的平面作基准的工件定位，可将它置于平板上，如图 3.3.3(b)所示；圆柱形工件定位宜用 V 形架等工具，如图 3.3.3(c)所示。

(4) 划线。先划出基准线，再划其他线。划完线后，要仔细检查划线的准确性，看是否有漏划的线条，检查后再打样冲眼。

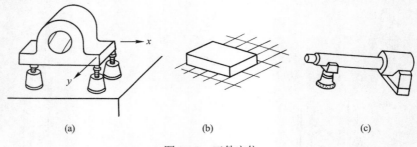

(a)   (b)   (c)

图 3.3.3　工件定位

2. 划线方法

平面划线与平面作图方法类似，在工件的表面上按图样要求划出所需的线或点。

立体划线常用工件翻转移动、工件固定不动等方法进行。前者即将所需划线的工件支承在平板上，并使其有关表面处于合适的位置(即找正)后，划一个平面上的线条，然后翻转移动工件，重新支承并找正，划另一个平面上的线条。这种划线方法能对零件进行全面检查，可方便地在任意平面上划线，但其调整找正难，精度较低，不宜用于较大的工件。后者是在工件固定的情况下进行的划线，精度较高，适用于大型工件。实际工作中，对于中、小工件，有时将其固定在支承工具上，划线时使其随支承工具翻转。此法兼具上述两种方法的优点。

图 3.3.4 是对轴承座进行划线的实例。其步骤如下。

1) 研究图样

检查毛坯质量，清理毛坯，在划线部位涂色、堵孔。该工件需要划线的部位有底面、两端面、$\phi50mm$ 轴承座内孔、两个 $\phi13mm$ 孔，如图 3.3.4(a)所示。

2) 确定划线基准、装夹方法

该工件上的 $\phi50mm$ 孔是其重要部位，划线时应以该内孔的中心线为基准，这样才能保证孔壁厚度均匀。此工件需划线的尺寸分布在三个方向上，因此，工件要安放三次才能完成划线工作。

3) 用三个千斤顶支承底面，调整千斤顶的高度

用划线盘找正，将轴承内孔两端中心初步调整到同一高度，并使其底面尽量处于水平位置，如图 3.3.4(b)所示。

4) 划线

(1) 划水平基准线及底面四周加工线，如图 3.3.4(c)所示：先以 $R50mm$ 外轮廓线为找正基准，求 $\phi50mm$ 的轴承座内孔及 $R50mm$ 外轮廓的中心，试划 $\phi50mm$ 圆周线。若内孔与外轮廓偏心过大，则应通过划线使各待加工部位的余量重新分配，使有误差的毛坯得到补救，同时用划线盘试划底面四周加工线。若加工余量不够，则应把中心适当提高，中心确定后，即可划出水平基准线 I-I 及底面四周加工线。

(2) 划垂直基准线及两小孔的一条中心线，如图 3.3.4(d)所示：将工件翻转 90°，用三个千斤顶支承，并用 90°角尺找正，使轴承孔两端中心处于同一高度，同时用 90°角尺按底面加工线找正垂直位置，划出垂直基准线 II-II，然后划出两小孔的一条中心线。

(3) 划两小孔的另一中心线及两端加工线，如图 3.3.4(e)所示：将工件再翻转 90°，使用 90° 角尺，通过调整千斤顶的高度来找正。试划两小孔的中心线 III-III，然后以两小孔的中心为依据，试划两端面的加工线。若有偏差，则调整两小孔中心，并适当借料，再划出两端面的加工线。

(4) 划其他加工界线：划轴承孔及两小孔的轮廓线。

(5) 检查所划线是否正确，并打样冲眼，如图 3.3.4(f)所示。

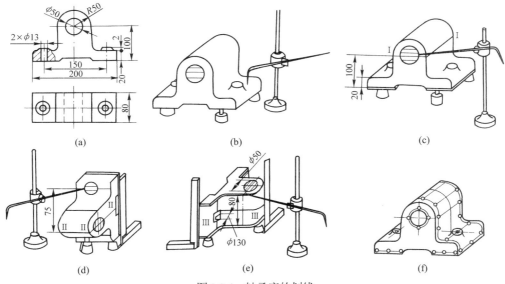

图 3.3.4 轴承座的划线

3.3.2 锯削

锯削是用锯条切割开工件材料，或在工件上切出沟槽的操作。手工锯削所用工具(手锯)结构简单，使用方便，操作灵活，在钳工工作中使用广泛。大型原材料或工件的分割通常利用机械锯进行，不属于钳工的范围。

观看视频

1. 手锯

钳工多用手锯进行锯削。手锯由锯弓和锯条两部分组成。锯弓是用于安装锯条的，有固定式和可调节式两种(图 3.3.5)。

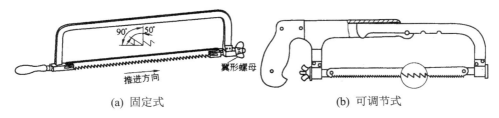

(a) 固定式　　　　　　　　　(b) 可调节式

图 3.3.5 锯弓

固定式锯弓能安装标准长度的一种锯条；可调式锯弓能安装不同长度的几种锯条，一般常用为可调节式。锯弓两端装有夹头，一端是固定的，另一端是活动的。当锯条装在两端的夹头的销子上后，旋转活动夹头上的蝶形螺母就能把锯条拉紧。

锯条是锯削用的刀具，其长度规格是以两端安装中心孔来表示，常用锯条约长 300mm、宽 12mm、厚 0.8mm。

(1) 锯路。锯条在制造时，为减小锯条两端面与锯缝间的摩擦力，使锯齿按一定的规律左右错开排列成一定形状，称为锯路，通常有交叉形和波浪形等，如图 3.3.6 所示。通常粗齿锯条的锯路制成交叉形，而中齿或细齿锯条的锯路制成波浪形。

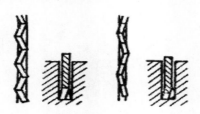

图 3.3.6　锯路

(2) 锯条的材料与结构。锯条是用碳素工具钢(如 T10 或 T12)或合金工具钢经热处理制成。锯条的切削部分由许多锯齿组成，每个齿相当于一把錾子起切割作用。常用锯条的前角 γ 为 0°、后角 α 为 40°～50°、楔角 β 为 45°～50°。

(3) 锯条粗细的选择。锯条的粗细应根据加工材料的硬度、厚薄来选择。锯割软的材料(如铜、铝合金等)或厚的材料时，应选用粗齿锯条，因为锯屑较多，要求较大的容屑空间；锯割硬的材料(如合金钢等)或薄板、薄管时，应选用细齿锯条，因为材料硬，锯齿不易切入，锯屑量少，不需要大的容屑空间；锯割薄的材料时，锯齿易被工件勾住而崩断，所以需要同时工作的齿数多，使锯齿承受的力量减少；锯割中等硬度的材料(如普通钢、铸铁等)和中等硬度的工件时，一般选用中齿锯条。

2. 锯削姿势

(1) 握法。右手满握锯柄，左手轻扶在锯弓前端，如图 3.3.7 所示。

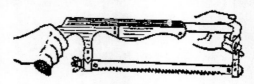

图 3.3.7　锯弓的握法

(2) 压力。锯削时，右手控制推力和压力，左手配合右手扶正锯弓，压力不要过大。返回行程不切削，不加压。

(3) 运动和速度。手锯推进时，身体略向前倾，左手上翘，右手下压，回程时右手上抬，左手自然跟回。锯削运动的速度一般为每分钟 40 次左右，锯削硬材料慢些，同时，锯削行程应保持均匀，返回行程应相对快些。

3. 锯削方法

1) 选用锯条

根据工件材料的硬度和厚度选择齿距合适的锯条。

2) 安装锯条

手锯是在向前推进时才起切削作用，故安装时应使齿尖的方向朝前，在调节锯条时，太紧会折断锯条，太松则锯条易扭曲，锯缝容易歪斜，其松紧程度以用手扳动锯条，感觉硬实即可。安装好后，还应检查锯条安装得是否歪斜、扭曲，这对保证锯缝正直和防止锯条折断都比较有利。

3) 装夹工件

工件的夹持要牢固，不可有抖动，以防锯削时工件移动而使锯条折断。同时要防止夹坏已加工表面和工件变形。工件尽可能夹持在虎钳的左面，以方便操作；锯削线应与钳口垂直，以防锯斜；锯削线离钳口不应太远，以防锯削时产生抖动。

4) 锯削工件

(1) 起锯。起锯的方式有近边起锯和远边起锯两种(图 3.3.8)，一般情况采用远边起锯。因为此时锯齿是逐步切入材料，不易卡住，起锯比较方便。起锯角 α 以 15°左右为宜。为了起锯的位置正确和平稳，可用左手大拇指挡住锯条来定位，如图 3.3.8(c)所示。起锯时压力要小，往返行程要短，速度要慢，这样可使起锯平稳。

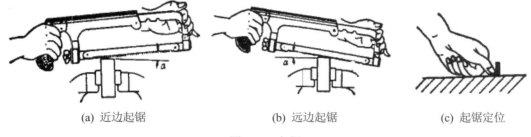

(a) 近边起锯　　　　　　(b) 远边起锯　　　　　　(c) 起锯定位

图 3.3.8　起锯

(2) 正常锯削。锯削时，手握锯弓要舒展自然，右手握住手柄向前施加压力，左手轻扶在弓架前端，稍加压力。人体重量均布在两腿上。锯削时速度不宜过快，以每分钟 30~60 次为宜，并应用锯条全长的 2/3 工作，以免锯条中间部分迅速磨钝。

推锯时锯弓运动方式有两种：一种是直线运动，适用于锯缝底面要求平直的槽和薄壁工件的锯削；另一种锯弓上下摆动，这样操作自然，两手不易疲劳。

锯削到材料快断时，用力要轻，以防碰伤手臂或折断锯条。

4. 锯削示例

(1) 薄板的锯削。锯削板料时，尽量从宽的面上锯下去，使锯齿不易被钩住。当只能在薄板的狭面锯下时，可用两块木板夹持薄板，一起夹在台虎钳上，锯削时连木板一起锯下，如图 3.3.9 所示。

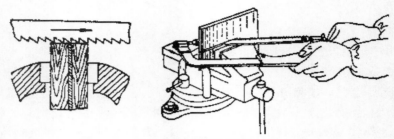

图 3.3.9 薄板的锯削

(2) 棒料的锯削。棒料的锯削端面如果要求比较平整，应从起锯开始连续锯断；若锯削的端面要求不高，则可改变棒料的位置，旋转一定的角度，分几个方向锯下。这样，由于锯削面变小而容易锯入，使锯削比较省力，提高效率，如图 3.3.10 所示。

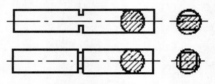

图 3.3.10 棒料的锯削

(3) 管子的锯削。锯削圆管时，一般把圆管水平地夹持在虎钳内，对于薄管或精加工过的管子，应夹在木垫之间。锯削管子时不宜从一个方向锯到底，应该锯到管子内壁时停止，然后把管子向推锯方向旋转一些，仍按原有锯缝锯下去，这样不断转位，到锯断为止，如图 3.3.11 所示。

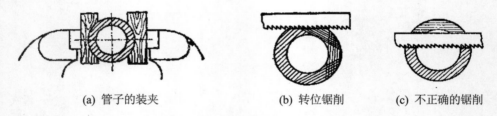

(a) 管子的装夹   (b) 转位锯削   (c) 不正确的锯削

图 3.3.11 管子的锯削

(4) 深缝的锯削。当锯缝的深度达到锯弓的高度时，为防止与工件相碰，应把锯条转过 90°安装，使锯弓转到工件的侧面，如图 3.3.12(b)所示。也可将锯弓转过 180°安装，让锯齿在锯弓内进行锯削，如图 3.3.12(c)所示。

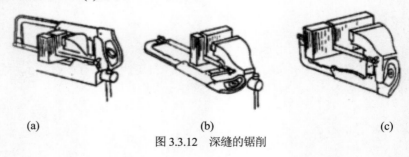

(a)   (b)   (c)

图 3.3.12 深缝的锯削

(5) 槽钢的锯削。锯削槽钢时，一开始尽量在宽的面上进行锯削，按照图 3.3.13(a)、(b)、(c) 顺序从 3 个方向锯削。这样可得到较平整的端面，并且锯缝较浅，锯条不会被卡住，从而延长锯条的使用寿命。如果将槽钢装夹一次，从上面一直锯到底，这样锯缝深。

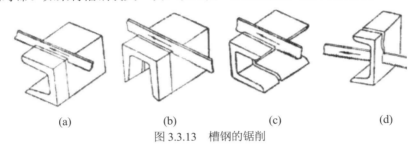

(a)　　　　　　　(b)　　　　　　　(c)　　　　　　　(d)

图 3.3.13　槽钢的锯削

5. 锯削质量分析

1) 锯缝产生歪斜的原因

(1) 工件安装歪斜。

(2) 锯条安装时太松或锯弓平面产生扭曲。

(3) 使用两面锯齿磨损不均匀的锯条。

(4) 锯削时压力过大，使锯条偏摆。

(5) 锯弓不正或用力后产生歪斜，使锯条偏离锯缝中心平面。

2) 锯齿崩裂的原因

(1) 锯条选择不当，如锯薄板、管子时用粗齿锯条。

(2) 起锯时角度太大。

(3) 锯齿被卡后，仍用力推锯。

(4) 锯齿摆动过大或速度过快，锯齿受到过猛的撞击。

3) 锯条折断的原因

(1) 工件夹持不牢。

(2) 锯条装得过松或过紧。

(3) 锯削压力过大，或用力突然偏离锯缝方向。

(4) 锯缝产生歪斜后强行借正。

(5) 新换锯条在原锯缝中被卡住，过猛地锯下。

(6) 工件锯断时操作不当，使手锯与台虎钳等相撞。

6. 锯削注意事项

(1) 锯削前要检查锯条的装夹方向和松紧程度。

(2) 锯削时压力不可过大，速度不宜过快，以免锯条折断伤人。

(3) 锯削将完成时，用力不可太大，并需要用左手扶住被锯下的部分，以免该部分落下时砸脚。

3.3.3　锉削

锉削是用锉刀对工件表面进行加工，使其尺寸、形状、位置和表面粗糙度

观看视频

等达到要求的操作。它可加工工件的内外平面、内外曲面、内外角、沟槽和各种复杂形状的表面，还可在装配中做修整工作，对錾、锯之后的工件进行精密加工。

1. 锉刀

锉刀是用于锉削的工具，它由锉身(即工作部分)和锉柄两部分组成(图3.3.14)。其规格以工作部分的长度表示，常用的有100mm、150mm、200mm、300mm等。

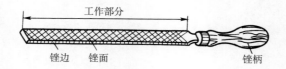

图3.3.14　锉刀

锉削工作是由锉面上的锉齿完成的。锉齿的形状及锉削原理如图3.3.15所示。

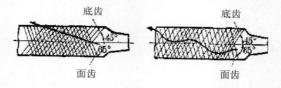

图3.3.15　锉刀齿形

锉刀的种类按用途不同，可分为钳工锉、整形锉、特种锉三种。钳工锉刀一般用于工件表面的锉削，其截面形状不同，应用场合也不相同(图3.3.16)；整形锉刀又称为什锦锉、组锉，适用于修整工件上的细小部位及进行精密工件(如样板、模具等)的加工；特种锉用于加工各种工件的特殊表面。按齿纹密度(以锉刀齿纹的齿距大小表示)不同，锉刀可分为五种：粗(齿)锉、中(齿)锉、细(齿)锉、双细(齿)锉、油光锉，以适应不同的加工需要。一般用粗齿锉进行粗加工及加工有色金属；用中齿锉进行粗锉后的加工，适用于锉钢、铸铁等材料；用细齿锉来锉光表面或锉硬材料；用油光锉进行修光表面工作。

平锉　　　　方锉　　　三角锉　　　半圆锉　　　圆锉

图3.3.16　钳工锉刀的截面形状

2. 锉削姿势

1) 锉刀的握法

正确握持锉刀有助于提高锉削的质量。锉刀的握法应该随着锉刀的大小和使用地方的不同而相应改变。

(1) 较大锉刀的握法。用右手握紧锉刀柄，左手握住锉刀的前部，协同右手一起推送锉刀，如图3.3.17所示。

(2) 中、小型锉刀的握法。由于中、小型锉刀尺寸较小，本身强度较低，在锉刀上加的压力和推力应小于大型锉刀，因此在握法上与大型锉刀有所不同，常用的如图3.3.18所示。

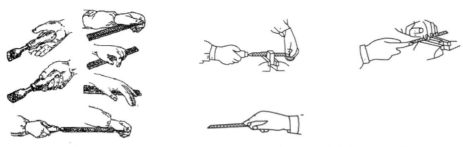

图 3.3.17　大锉刀的握法图　　　　　　　　图 3.3.18　中小型锉刀的握法

2) 锉削时两手用力

锉削时，要达到平面度的要求，必须控制锉刀在一个平面内沿直线运动。锉削中，由于锉刀与工件支撑点的相对位置不断发生变化，故两手对锉刀的压力也应不断产生变化，锉刀往前推动时，右手压力应逐渐增加，左手压力要逐渐减小，如图 3.3.19 所示。锉刀回程时，两手均不施加压力，轻松拉回即可，以减小锉刀锉齿的磨损和消除疲劳。

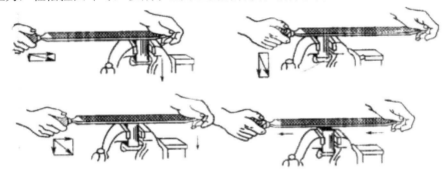

图 3.3.19　锉削时两手的用力

3. 锉削方法

1) 锉刀的选用

每种锉刀都有一定的使用寿命，如果选择不当，就会过早丧失切削能力。因此，对钳工来说，必须正确地选用锉刀。

(1) 锉刀端面形状的选择。锉刀端面形状的选择主要是按工件锉削表面的形状及锉削时锉刀的运动特点来确定，如图 3.3.20 所示。

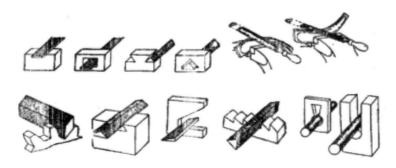

图 3.3.20　锉刀的选择

对于多角形内孔锉削，在粗锉时，可根据相邻两边夹角的大小选择合适的锉刀。如夹角小于90°，可选用三角锉、刀口锉等。大于90°或等于90°的可选用方锉或板锉。但在精锉多角形内孔平面时，应尽可能选用细板锉，并根据相邻面的角度修磨板锉两侧。

(2) 锉刀粗细的选择。锉刀粗细的选择主要取决于加工余量、加工精度和加工表面粗糙度要求的高低以及工件材料的软硬等。粗锉刀适用于锉削加工余量大、加工精度低和表面粗糙度大的工件；细锉刀则相反。

2) 工件的夹持

工件的夹持是否正确，将直接影响锉削的质量。因此夹持时应符合下列要求。

(1) 工件应夹在虎钳中间，并伸出钳口不要太多，以免锉削时产生振动。

(2) 工件要夹牢，但不能使工件变形。

(3) 夹持已加工表面和精密工件时，必须使用铜钳口或铝钳口。

4. 锉削示例

1) 平面的锉削方法

锉平面可采用交叉锉法、顺向锉法或推锉法(图 3.3.21)。

(a) 交叉锉法　　　　　　(b) 顺向锉法　　　　　　(c) 推锉法

图 3.3.21　平面锉削方法

(1) 交叉锉。用锉刀从两个相互交叉的方向对工件进行锉削的方法。交叉锉的特点是锉刀与工件表面接触面积增大，锉刀易掌握平稳，但锉纹交叉不整，一般用于加工精度不高的情况下。

(2) 顺向锉。沿着工件的同一方向进行锉削的方法，这种锉法的锉纹一致，整齐美观，适用于锉削小平面和精锉工件。

(3) 推锉法。锉削时，两手在工件两侧对称横握住锉刀，顺着工件长度方向进行来回推动锉削的方法，推锉时，容易把锉刀掌握平稳，可大大提高锉削面的平面度，减小表面粗糙度。但是推锉的切削效率大大降低，故一般应用于精加工和表面修光等场合。推锉过程中，应使两手的间距尽量缩小，以提高锉刀运动的稳定性，从而提高锉削的质量。

平面锉削时，其尺寸可用钢直尺和卡尺等检查；其平直度及直角要求可使用有关器具通过是否透光来检查。

2) 曲面的锉削方法

曲面锉削分为外圆弧面锉削和内圆弧面锉削。

(1) 外圆弧面锉削。锉削外圆弧面所用的锉刀是板锉，如图 3.3.22 所示。锉削时，锉刀要同时做两个方向的运动，即前进运动和绕工件圆弧中心的转动。实现这两个运动的方法有两种：一种是顺着圆弧面锉，开始时，将锉刀前部压在工件上，尾部抬高，然后开始向前推锉，同时右手下压，左手上提，使锉刀头部逐渐由上而下做弧形运动。两手要协调，压力要均匀，上下摆动幅度要大；另一种方法是横着圆弧面锉，锉削时，锉刀在做顺着曲面轴向运动的同时，又做横向曲线运动。

(2) 内圆弧面锉削。锉削内圆弧面的锉刀可选用圆锉或半圆锉，当圆弧半径较大时，也可选用方锉进行粗锉，图 3.3.23 所示。锉削时锉刀要同时完成 3 个运动，即使锉刀做前进运动的同时，还要使锉刀本身做 45°左右的旋转运动和沿圆弧面向左或向右的横向移动，以保证锉出的弧面光滑、准确。

曲面形体的轮廓检查，可用曲面样板通过塞尺或用透光法进行。

 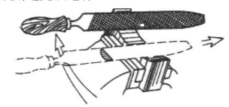

图 3.3.22　外圆弧面的锉削方法　　　　图 3.3.23　内圆弧面的锉削方法

5. 锉削注意事项

(1) 铸件及锻件的硬皮等，需要先用砂轮磨去或錾去，然后锉削。

(2) 工件须牢固地夹持在台虎钳钳口的中间，且加工部位略高于钳口。夹紧已加工表面时，需要将铜或铝制垫片垫在钳口与工件之间。

(3) 锉刀必须装柄使用。

(4) 严禁用手摸刚锉过的表面，以防止再锉时打滑；不准让锉刀沾水，以防锈蚀；防止锉刀沾油，否则使用时易打滑。

(5) 锉面被堵塞后，应用钢丝刷顺着锉纹方向刷去锉屑。

(6) 锉削速度不可太快(一般约为每分钟 40 次)，否则易打滑。

(7) 不能用嘴吹切屑，以防飞进眼睛。

3.3.4　錾削

錾削是用手锤冲击錾子(也叫凿子)对金属进行冷加工的操作。是钳工较为重要的基本操作，目前主要用于不便于机械加工的场合，如去除毛坯上的凸缘、毛刺，分割材料，錾削平面及沟槽等。

1. 錾子

錾子也叫凿子，是錾削工作中的主要工具，用碳素工具钢经锻造、热处理、刃磨制成的。根据錾削工作的需要，设计的錾子种类很多，现介绍主要的几种，如图 3.3.24 所示。

(1) 扁錾是錾削工作中最广泛使用的錾子。按錾子刃口不同，有"中锋""偏锋""单峰"之分，如图 3.3.25 所示。最常用的是"中锋"的。在錾削深孔和硬钢件时，有时采用"偏锋"的。"单锋"的主要用于很深的孔内錾削或在台虎钳上錾削薄金属板，以及在工件上切除铆钉头和螺钉头等。

(2) 尖錾也叫狭錾，主要用于在工件表面和内孔开槽，其刃口也有"中锋""偏锋"和"单峰"之分。"偏锋"和"单锋"的主要用于硬钢件和在深孔内开槽。

(3) 油槽錾，主要用于对凹面开油槽。

(4) 马蹄錾，主要用于圆孔内伸直油线，工件表面滑动部分开油线和錾削椭圆孔，有时用于钻孔时修正中心。

(5) 菱形錾，主要用于錾削各种方孔和在金属工件表面刻字，有时代替马蹄錾用。

(6) 圆弧錾，用于錾削薄金属板曲线孔以及修孔。

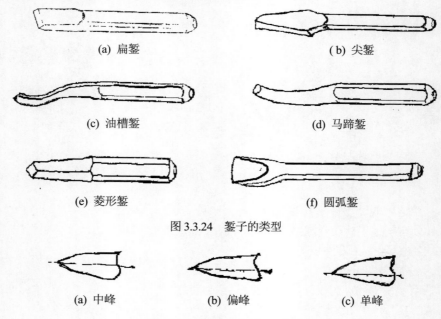

(a) 扁錾　　　　　　　　　　　　　　(b) 尖錾

(c) 油槽錾　　　　　　　　　　　　　(d) 马蹄錾

(e) 菱形錾　　　　　　　　　　　　　(f) 圆弧錾

图 3.3.24　錾子的类型

(a) 中峰　　　　　(b) 偏峰　　　　　(c) 单峰

图 3.3.25　扁錾的刃口型式

2. 錾削姿势

1) 錾子的握法

(1) 正握法。手心向下，腕部伸直，用中指和无名指握住錾子，小指自然合拢，食指和大拇指自然合拢，以护住手部。錾子头部伸出约 20mm，如图 3.3.26(a)所示。

(2) 反握法。手心向下，手指自然捏住錾子，手掌悬空，如图 3.3.26(b)所示。

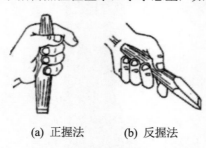

(a) 正握法　　　(b) 反握法

图 3.3.26　錾子的握法

2) 挥锤方法

鏨削时的挥锤有腕挥、肘挥和臂挥三种方法，如图 3.3.27 所示。腕挥是仅用手腕的动作进行锤击运动，采用紧握法握锤，一般用于鏨削余量较小及鏨削开始或结尾；肘挥是用手腕与肘部一起挥动做锤击运动，采用松握法握锤，因挥动幅度较大，故锤击力也较大，这种方法应用最多；臂挥是手腕、肘和全臂一起挥动，其锤击力最大，用于需要大力鏨削的场合。

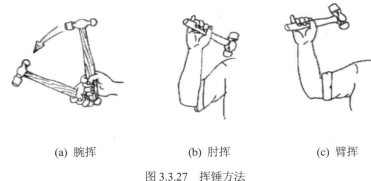

(a) 腕挥   (b) 肘挥   (c) 臂挥

图 3.3.27　挥锤方法

3. 鏨削方法

(1) 板料切断。在没有剪切设备的情况下，可用鏨削的方法分割薄板料或薄板工件。鏨削小块薄板料，一般可在虎钳上进行。鏨削时，可将薄板夹在钳口上，鏨削线和钳口对齐，然后用扁鏨斜对着薄板，沿着钳口自右向左鏨削，如图 3.3.28 所示。

当工件的轮廓线需要切断，而板料又较厚时，为避免材料变形，应该沿轮廓线的边缘处钻出连续的排孔。然后把排孔之间的连接处用鏨子鏨短。直线部分可用扁鏨，圆弧和曲线部分则用圆弧鏨鏨削，如图 3.3.29 所示。

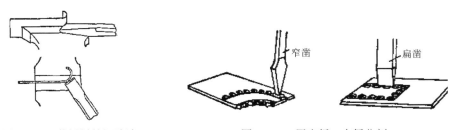

图 3.3.28　薄板料的切除法   图 3.3.29　用扁鏨、尖鏨分割

(2) 鏨削平面。鏨削平面一般可用扁鏨。对于较狭的平面，鏨削时应将鏨子刃口与鏨削方向保持同一角度，这样可以连续鏨削，直至整个平面鏨完，而且容易把表面鏨得比较平整，如图 3.3.30 所示。对于较大的平面，是直槽鏨削和狭平面鏨削的组合。鏨削时，可先用尖鏨以适当的间隔开出工艺直槽，再用扁鏨将槽间凸出部分鏨去，如图 3.3.31 所示。这样既可使鏨削省力，又便于控制鏨削表面的尺寸精度。

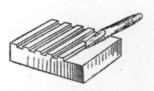

图 3.3.30　錾削较窄的平面　　　　　　图 3.3.31　錾削较大的平面

(3) 錾削油槽。錾削油槽时一般用油槽錾。油槽一般要求槽形粗细均匀，深浅一致，槽面光洁圆滑。錾削前首先根据图样上油槽的断面形状、尺寸，刃磨好錾子的切削部分，并在工件上划好线，如图 3.3.32 所示。

在平面上錾油槽，起錾的錾子要慢慢地加深至尺寸要求，錾到尽头时刃口必须慢慢翘起，保证槽底圆滑过渡。在曲面上錾油槽，錾子的倾斜情况应随着曲面而变动。使錾削时的后角保持不变。油槽錾好后，再修去槽边毛刺。

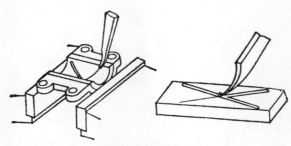

图 3.3.32　錾削油槽

4. 錾削工作的质量及安全知识

錾削时，由于操作不熟练，方法不正确，或者使用工具不当，会使工件达不到技术要求，造成报废，如表面过于粗糙、棱角崩缺、錾削过线等。有时还会发生工伤事故，因此錾削时应注意以下几点。

(1) 錾子应保持锋利，楔角的大小需要与材料相适应，并保持正确的后角。錾子尾部打出翻帽时，应及时磨掉。

(2) 手锤的木柄要装牢，不能松动。

(3) 对于脆性材料，应该从两边向中间錾削，避免棱角崩缺。

(4) 手锤头部和錾子尾部不能有油，以免锤击时滑脱。

(5) 操作时，应戴防护眼镜，必要时可装安全网。

3.3.6　钻孔、扩孔、铰孔

钻孔是用钻头在实心工件上钻出通孔或钻出较深的盲孔的操作。钻孔在生产中是一项很重要的工作，主要加工精度不高的孔或作为孔的粗加工；扩孔是使用麻花钻或专用扩孔钻将原来钻过的孔或铸锻出来的孔进一步扩大的操作；铰孔是用铰刀从已钻、扩出或镗出的孔内再切削一薄层金属，以便提高孔的精度和降低表面粗糙度的操作，一般可加工圆柱形孔，也可加工锥形孔。

1. 钻孔

1) 钻头

钻头是钻孔过程中的主要工具，其种类多，有麻花钻、扁钻、深孔钻、中心钻等。这些钻头的集合形状虽然不同，但都有两个对称排列的切削刃，使钻削时产生的力保持平衡，其切削原理相同。

(1) 扁钻头。扁钻头是在特殊情况下，工厂根据加工需要，用碳素工具钢或高速钢自制的专用钻头，如图 3.3.33 所示。这种钻头结构简单，但导向作用差，不易排屑，故不适于钻深孔。

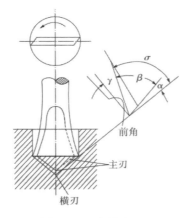

图 3.3.33　扁钻头

(2) 中心孔钻头。中心孔钻头是由高速钢制成的。它用来在回转体工件上打中心孔，其角度适于机床顶尖的角度。对于 1～6mm 的中心孔，一般用复合中心孔钻头钻出。复合中心孔钻头有普通和带护锥的两种，如图 3.3.34 所示。带护锥的中心孔钻头，一般在工件加工工序较长，要求精度高，为了防止在搬运中碰坏 60°的定心锥面时采用。

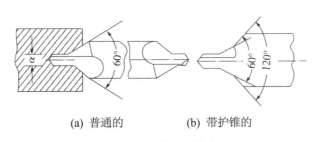

(a) 普通的　　　　(b) 带护锥的

图 3.3.34　中心孔钻头

(3) 麻花钻。麻花钻头的工作部分像麻花，故称麻花钻头，它是钻孔加工中最常用的标准刃具，如图 3.3.35 所示。

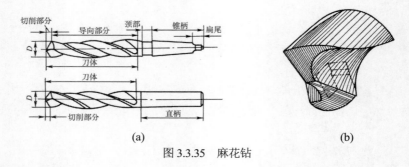

图 3.3.35 麻花钻

2) 钻孔方法

(1) 钻精孔。一般是指不具备铰孔或其他形式的精加工条件，通过对钻头的进一步修磨改进，适当地选择切削用量，使钻孔精度有较大提高的一种钻孔方法。

钻精孔应该具备的条件是：钻孔时，应选用精度较高的钻床；采用浮动夹头装夹钻头，尽量减少钻头在钻削中的径向摆动；选用新的或磨损较少的钻头，修磨后钻头的顶角、二重顶角均需要有良好的对称度。用细油石研磨主切削刃的前、后面，并在外缘尖角处研磨出 $r=0.2mm$ 的小圆角，使其有较好的修光作用。

钻孔时，先钻出留有 0.5～1mm 加工余量的底孔，然后用修磨好的精孔钻头进行精扩，精扩时要浇注充足的以润滑作用为主的冷却润滑液。

(2) 钻小孔。钻削直径在 3mm 以下的小孔，由于钻头直径小，转速快，加速钻头磨损，排屑困难。在钻孔过程中，一般多用手动进给，进给力不容易掌握均匀，钻芯尖碰到凸出的高点或过硬的质点时，钻芯就会滑离原来位置，也容易使钻头折断。因此，钻小孔时，应根据具体情况确定钻孔方法。

开始钻孔时，进给力要小，防止钻头弯曲和滑移，以保证钻孔的正确位置。钻孔过程中，凭手劲和感觉控制进给力，当钻头弹跳时，使它有一个缓冲范围，以防止钻头折断。要注意及时提起钻头进行操作，并输入冷却润滑液，或在空气中冷却。当钻削孔径在 1mm 以下的小孔时，因进给力很小，手进刀不易感觉，可在进给机构上装一个小而重的陀螺，靠其重量达到进给要求。

(3) 钻斜孔。斜孔是指孔的轴心线和端面不垂直。钻斜孔有三种情况：①在斜面上钻孔；②在平面上钻斜孔；③在曲面上钻孔。

钻头开始接触工件时，先单面受力，作用在钻头切削刃上的径向力，会使钻头偏斜钻不进工件。一般可采用以下三种方法。

第一种方法：用样冲在欲钻孔的中心打一个较大的中心眼，或在欲钻孔的位置上，錾出一个定位窝(即一个小平面)，使钻头的切削刃不受倾斜面的妨碍。将钻头回转中心与工件欲钻孔的中心对正，开始钻孔。

第二种方法：先将工件欲钻孔端面置于水平位置装夹。在欲钻孔位置的中心钻出一个浅窝，再把上述端面倾斜一些再装夹，将浅窝划深，形成一个过渡孔，这样在正式钻孔时，能使钻头容易钻进。

以上两种方法适用于钻削孔的位置精度要求不高的情况。当孔的精度要求较高时，可用第三种方法钻孔。

第三种方法：校正工件欲钻孔中心和钻床主轴中心的相对位置后固定工件。先用中心钻在孔中心钻一个中心孔，如图 3.3.36(a)所示；再用与孔径相同的铣刀或短的平刃钻头，加工出一个水平面 A，如图 3.3.36(b)所示，最后用钻头正式钻孔，如图 3.3.36(c)所示。

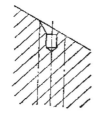
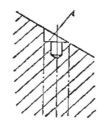
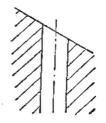

(a) 用中心钻钻中心孔　　　　　(b) 用立铣刀铣出一个平面　　　　　(c) 用钻头正式钻孔

图 3.3.36　钻斜孔方法

(4) 钻半圆孔。钻半圆孔时，由于钻头的单边受径向力，会使钻头偏斜、弯曲，加速磨损，甚至折断，而孔的质量也达不到要求。为此，钻半圆孔时可采用以下方法。

① 加工如图 3.3.37 所示的孔时，可在已加工的大孔中，嵌入与工件材料相同的金属棒，再钻孔，这样可以避免把上面的整圆部分刮大。

② 钻如图 3.3.38 所示的腰圆孔时，先在一端钻出整圆孔，另一端用半孔钻头加工。半孔钻头的几何参数如图 3.3.39 所示。

钻半圆孔时，用手动进给，压力要轻。

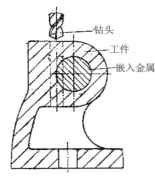
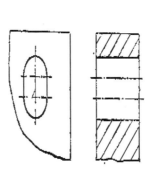
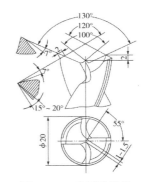

图 3.3.37　钻中间为半圆孔的工件　　　图 3.3.38　腰圆孔工件　　　图 3.3.39　半圆孔钻头

(5) 钻二联孔。常见的二联孔有三种情况，如图 3.3.40 所示。钻这些孔时，由于孔较深或两孔距离比较远，易使钻出的孔中心倾斜，同轴度达不到要求。因此可采用以下钻孔方法。

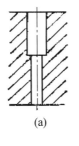
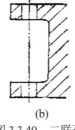
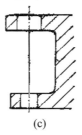

(a)　　　　　　(b)　　　　　　(c)

图 3.3.40　二联孔

① 钻图 3.3.40(a)所示的二联孔，可采用钻小孔、钻大孔、锪大孔底平面的顺序来加工。钻孔时，先用较短的钻头钻到大孔的深度，再改用较长的小钻头将小孔钻完，然后钻大孔，锪底平面。这样，当钻头在钻下面的小孔时，因有上面已加工的小孔做引导，就容易保持正直；钻大孔时又有小孔做导向，可保证同轴度。

② 钻图 3.3.40(b)所示的二联孔时，因钻头伸出比较长，下面的孔又无法划线和冲样冲眼，所以很难观察上下孔的同轴程度。当钻头的横刃碰到工件材料上的高点或较硬的质点时，容易偏离钻孔中心，同时由于钻头伸出较长，故而振摆大，同样不容易定准中心。此时可用一个外径与上面的孔配合较严密的大样冲，插进上面的孔中，在下面欲钻孔中心冲一个样冲眼(图 3.3.41)，然后引进钻头，对正样冲眼开慢车，锪出一个浅窝后，再高速钻孔。

③ 钻图 3.3.40(c)所示的二联孔，如果批量较大时，可制一根接长钻杆(图 3.3.42)，其外径与上面的孔径为间隙配合，钻完大孔后，再换上装夹有小钻头的接长钻杆，以上面的孔为引导，加工下面的小孔，这样可以保证二联孔的同轴度。

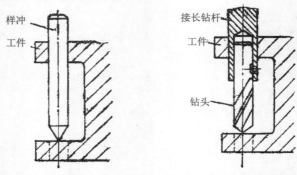

图 3.3.41　用样冲定准中心　图 3.3.42　用接长钻杆钻孔

(6) 钻深孔。在生产实际中，当工件的钻孔深度超过了钻头的长度，面对钻孔精度要求不高的情况下，通常采用接长钻头的方法来钻削。

钻头的接长方法如图 3.3.43(a)所示。选用一根直径略大于钻头直径，长度满足钻孔深度要求的接杆，利用辅助工具定位，在使钻头与接杆有较高的同轴度的前提下进行焊接。焊接后装夹在车床上车削接杆的外圆，如图 3.3.43(b)所示，这使接杆的直径略小于钻头直径，同时进一步提高钻头与接杆的同轴度，这样可减少接杆与工件的摩擦，使切削平稳。

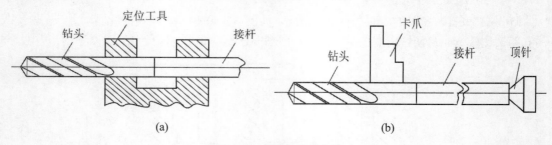

图 3.3.43　接长钻头的方法

钻深孔的关键问题是解决冷却和排屑。为此，一般钻进深度达到孔径的 3 倍时，钻头就要退出，排除积在孔内和钻头螺旋槽内的切屑，并且加注冷却润滑液，减少切屑与钻头的粘连，降低切削温度。以后每钻进一定的深度，钻头再次退出排屑、冷却。要防止连续钻进而排屑不畅，使钻头与接杆断裂，甚至扭断钻头。

2. 扩孔

1) 扩孔钻

由于扩孔的切削条件比钻孔有较大的改善，所以扩孔钻的结构与麻花钻相比有较大区别。如图 3.3.44 所示，其结构特点是：因为中心不切削，没有横刀；因为扩孔产生切屑体积小，钻芯粗，刀齿增加，使之具有较好的刚度、导向性和切削稳定性，能增大切削用量。

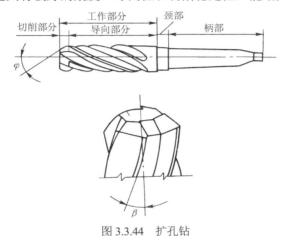

图 3.3.44 扩孔钻

2) 扩孔方法

(1) 扩孔前钻孔直径的确定。用麻花钻扩孔时，钻孔直径为 0.5～0.7 倍的要求孔径，用扩孔钻扩孔时，钻孔直径为 0.9 倍的要求孔径。

(2) 背吃刀量的确定。扩孔时背吃刀量为：$a_p=(D-d)/2$。其中 d 是原有孔的直径，单位 mm；D 是扩孔后的直径，单位 mm。

扩孔的切削速度为钻孔的 1/2，扩孔的进给量为钻孔的 1.5～2 倍。

实际生产中，一般可用麻花钻代替扩孔钻使用。扩孔钻用于大量扩孔加工。

3. 铰孔

1) 铰刀

铰刀是铰孔过程中重要工具，其种类多。按其使用方法分为手用和机用两种；按其铰孔的形状可分为圆柱形铰刀和圆锥形铰刀两种。

(1) 手用铰刀。常用的标准圆柱形手用铰刀的结构和切削角度如图 3.3.45(a)所示。它适用于硬度不高的材料和批量较小、孔径较小、精度要求不高的工件。

(2) 机用铰刀。普通机用铰刀的结构和切屑角度如图 3.3.45(b)所示。它适用于硬度高的材料和批量较大、孔径较大、精度要求较高的工件。

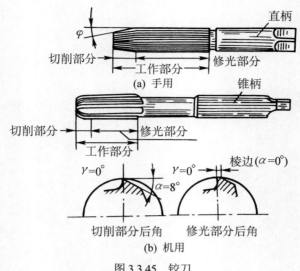

图 3.3.45　铰刀

2) 铰孔方法

(1) 手动铰孔的方法。

手工铰孔时，铰刀受加工孔的引导，在手的扳动下，进行断续铰削。这会在加工表面形成振痕，同时由于铰刀处在自由状态下，给铰孔造成一定的困难，因此铰孔应注意下述几个问题。

① 把工件夹牢、夹正，使操作者在铰孔过程中有一个正确的视觉和标志，工件的夹紧力要适当控制，尤其是薄壁工件，夹紧力不能过大，以免将工件夹扁，使铰后的孔产生椭圆甚至报废。

② 铰削时，要始终保持铰刀的中心与被铰孔的中心线重合，不能歪斜。两手用力要平衡，旋转速度要缓慢且均匀。随着铰刀的旋转，轻轻施加压力。并且注意变换铰刀每次停歇的位置，以消除铰刀常在同一处停歇所造成的振痕。

③ 在铰削过程中，如果铰刀被卡住，不要猛力扳转铰杠，这时可取出铰刀，清除切屑，涂上润滑油，再继续进行铰削。

④ 当一个孔快铰削完时，不能让铰刀的校准部分全部露出，以免将孔的下端划伤。退出铰刀时，不能反转，防止划伤孔壁或损坏铰刀。

⑤ 由于定位销孔要通过两个或两个以上的结合零件，因此，在铰削这类孔之前，应将结合零件牢固地连接并精确地确定它们的相互位置后才能开始钻孔、铰孔。

⑥ 铰削圆锥形定位销孔时，由于圆锥铰刀的铰孔余量较大，整个刀齿都作为切削刃投入切削，负荷较重。因此，每进刀 2~3mm 应将铰刀退出，清除切屑后再继续铰孔。在铰削过程中要注意孔的质量，并不断用锥销，试一试孔的大小及接触的情况。

(2) 机动铰孔的方法。

机动铰孔不同于手动铰孔。铰刀夹在钻床上，旋转中心较稳定，进给量也均匀。这些都有助于提高铰孔的质量。为保证铰孔的质量，需要从下述几个方面采取措施。

① 选用精度较高的钻床，装夹工件要正确，要使钻床主轴、铰刀和工件三者同轴度符合要求。如果同轴度不能满足铰孔的要求，应选用适当的浮动装夹铰刀的方式以便进行调整。

② 开始铰削时，可先采用手动进给，当铰进 2～3mm 时，再改用机动。如果采用的是浮动夹头夹持铰刀，可用手扶正铰刀慢慢地引导使其接近孔缘，防止铰刀与工件发生撞击。

③ 在铰削过程中，要输入冷却润滑液，还要多次不停地退出铰刀，以清除切屑，同时便于输入冷却润滑液。在铰削盲孔时，要随时注意孔的铰削情况，控制铰削深度。

④ 铰孔完毕，先将铰刀退出，然后停车，防止刀刃将孔壁拉坏。

(3) 铰孔时注意事项。

① 底孔要做正确。

② 铰刀要保持与孔眼同心，不能倾斜。

③ 铰孔余量和走刀量以及铰削速度要适当。

④ 要选用适当的润滑冷却液。

⑤ 铰深盲孔时要注意经常清除铰屑。

⑥ 铰通孔时，铰刀的修光部分不能全部出头，否则会使出口处损坏，并使铰刀不易退出。

⑦ 铰刀任何时候都不应反向旋转，退刀时也应按切削方向旋转，向上提刀。

⑧ 机铰时，要在铰刀退出孔后才能停车，否则会使孔壁有刀痕。

3.3.6　攻螺纹和套螺纹

常用的螺纹工件，其螺纹除采用机械加工外，还可以用钳工工种的攻螺纹和套螺纹来获得。攻螺纹(亦称攻丝)是用丝锥在工件内圆柱面上加工出内螺纹的操作；套螺纹(或称套丝、套扣)是用板牙在圆柱杆上加工外螺纹的操作。通常，这两种操作只能切削齿形为三角形的螺纹，三角形螺纹应用最广，而且已经标准化。

1. 攻螺纹

攻螺纹是钳工的基本操作，凡是小直径螺纹，单件、小批生产或结构上不宜采用机攻螺纹的，大多采用手攻。国家标准(GB)规定的普通螺纹内螺纹有5个公差等级(4、5、6、7、8级)，其中4级公差值最小，精度最高。用攻螺纹加工内螺纹能达到国标(GB)规定的各级精度，表面粗糙度Ra可达1.6μm左右。

1) 丝锥及铰扛

(1) 丝锥。

丝锥是用来加工较小直径内螺纹的成形刀具，一般选用合金工具钢 9SiGr，并经热处理制成，每个丝锥都由工作部分和柄部组成，如图 3.3.46 所示。丝锥的种类较多，按其加工螺纹种类不同可分为普通三角螺纹丝锥、圆柱管螺纹丝锥和手用丝锥。钳工常用的是手用和机用普通螺纹丝锥、圆柱管丝锥、圆锥管螺纹丝锥等。通常 M6～M24 的丝锥一套为两支，称头锥、二锥；M6 以下及 M24 以上一套有三支，即头锥、二锥和三锥。

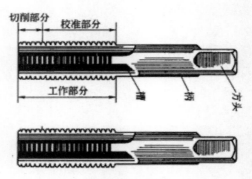

图 3.3.46 丝锥

(2) 铰扛。

铰扛是用来夹持丝锥的工具，分为普通铰手和丁字铰手两类。

其中普通铰手又可分为固定铰手和活动铰手两种，如图 3.3.47 所示。常用的活动铰手，旋转手柄即可调节方孔的大小，以便夹持不同尺寸的丝锥。铰手长度应根据丝锥尺寸大小进行选择，以便控制攻螺纹时的扭矩，防止丝锥因施力不当而扭断。

丁字铰手也可分为固定丁字铰手和活动丁字铰手，如图 3.3.48 所示，主要用于攻制工件台阶旁边的螺孔或机体内部的螺孔。小尺寸的丁字铰手有固定和可调节的两种，可调节的装有 1 个四爪的弹簧夹头，可夹持不同尺寸的丝锥，一般用来装夹 M6 以下的丝锥。大尺寸丝锥的丁字铰手一般都用固定的，通常按其实际需要制成专用的。

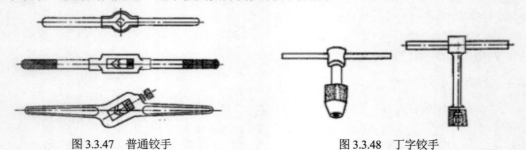

图 3.3.47 普通铰手   图 3.3.48 丁字铰手

2) 攻螺纹前确定底孔直径和深度以及孔口的倒角

(1) 底孔直径的确定。丝锥在攻螺纹的过程中，切削刃主要是切削金属，但还有挤压金属的作用，因而造成金属凸起并向牙尖流动的现象，所以攻螺纹前，钻削的孔径(即底孔)应大于螺纹内径。底孔的直径可查手册或按下面的经验公式计算：

$$脆性材料(铸铁、青铜等)：d=D-1.1P$$
$$塑性材料(钢、紫铜等)：d=D-P$$

式中，

d——钻孔直径，mm；

D——螺纹外径，mm；

P——螺距，mm。

(2) 钻孔深度的确定。攻盲孔的螺纹时，因丝锥不能攻到底，所以孔的深度要大于螺纹的长度，盲孔的深度可按下面的公式计算：

$$孔的深度=所需螺纹的深度+0.7d$$

(3) 孔口倒角。攻螺纹前要在钻孔的孔口进行倒角，以利于丝锥的定位和切入。倒角的深度大于螺纹的螺距。

3) 攻螺纹的方法及注意事项

(1) 根据工件上螺纹孔的规格，正确选择丝锥，先头锥，后二锥、三锥，不可颠倒使用。如果在较硬的材料上攻丝时，可轮换丝锥交替攻，这样可减少切屑负荷，避免丝锥折断。

(2) 工件装夹时，要使孔中心垂直于钳口，防止螺纹攻歪。

(3) 用头锥攻螺纹时，用右手掌按住中部，并沿丝锥中线用力加压，此时左手配合右手顺向旋进，或两手握住铰手两端平衡施加压力，并将丝锥顺向旋进，保持丝锥中心线与孔中心线重合。在丝锥攻入 1～2 圈后，应在前、后、左、右方向用角尺进行检查，避免产生歪斜。当丝锥切入 3～4 圈螺纹时，丝锥的位置应正确无误，不宜再有明显偏斜，且只需要转动铰手，而不应该再对丝锥加压力，否则螺纹牙形将被损坏。

(4) 攻丝时，每扳转铰手 1/2～1 圈，就应倒转 1/4～1/2 圈，使切屑碎断后容易排除。特别是在攻不通孔的螺纹时，要经常退出丝锥，排除孔中的切屑，以免丝锥攻入时卡住。同时不能再施加压力（即只转动不加压），以免丝锥崩牙或攻出的螺纹齿较瘦。

(5) 在塑性材料上攻螺纹时，一般都应加润滑油，以减少切削阻力，减少螺孔的表面粗糙度值，延长丝锥的使用寿命。对于钢件，一般用机油或浓度较大的乳化液，如果螺纹公差代号等级数字要求小，可用工业植物油。攻铸铁上的内螺纹可加润滑剂，或者加煤油；攻铝及铝合金、紫铜上的内螺纹，可加乳化液。

(6) 不要用嘴直接吹切屑，可用弯曲的小管子吹出切屑，或用磁性针棒吸出切屑，以防切屑飞入眼内。

攻螺纹的操作方法如图 3.3.49 所示。

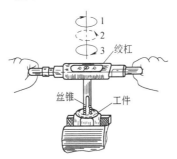

图 3.3.49　攻螺纹操作

2. 套螺纹

由于板牙的廓形属内表面，制造精度不高，套螺纹只能加工 7 级以下精度，表面粗糙度 Ra 为 3.2～6.3μm 的外螺纹。套螺纹也可用于修整外螺纹，如车削的螺栓，最后用板牙修整。套螺纹通常在批量少、螺杆不长、直径不大、精度不高以及缺少螺纹加工设备时应用。

1）板牙和板牙架

（1）板牙。

板牙是加工外螺纹的刀具，用合金工具钢 9SiGr 制成，并经热处理淬硬。其外形像一个圆螺母，只是上面钻有 3～4 个排屑孔，并形成刀刃。常用的板牙有圆板牙和活动管子板牙，如图 3.3.50 所示。其中圆板牙分为固定式和可调式两种。活动管子板牙是 4 块为 1 组，镶嵌在可调的管子板牙架内，用来套管子的外螺纹。

（a）固定板牙　　　　　　　（b）可调节板牙　　　　　　　（c）活动管子板牙

图 3.3.50　板牙的种类

板牙由切屑部分、定位部分和排屑孔组成。圆板牙螺孔的两端有 40°的锥度部分，是板牙的切削部分。定位部分起修光作用。板牙的外圆有 1 条深槽和 4 个锥坑，锥坑用于定位和紧固板牙。

（2）板牙架。

板牙架是用来夹持板牙、传递扭矩的工具。不同外径的板牙应选用不同的板牙架。

2）套螺纹前圆杆直径和倒角的确定

（1）圆杆直径的确定与攻螺纹相同，套螺纹时有切削作用，也有挤压金属的作用。故套螺纹前必须检查圆杆直径。圆杆直径应稍小于螺纹的公称尺寸，圆杆直径可查表或按经验公式计算。

经验公式：圆杆直径=螺纹外径 $D-(0.13～0.2)P$（螺距）

（2）圆杆端部的倒角。套螺纹前圆杆端部应倒角，使板牙容易对准工件中心，同时容易切入。倒角长度应大于一个螺距，斜角为 15°～30°。

3）套螺纹的方法和注意事项

（1）每次套螺纹前应将板牙排屑槽内及螺纹内的切屑清除干净。

（2）为使板牙容易对准工件和切入工件，圆杆端部要倒成圆锥斜角，锥体的最小直径可略小于螺纹小径，使切出的螺纹端部避免出现锋口和卷边而影响螺母的拧入。

（3）套螺纹时切削扭矩很大，易损坏圆杆的已加工面，所以应使用硬木制的 V 形槽衬垫或用厚铜板作保护片来夹持工件。工件伸出钳口的长度，在不影响螺纹要求长度的前提下，应尽量短。

（4）套螺纹时，右手手掌按住铰手中部，沿圆杆的轴向施加压力，左手配合做顺向旋进，此时转动宜慢，压力要大，应保持板牙的端面与圆杆轴线垂直，否则切口的螺纹牙齿一面深一面浅。当板牙切入圆杆 2～3 牙时，应检查其垂直度，否则继续扳动铰手时将造成螺纹偏切烂牙。当切入 3～4 圈时，可只转动而不加压，并经常反转，以便断屑。

（5）在钢制圆杆上套螺纹时要加机油润滑，以延长板牙的使用寿命和减少螺纹的表面粗糙度值。

套螺纹的操作方法如图 3.3.51 所示。

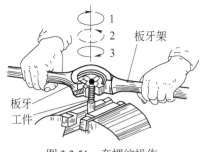

图 3.3.51 套螺纹操作

3.3.7 装配

装配是根据总装配图将合格零件按规定的技术要求装成合格产品的过程。它是机械制造过程中重要的和最后的一个阶段，产品的质量必须由装配最终保证。

1. 装配的技术准备工作

(1) 熟悉机械设备及各部件总成装配图和有关技术文件。了解机械设备及零、部件的结构特点和作用；了解各零、部件的相互连接关系及其连接方式。对于那些有配合要求、运动精度较高或有其他特殊技术条件的零、部件，应该引起特别的重视。

(2) 根据零、部件的结构特点和技术要求，确定合适的装配工艺、方法和程序。准备好必备的工量具、夹具及材料。

(3) 按清单检测各装备零件的尺寸精度与制造或修复质量，核查技术要求，凡有不合格者一律不得装配。对于螺柱、键及销等标准件，只要稍有损伤，就应予以更换，不得勉强留用。

(4) 零件装配前必须进行清洗。对于经过钻孔、铰削、镗削等机械加工的零件，要将金属屑末清除干净；润滑油通道要用高压空气或高压油吹洗干净；有相对运动的配合表面要保持洁净，以免因脏物或尘粒等混入其间而加速配合件表面的磨损。

2. 装配的一般工艺原则

装配顺序应与拆卸顺序相反。要根据零、部件的结构特点，采用合适的工具或设备，严格按顺序装配，注意零、部件之间的方位和配合精度要求。

(1) 对于过渡配合和过盈配合零件的装配，如滚动轴承的内、外圈等，必须采用相应的铜棒、铜套等专门工具和工艺措施进行手工装配，或按技术条件借助设备进行加温加压装配。若遇装配困难的情况，应先分析原因，排除故障，提出有效的改进方法，再继续装配，千万不可乱敲乱打。

(2) 对油封件必须使用心棒压入；对配合表面要经过仔细检查和擦净，若有毛刺应经修整后方可装配；螺柱连接按规定的扭矩值分别均匀紧固；螺母紧固后，螺柱的露出螺牙不少于两个且应等高。

(3) 凡是摩擦表面，装配前均应涂上适量的润滑油，如轴颈、轴承、轴套、活塞、活塞销和缸壁等。各部件的密封垫(纸板、石棉、钢皮、软木垫等)应统一按规格制作。自行制作时，应细心加工，切勿让密封垫覆盖润滑油、水和空气的通道。机械设备中的各种密封管道和部件，装配后不得有渗漏现象。

(4) 过盈配合件装配时，应先涂润滑油脂，以利于装配和减少配合表面的初期磨损。另外，装配时应根据零件拆下时所做的各种安装记号进行装配，以防装配出错而影响装配精度。

(5) 某些零、部件有装配技术要求，如装配间隙、过盈量、灵活度、啮合印痕等，应边安装边检查，并随时进行调整，以避免装配后返工。

(6) 在装配前，要对有平衡要求的旋转零件按要求进行静平衡或动平衡试验，合格后才能装配。

(7) 每一个部件装配完毕，必须严格、仔细地检查和清理，防止有遗漏或错装的零件。严防将工具、多余零件及杂物留存在箱体中。确信无疑后，再进行手动或低速试运行，以防机械设备运转时引起意外事故。

3. 装配的方法

(1) 一般装配法见表 3.3.1。

表 3.3.1　一般装配法及适用范围

装配方法	特　点	适用范围
完全互换法	配合零件公差之和小于或等于装配允许偏差，零件完全可互换、操作方便、易于掌握、生产率高、便于组织流水作业，对零件加工精度要求较高	适用于配合零件数较少、批量较大、零件采用经济加工精度制造的场合
不完全互换法	配合零件公差平方和的平方根小于或等于装配允许偏差，可以不加选择地进行装配，零件可互换。操作方便、易于掌握、生产率高、便于流水作业。公差较完全互换放宽，经济合理，有少数零件需要返修	适用于零件略多、批量大或零件加工精度需要放宽的场合
分组选配法	配合副中零件的加工公差按装配允许偏差放大若干倍，对加工后的零件测量分组，对应的组进行装配，同组可互换。零件按精度制造，配合精度高；增加了测量分组工作，由于各组配合零件不可能相同，容易造成部分零件的积压	适用于成批生产或大量生产、配合零件数少、装配精度较高的场合
调整法	选定配合副中一个零件制造成多种尺寸，装配时利用它来调整达到装配允许偏差，或采用可调整装置改变有关零件的相互位置来达到装配允许的偏差，或采用误差抵消法。零件可按经济加工精度制造，能获得较高装配精度，装配质量在一定程度上依赖操作者的技术水平	适用于多种装配场合
修配法	在某零件上预留修配量，或在装配后再进行一次精加工，综合清除其积累误差，可获得很高的装配精度，装配质量在很大程度上依赖于操作者的技术水平	适用于单件或小批量生产或装配精度要求高的场合

(2) 过盈连接的装配。

过盈连接的装配方法有压装法、热装法和冷装法等，其选择可见表 3.3.2。

表 3.3.2　过盈连接装配方法的选择

装配方法		设备或工具	工艺特点	适用范围
压装法	冲击压装	用手锤或重物冲击	简便，导向性差，易歪斜	适用于配合要求低，长的零件，多用于单件生产
	工具压装	螺旋式、杠杆式、气动式压装工具	导向性较冲击压装好，生产率高	适用于小尺寸连接件的装配。多用于中小批量生产
	压力机压装	螺旋式、杠杆式、气动式压力机或液压机	压力范围 $(1 \sim 1000)/10^4 \mathrm{N/cm^2}$，配合夹具使用，导向性较高	适用于采用轻型过盈配合的连接件。成批生产中广泛采用
热装法	火焰加热	喷灯、氧乙炔、丙烷加热器、炭炉	加热温度小于 350℃，使用加热器，热量集中，易于控制，操作方便	适用于局部加热的中型或大型连接件
	介质加热	沸水槽、蒸气加热槽、热油槽	沸水槽温度 80~100℃。蒸气槽温度 120℃。热油槽温度 90~320℃。去污，热胀均匀	适用于过盈量较小的联接件
	电阻和辐射加热	电阻炉、红外线辐射、加热箱	加热温度达 400℃以上，加热时间短，温度调节方便，热效率高	适用于采用特重型和重型过盈配合的中、大型连接件
	感应加热	感应加热器	加热温度可达 400℃以上，热胀均匀，表面洁净，易于自控	适用于中、小型连接件成批生产
冷装法	干冰冷缩	干冰冷箱装置(或以酒精，丙酮汽油为介质)	可冷却至 -78℃，操作简便	适用于过盈量小的小型连接件的薄壁衬套等
	低温箱冷缩	各种类型低温箱	可冷却至 -140~-40℃，冷缩均匀，表面洁净，冷缩温度易于自控，生产率高	适用于配合面精度较高的连接件，在热套下工作的薄壁套筒件
	液氮冷缩	移动或固定式液氮槽	可冷却至 -195℃，冷缩时间短，生产率高	适用于过盈较大的连接件

4. 装配工艺过程

装配工作的一般步骤如下。

1) 准备工作

(1) 研究产品图样及技术要求，熟悉产品的工作原理、结构、零件作用及相互连接关系。

(2) 确定装配方法、顺序。

(3) 准备所用的工具。

(4) 对进行装配的所有零件进行集中、清洗、去毛刺，并根据要求进行涂润滑油等工作。

2) 装配工作

按组件装配→部件装配→总装配的顺序进行组装。同时，在组装中按技术要求逐项进行检测、试验、调整、试车，使产品达到规定的技术要求。

3) 喷漆、涂油、钉铭牌、装箱

5. 典型零、部件的装配

1) 螺纹连接装配

用螺纹连接零部件是一种常用可拆式连接方法，属于螺纹连接的常用零件是螺钉、螺栓，应注意以下几点：①螺纹连接应做到能用手自动旋入，过松、过紧都不行。②双头螺柱拧入零件后，其轴线应与零件端面垂直，不能有任何松动，而且松紧程度适当。③螺母端面应与螺栓轴线垂直，以使受力均匀。④用螺栓、螺钉与螺母连接零件时，其贴合面应平整光洁，否则螺纹易松动。可采用加垫圈的方法提高贴合质量。⑤装配成组螺纹连接件时，为保证零件贴合面受力均匀，应按图 3.3.52 所示的顺序来拧紧。拧紧时，要逐步进行：第一次按图示的顺序将它们拧紧到 1/3 程度；第二次拧紧到 2/3 程度；第三次将它们完全拧紧。

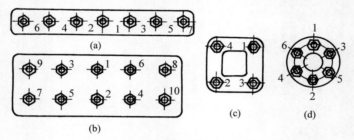

图 3.3.52 螺母的拧紧顺序

2) 键、销连接装配

齿轮等传动件常用键连接来传递运动及扭矩，如图 3.3.53 所示。选取的键长应与轴上键槽相配，键底面与键槽底部接触，而键两侧则应有一定的过盈量。装配轮毂时，键顶面与轮毂间应有一定间隙，但与键两侧配合不允许松动。销连接主要用于零件装配时定位，有时用于连接零件。

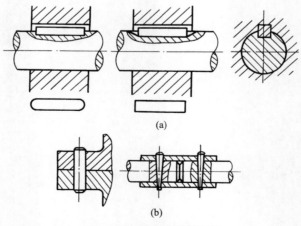

图 3.3.53 键、销连接装配

3) 滚动轴承装配

滚动轴承的装配包括轴承内圈与轴颈、轴承外圈与轴承座孔两个组装过程。常用压入法和加热法来进行。压入法是用压力将轴承压到轴颈上或压进轴承座孔中。装配时，为了使轴承圈所受的压力均匀，常加垫套后再使用手锤或压力机压装(图 3.3.54)。加热法是将轴承放在温度为80℃～90℃的机油中加热，然后趁热装入。

当轴承内圈与轴是过盈量较大的过盈配合时，常采用此法装配。装配后，要检查滚动体是否被咬住，是否有合理的间隙(其作用是补偿轴承工作时的热变形)。

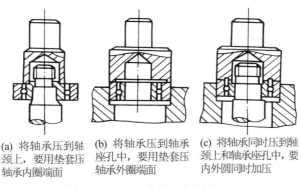

(a) 将轴承压到轴颈上，要用垫套压轴承内圈端面　　(b) 将轴承压到轴承座孔中，要用垫套压轴承外圈端面　　(c) 将轴承同时压到轴颈上和轴承座孔中，要内外圆同时加压

图 3.3.54　压入法装配滚动轴承

4) 齿轮传动机构的装配

齿轮传动是最常用的传动方式之一，它依靠轮齿间的啮合传递运动和动力。其特点是：能保证准确的传动比，传递功率和速度范围大，传动效率高，结构紧凑，使用寿命长，但齿轮传动对制造和装配要求较高。

齿轮传动的类型较多，有直齿、斜齿、人字齿轮传动；有圆柱齿轮、圆锥齿轮以及齿轮齿条传动等。

(1) 齿轮传动的精度要求。

要保证齿轮传动平稳、准确，冲击与振动小，噪声低，除了控制齿轮本身的精度要求以外，还必须严格控制轴、轴承及箱体等有关零件的制造精度和装配精度，才能达到齿轮传动的基本要求。

① 齿轮传动的使用要求。

- 传递运动的准确性：要求齿轮在一转范围内传动比的变化限制在一定范围内，保证传递运动准确。

- 传动的平稳性：要求齿轮在一齿范围内传动比变化小，因瞬时传动比的变动是引起齿轮噪声和振动的主要原因。

- 承受载荷的均匀性：要求齿轮在传动中工作齿面接触良好，承载均匀，避免载荷集中于局部区域而影响使用寿命。

- 齿轮副侧隙的合理性：要求齿轮副侧的非工作面间有合理的间隙，以储存润滑油，补偿制造、安装误差和热变形。

② 齿轮的精度等级。

国家标准规定齿轮精度等级分为 12 级，其中 1 级精度最高，12 级精度最低。齿轮的公差和极限偏差项目很多，根据对传动性能的影响分为I、II、III三个公差组，分别影响传递运动的准确性、传动的平稳性、载荷分布的均匀性。另外，标准还规定了齿轮副的接触斑点和接触位置来评定齿轮副的接触精度。

(2) 齿轮传动机构的装配技术要求。

为保证装配质量，齿轮装配时应注意以下几点技术要求。

① 保证齿轮与轴的同轴度，严格控制齿轮的径向和端面圆跳动。

② 齿侧间隙要正确。间隙过小，齿轮转动不灵活，甚至卡死，加剧齿轮的磨损；间隙过大，换向时空行程大，产生冲击和噪声。

③ 相互啮合的两齿轮要有足够的接触面积和正确的接触部位。

④ 对转速高的大齿轮装配前要进行平衡检查。

⑤ 封闭箱体式齿轮传动机构，应密封严密，不得有漏油现象，箱体结合面的间隙不得大于0.1mm，或涂以密封胶密封。

⑥ 齿轮传动机构组装完毕后，通常要进行跑合试车。

(3) 齿轮传动机构的装配方法。

① 齿轮与轴的装配。

根据齿轮的工作性质，齿轮在轴上有空转、滑移和固定连接三种形式。

安装前，应检查齿轮孔与轴配合表面的粗糙度、尺寸精度及形位误差。在轴上空转或滑移的齿轮，与轴的配合为小间隙配合，其装配精度主要取决于零件本身的制造精度，这类齿轮装配方便。齿轮在轴上不应有咬住和阻滞现象，滑移齿轮轴向定位要准确，轴向错位量不得超过规定值。

在轴上固定的齿轮，通常与轴的配合为过渡配合，装配时需要有一定的压力。过盈量较小时，可用铜棒或锤子轻轻敲击装入；过盈量较大时，应在压力机上压装。压装前，应保证零件轴、孔清洁，必要时，涂上润滑油，压装时要尽量避免齿轮偏斜和端面不到位等装配误差。也可将齿轮加热后，进行热套或热压。

② 齿轮轴部件和箱体的装配。

齿轮轴部件在箱体中的位置，是影响齿轮啮合质量的关键。箱体主要部位的尺寸精度、形状和位置精度均必须得到保证，主要有孔与孔之间的平行度、同轴度以及中心距。装入箱体的所有零、部件必须清洗干净。装配的方式，应根据轴在箱体中的结构特点而定。

如箱体组装轴部位是开式的，装配比较容易，只要打开上部，齿轮轴部件即可放入下部箱体，比如一般减速器。但有时组装轴部位是一体的，轴上的零件(包括齿轮、轴承等)是在装入箱体过程中同时进行的，但这种情况下，轴上配合件的过盈量通常都不会大，装配时可用铜棒或手锤将其装入。

采用滚动轴承结构的，其两轴的平行度和中心距基本上是不可调的。采用滑动轴承结构的，可结合齿面接触情况做微量调整。

齿轮传动机构中，如支承轴两端的支承座与箱体分开，则其同轴度、平行度、中心距均是可通过调整支承座的位置，以及在其底部增加或减小垫片的办法进行调整，也可通过实测轴线与支承座的实际尺寸偏差，将其返修加工的方法解决。

对于大型开式齿轮，一般在现场进行安装施工。安装时应特别注意孔、轴的对中要求。通常采用紧键连接，装配前配合面应加润滑油。轮齿的啮合间隙应考虑摩擦发热的影响。

③ 圆锥齿轮传动机构的装配。

圆锥齿轮传动机构的装配与圆柱齿轮传动机构的装配基本类似，不同之处是它的两轴线在锥顶相交，且有规定的角度。圆锥齿轮轴线的几何位置，一般由箱体加工精度来决定，轴线的轴向定位，以圆锥齿轮的背锥作为基准，装配时使背锥面平齐，以保证两齿轮的位置正确；应根据接触斑点偏向齿顶或齿根，沿轴线调节和移动齿轮的位置。轴向定位一般由轴承座与箱体间的垫片来调整。

圆锥齿轮由于做垂直两轴间的传动，因此箱体的两垂直轴承座孔的加工必须符合规定的技术要求。

6. 典型零件的装配示例

图 3.3.55 为某减速箱内锥齿轮轴组件装配图，图 3.3.56 是锥齿轮轴组件的装配顺序图(图中的编号表示装配顺序)，现以该组件为例说明其装配步骤如下。

(1) 根据装配图将零件编号，并且零件对号计件。

(2) 清洗，以及去除油污、灰尘和切屑。

(3) 修整，以及修锉锐角、毛刺。

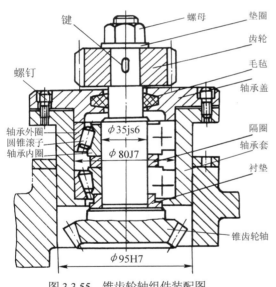
图 3.3.55　锥齿轮轴组件装配图

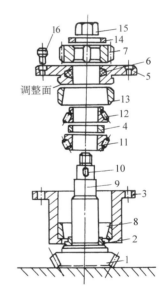
图 3.3.56　锥齿轮轴组件的装配顺序图

(4) 确定锥齿轮组件的装配单元系统图。①分析锥齿轮轴组件的装配图和装配顺序图，如图 3.3.55 和图 3.3.56 所示，并确定装配基准零件。②绘一条横线，如图 3.3.57 所示，表示装配基准(锥齿轮)，在线的左端标上名称代号和件数。③按装配顺序，自左至右在横线上标出零件、组件的名称、代号和件数。④至横线右端装配完毕，在右端标上组件的名称、代号和件数。

(5) 分组件组装，如 B-1 轴承外圈与 03 轴承套装配成轴承套分组件。

(6) 组件组装。以 01 锥齿轮为基准零件，将其他零件和分组件按一定的技术要求和顺序装配成锥齿轮轴组件。

(7) 检验。①按装配单元系统图检查各装配组件和零件是否装配正确。②按装配图的技术要求，检验装配质量，如轴的转动灵活性、平稳性等。

(8) 入库。

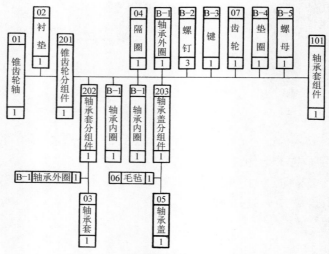

图 3.3.57　锥齿轮轴组件装配单元系统图

3.3.8　实例分析

1. 制作锤子的操作步骤

图 3.3.58 为锤子的零件图。

观看视频

观看视频

观看视频

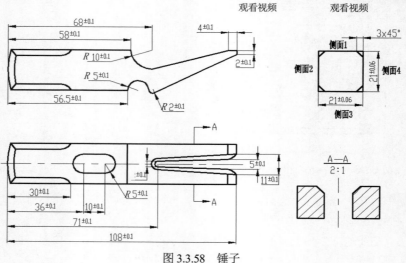

图 3.3.58　锤子

其制作见表 3.3.3。

表 3.3.3 锤子制作步骤

操作序列	加工内容	简　图
1.下料	用 21mm×21mm×200mm 的 45# 钢毛坯，锯 L=110mm 长	
2.锉平端面	将一端面锉平，要求与相邻的平面垂直，用角尺检查	
3.划线	在平台上，工件以纵向平面和锉平的端面定位，按图上尺寸划线，并打出样冲眼	
4.锯斜面	将工件夹在虎钳上，按所划的斜面线，留 1mm 左右余量，锯下多余部分	
5.锉斜面	锉平斜面，在斜面与平面交接处用 R8 圆锉锉出过渡圆弧，把斜面端部加工至总长尺寸 108mm	
6.锯圆弧	按所划的圆弧线，采用锯削方法，快速去除大部分余量，注意保证 1mm 左右的加工余量	
7.锉圆弧	分别用 R10、R5、R2 的圆锉锉出圆弧，加工过程中使用 R 规检查	

(续表)

操作序列	加工内容	简　　图
8.锯叉口	根据所划的叉口加工线，进行锯削，注意保证加工余量	
9.锉叉口	首先使用中小型锉，粗加工叉口的侧面及倒角。再用整形锉精加工侧面、过渡圆弧及倒角	
10.倒角	锉 3×45°倒角，倒角交接处用 R3 圆锉锉出过渡圆弧	
11.加工球曲面	用外圆曲面加工的方法加工球曲面	
12.钻孔	按划线的两中心钻孔 $\phi10$，用圆锉锉通，用小平锉锉平	
13.锉长形孔	用小圆锉修整长形孔	
14.检测	用游标卡尺、R 规、直角尺等量具量规检测各个尺寸是否符合精度要求	
15.抛光	用砂布和砂纸抛光	

2. 制作六角螺母的操作步骤

图 3.3.59 为六角螺母的零件图，其制作见表 3.3.4。

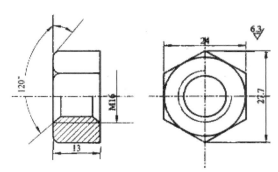

图 3.3.59　六角螺母的零件图

表 3.3.4　六角螺母制作步骤

操作序号	加工内容	简　图
1.下料	用 ϕ30mm 的 45# 钢长棒料，锯下 15mm 长的坯料	
2.锉两端平面	锉两端平面至厚度 H=13mm，要求两面平直并平行	
3.划线	定出端面中心并划中心线，并按尺寸划出六边形边线和钻中心孔线，打出样冲眼	
4.钻孔	用 ϕ14mm 的钻头钻孔，并用 ϕ20mm 的钻头对孔口倒角，用游标卡尺检查孔径	
5.攻丝	用 M16 丝锥攻丝，用螺纹塞规检查	
6.锉六面并倒角	先锉平一面，再锉其相平行的对面，然后锉平其余四面并倒角。在此过程中，既可参照划的线，还可用 120°角尺检查相邻两平面的夹角，并用游标卡尺测量平面至孔的距离。六边形要对称，两对面要平行，刀口尺检查平面度。用游标卡尺检查两对面的尺寸和平行度	

3. 制作锤子的操作步骤

图 3.3.60 为锤子的零件图。

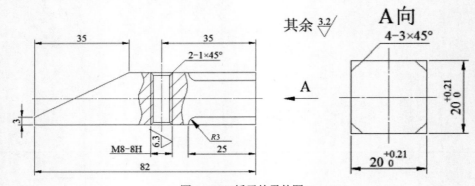

图 3.3.60　锤子的零件图

其制作见表 3.3.5 所示。

表 3.3.5　锤子制作步骤

操作序列	加工内容
1.下料	用 22mm×22mm×90mm 的 45#钢毛坯，锯 L=86mm 长
2.锉削	顺向锉法或推锉法加工外表面
3.锯削	锯割两端面，保证总长
4.划线	螺孔中心、斜面及 A 角的划线，打样冲
5.锉削	加工 R4 圆弧槽
6.锯割	加工斜面，留加工余量
7.锉削	加工斜面和八角
8.钻孔	钻螺纹底孔 $\phi 6.8$
9.攻丝	攻丝 M8-8H
10.精加工	精加工使表面粗糙度达到要求

3.4　铸造

观看视频

　　将液态金属浇注到具有与零件形状、尺寸相适应的铸型型腔中，待其冷却凝固后获得毛坯或零件的方法，称为铸造。所铸出的产品称为铸件。大多数铸件作为毛坯，需要经过机械加工后才能成为各种机器零件，有的铸件当达到使用的尺寸精度和表面粗糙度要求时，可作为成品或零件直接应用。铸造在工业生产中获得广泛应用，铸件所占的比重相当大。如在机床和内燃机产品中，铸件占总重量的 70%～90%，在拖拉机和农用机械中占 50%～70%。

　　在制造业的诸多材料成形方法中，铸造生产具有以下独到的优点。

　　(1) 适用范围广。铸造法几乎不受铸件大小、薄厚和形状复杂程度的限制，铸造的壁厚可达 0.3～1000mm，长度从几毫米到十几米，质量从几克到数百吨以上。

(2) 可以形成形状复杂的零件。特别是内腔复杂的零件，例如复杂的箱体、阀体、叶轮、发动机气缸体、螺旋桨等。

(3) 铸造能采用的材料广泛，几乎凡是能熔化成液态的合金材料均可用于铸造。如铸钢、铸铁、各种铝合金、铜合金、镁合金、钛合金及锌合金等。对于塑性较差的脆性合金材料(如普通铸铁等)，铸造是唯一可行的成形工艺，在工业生产中铸铁件应用广泛，约占铸件总产量的70%以上。

(4) 成本低廉、综合经济性能好、能源材料消耗及成本为其他金属成形方法所不及。铸件在一般机器中占总质量的 40%～80%，而制造成本只占机器总成本的 25%～30%。可大量利用废、旧金属材料和再生资源。有一定的尺寸精度，加工余量小，节约加工工时和金属材料。

铸造成形也存在某些缺点。铸造生产工艺过程复杂，工序多，易出现铸造缺陷；铸件内部组织粗大、不均匀，力学性能低；铸造生产劳动强度大，劳动条件差。随着铸造技术的迅速发展，新材料、新工艺、新技术和新设备的推广和使用，铸造生产面貌已大大改观，铸件质量和铸造生产率得到很大提高，劳动条件显著改善。

铸造按照铸造方法可分为砂型铸造和特种铸造两大类。其中砂型铸造是最基本的铸造方法，约占铸件质量的 80%以上。

3.4.1　砂型铸造

1. 砂型铸造过程

砂型铸造是利用型砂制造铸型的铸造方法，它适用于各种形状、大小及各种合金铸件的生产。掌握砂型铸造是合理选择铸造方法和正确设计铸件的基础。砂型铸造是实际生产中应用最广泛的一种铸造方法，其基本工艺过程如图 3.4.1 所示。

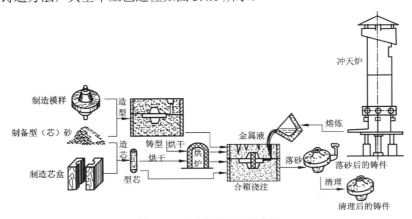

图 3.4.1　砂型铸造工艺过程

2. 砂型与造型材料

1) 砂型

砂型一般由上砂型、下砂型、型腔(形成铸件形状的空腔)、砂芯、浇注系统等部分组成的。铸型的组成及各部分名称如图 3.4.2 所示。上、下砂型的接合面称为分型面。上、下砂型的定位可用泥记号(单件、小批生产)或定位销(成批、大量生产)。

2) 型、芯砂

砂型是由型砂和芯砂做成的。型、芯砂通常是由原砂、黏结剂、水和附加物按一定比例配制而成，如图3.4.3所示。型、芯砂质量直接影响着铸件质量。型、芯砂质量不好会使铸件产生气孔、砂眼和夹砂等缺陷，这些缺陷造成的废品约占铸件总废品的50%以上。中、小铸件广泛采用湿砂型(不经烘干可直接浇注的砂型)，大铸件则用干砂型(经过烘干的砂型)。

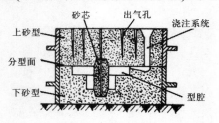

图3.4.2 铸型装配图

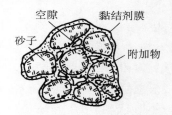

图3.4.3 型、芯砂的组成示意图

(1) 型、芯砂组成的成分。

① 原砂。原砂是型砂的主体。其主要成分是硅砂，SiO_2的含量在80%～98%，耐火性高达1710℃。原砂中的碱性化合物含量应尽量少，原砂颗粒粗细要适当。

② 水。黏土砂中的水分对型砂性能和铸件质量影响极大：水分多，造型易粘模，易造成气孔等缺陷，使型砂强度降低；水分少，使起模困难，易产生砂眼。合适的黏土、水分比为3∶1。

③ 黏结剂。黏结剂的作用是将砂粒粘起来使型砂具有一定的强度和可塑性。常用的黏结剂有高岭土和膨润土。高岭土亦称普通黏土，膨润土亦称陶土。它们的吸水性、黏结性均较强，加入少许即可显著提高型砂的湿强度。当型、芯砂形状复杂或有特殊要求时，可用水玻璃、亚麻仁油、糖浆等作为黏结剂。

④ 附加材料。为了改善和提高型砂的性能，有时还需要加入煤粉、木屑等附加材料。型砂中加入煤粉可防止铸件表面粘砂，加入木屑可改善透气性、退让性。

(2) 型、芯砂的制备。

根据工艺要求对造型用砂和造芯用砂进行配料和混制的过程称为型、芯砂制备。型、芯砂的配制工艺对造型用砂性能影响极大。一般小型铸铁件型砂比例为新砂2%～20%，旧砂80%～90%，黏土8%～10%，水4%～8%，煤粉2%～5%。铸造铝合金应选用较细砂粒，不必加煤粉。大批量生产时用碾轮式混砂机进行混制，并用型砂试验仪检验。小批量生产时用手捏法检验。

在浇注后，型、芯砂的透气性和耐火性及黏结性等性能降低，必须配加新砂才能达到浇注要求。一般用混砂机配制，用手工法检验。即用手攥一把型砂，感到潮湿但不粘手，柔软易变形，印在砂团上的手指痕迹清楚，砂团掰断时断面不粉碎，说明型砂的干湿适宜、性能合格。

(3) 型、芯砂应具备的性能。

铸型在浇注、凝固过程中要承受金属熔液的冲刷、静压力和高温的作用，并要排出大量气体，型、芯砂还要承受铸件凝固时的收缩压力等，因而为获得优质铸件，型、芯砂应具有"一强三性"，即一定的强度、透气性、耐火性和退让性。

① 强度。型、芯砂抵抗外力破坏的能力称为型砂强度，包括湿强度、干强度、热强度等。型砂强度高，在搬运和浇注过程中就不易变形、掉砂和塌箱。型砂中黏结剂含量的提高，砂粒细小、形状不圆整且大小不均匀，以及紧实度高等均可使型砂强度提高。

② 透气性。型、芯砂能让气体透过的能力称为透气性。浇注过程中，型腔中的气体和砂型在高温金属液作用下产生的气体，都必须透过型、芯砂排出型腔外，否则，就可能残留在铸件内而形成气孔。原砂颗粒粗大、均匀，黏结剂含量低，含水量适当(4%～6%)，或加入附加易燃物(如加入锯末等)均能使型砂的透气性提高。

③ 耐火性。型、芯砂经高温金属液作用后，不被烧焦、不被熔融和软化的能力称为耐火性。耐火性低的型、芯砂，易使铸件粘砂。型、芯砂中 SiO_2 含量越高，砂粒越粗大、圆整，黏土及碱性化合物含量越少，则型、芯砂的耐火性越高。在湿型、芯砂中添加少量煤粉，或在型腔表面覆盖一层耐高温的石墨涂料，可有效地防止铸件表面粘砂。

④ 可塑性。造型时，型、芯砂在外力作用下能塑制成形，而当去除外力并取出模样(或打开型、芯盒)后，仍能保持清晰轮廓形状的能力，称为可塑性。可塑性好，则容易变形，便于制造形状复杂的砂型，起模也容易。型、芯砂的可塑性随含水量和黏结剂含量的提高而提高；而砂粒的颗粒越粗，形状越圆整，可塑性越低。

⑤ 退让性。型、芯砂不阻碍铸件收缩的性能称为退让性。对于退让性差的型、芯砂，铸件易产生较大的内应力或开裂。型、芯砂中的原砂颗粒越细小均匀，黏结剂含量越高，退让性就越差。可向型、芯砂中加入可燃性附加物，如生产大铸件时，在型、芯砂中添加少量锯末或焦炭粒，能使型、芯砂退让性提高。

3. 造型与造芯

用型砂及模样等工艺装备制造铸型的过程称为造型。造型是铸造生产中最主要的工序之一。按使用设备的不同，造型方法可分为手工造型和机器造型两大类。

1) 手工造型

全部用手工或手动工具完成的造型工序(包括填砂、紧实和起模等)称为手工造型。手工造型的优点是操作方便灵活，适应性强，模样生产准备时间短。但其生产率低，劳动强度大，铸件质量不易保证，故手工造型只适用于单件或小批量生产。

(1) 手工造型用的工具和辅具

① 模样。

用木材、金属或其他材料制成的铸件原型统称为模样，它是用来形成铸型的型腔。用木材制作的模样称为木模，用金属或塑料制成的模样称为金属模或塑料模。目前大多数工厂使用的是木模。模样的外形与铸件的外形相似，不同的是铸件上如有孔穴，在模样上不仅实心无孔，而且要在相应位置制作出芯头。

② 主要工具和砂箱。

手工造型的主要工具有铁铲、筛子、舂砂锤、刮板、通气针、起模针、掸笔、排笔、粉袋、皮老虎、风动捣固器、钢丝钳、活动扳手。修型工具有修平面的镘刀(刮刀)、修凹曲面的压勺、修深而窄的底面及侧面的砂勾、修圆柱形内壁和内圆角的半圆等。常用手工造型工具如图 3.4.4 所示。

手工造型用的砂箱多数是用铸铁铸成的，尺寸大的砂箱应设计有砂箱带，以防止塌箱。对于尺寸小、批量较大的湿型件，有时也用质轻、可拆卸的木质或铝合金砂箱造型。

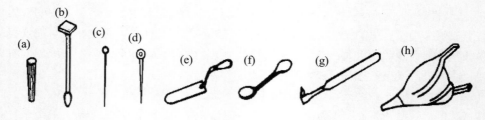

(a) 浇口棒　(b) 砂冲子　(c) 通气针　(d) 起模针　(e) 镘刀　(f) 秋叶　(g) 砂勾　(h) 皮老虎

图 3.4.4　常用手工造型工具

(2) 手工造型操作技术基本要点。

① 造型前的准备工作。

A. 准备造型工具：选择平整的底板和大小适应的砂箱。砂箱选择过大，不仅消耗过多的型砂，而且浪费春砂工时。砂箱选择过小，则木模周围的型砂春不紧，在浇注的时候金属液容易从分型面即交界面间流出。通常，木模与砂箱内壁及顶部之间需要留有 30～100mm 的距离，此距离称为吃砂量。吃砂量的具体数值视木模大小而定。

B. 擦净木模，以免造型时型砂粘在木模上，造成起模时损坏型腔。

C. 安放木模时，应注意木模上的斜度方向，不要放错。

② 春砂。

A. 春砂时必须分次加入型砂。对小砂箱每次加砂厚约 50～70mm。加砂过多春不紧，而加砂过少又费工时。第一次加砂时需要用手将木模周围的型砂按紧，以免木模在砂箱内的位置移动。然后用春砂锤的尖头分次春紧，最后改用春砂锤的平头春紧型砂的最上层。

B. 春砂时应按一定的路线进行，切忌东一下、西一下乱春，以免各部分松紧不一。

C. 春砂时用力大小应该适当，不要过大或过小。用力过大，砂型太紧，浇注时型腔内的气体跑不出来。用力过小，砂型太松易塌箱。同一砂型各部分的松紧是不同的，靠近砂箱内壁应春紧，以免塌箱。靠近型腔部分，砂型应稍紧些，以承受液体金属的压力。远离型腔的砂层应适当松些，以利透气。

D. 春砂时应避免春砂锤撞击木模。一般春砂锤与木模相距 20～40mm，否则易损坏木模。

③ 撒分型砂。

在造上砂型之前，应在分型面上撒一层细粒、无黏土的干砂(即分型砂)，以防止上、下砂箱粘在一起开不了箱。撒分型砂时，手应距砂箱稍高，一边转圈，一边摆动，使分型砂经指缝缓慢而均匀地散落下来，薄薄地覆盖在分型面上。最后应将木模上的分型砂吹掉，以免在造上砂型时分型砂粘到上砂型表面，并在浇注时被液体金属冲下来落入铸件中，使其产生缺陷。

④ 扎通气孔。

除了保证型砂有良好的透气性外，还要在已春紧和刮平的型砂上，用直径 2～3mm 的通气针扎出通气孔，以便浇注时气体易于逸出。通气孔要垂直而且均匀分布。

⑤ 开外浇口。

外浇口应挖成 60°的锥形，大端直径约 60～80mm。浇口面应修光，与直浇道连接处应修成圆弧过渡，以引导液体金属平稳流入砂型。若外浇口挖得太浅而成碟形，浇注时金属液体会四处飞溅伤人。

⑥ 做合箱线。

若上、下砂箱没有定位销，则应在上、下砂箱打开之前，在砂箱壁上做出合箱线。最简单的方法是在箱壁上涂上粉笔灰，然后用划针划出细线。需要进炉烘烤的砂箱，则用砂泥粘敷在砂箱壁上，用镘刀抹平后，再刻出线条，称为打泥号。合箱线应位于砂箱壁上两直角边最远处，以保证两直角边 x 和 y 方向均能定位，并可限制砂型转动。两处合箱线的线数应不相等，以免合箱时弄错。做线完毕，即可开箱起模。

⑦ 起模。

A. 起模前要用水笔沾些水，刷在木模周围的型砂上，以防止起模时损坏砂型型腔。刷水时应一刷而过，不要使水笔停留在某一处，以免局部水分过多而在浇注时产生大量水蒸气，使铸件产生气孔缺陷。

B. 起模针位置要尽量与木模的重心铅锤线重合。起模前，要用小锤轻轻敲打起模针的下部，使木模松动，便于起模。

C. 起模时，慢慢将木模垂直提起，待木模即将全部起出时快速取出。起模时注意不要偏斜和摆动。

⑧ 修型。

起模后，型腔如有损坏，应根据型腔形状和损坏程度，正确使用各种修型工具进行修补。如果型腔损坏较大，可将木模重新放入型腔进行修补，然后起出。

⑨ 合箱。

合箱是造型的最后一道工序，它对砂型的质量起着重要的作用。合箱前，应仔细检查砂型有无损坏和散砂，浇口是否修光等。如果要下型芯，应先检查型芯是否烘干，有无破损及通气孔是否堵塞等。型芯在砂型中的位置应该准确稳固，以免影响铸件准确度，并避免浇注时被液体金属冲偏。合箱时应注意使上砂箱保持水平下降，并应对准合箱线，防止错箱。合箱后最好用纸或木片盖住浇口，以免砂子或杂物落入浇口中。浇注时如果金属液浮力将上砂箱顶起会造成跑火，因此要进行上、下砂箱紧固。用压箱铁、卡子或螺栓紧固。

(3) 手工造型方法。

实际生产中，造型方法的选择具有较大的灵活性，一个铸件往往可用多种方法造型。应根据铸件的结构特点、形状和尺寸、生产批量、使用要求及车间具体条件等进行分析比较，以确定最佳方案。

手工造型的方法很多，按砂箱特征分有：两箱造型、三箱造型、脱箱造型、地坑造型等。按模样特征分有：整模造型、分模造型、活块模造型、挖砂造型、假箱造型和刮板造型等。可根据铸件的形状、大小和生产批量选择。常用的手工造型方法介绍如下。

① 整模造型。

用整体模样进行造型的方法称为整模造型，其基本过程如图 3.4.5 所示。它的特点是：模样是整体的，型腔全部位于一个砂型内，分型面是平面。此方法操作简便，铸型型腔形状和尺寸精度较好，故适用于形状简单而且最大截面在一端的铸件，如齿轮坯、带轮、轴承座之类的简单铸件。

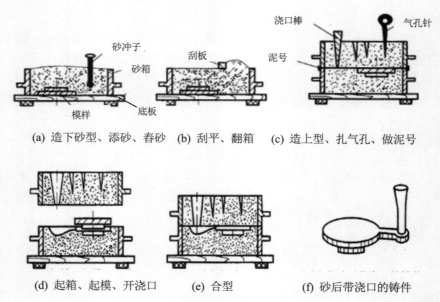

(a) 造下砂型、添砂、春砂 (b) 刮平、翻箱 (c) 造上型、扎气孔、做泥号

(d) 起箱、起模、开浇口 (e) 合型 (f) 砂后带浇口的铸件

图 3.4.5　整模造型的基本过程

② 分模造型。

模样沿最大截面处分为两半，而型腔位于上、下砂型内的造型方法称为分模造型，其基本过程如图 3.4.6 所示。它的特点是：模样在最大截面处分成两半，两半模样分开的平面(即分模面)常常就是造型的分型面。造型时，两半个模样分别在上、下两个砂箱中进行。这种造型方法操作简便，适用于最大截面在中间以及形状较复杂的铸件，如套类、管类、曲轴、立柱、阀体、箱体等零件。分模造型是应用最广泛的造型方法。

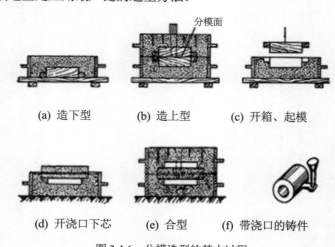

(a) 造下型 (b) 造上型 (c) 开箱、起模

(d) 开浇口下芯 (e) 合型 (f) 带浇口的铸件

图 3.4.6　分模造型的基本过程

③ 挖砂造型。

当铸件最大截面不在端部，模样又不方便分成两半时，常将模样做成整体，造型时挖出阻碍起模的型砂，这种方法称为挖砂造型，其基本过程如图 3.4.7 所示。它的特点是：模样形状较为复杂；分型面是曲面；要求准确挖至模样的最大截面处，比较费事，要求工人的操作技术水

平较高，生产率低；分型面处易产生毛刺，铸件外观及精度较差，仅适用于分型面不是平面的铸件的单件、小批量生产。当需要成批生产时，可用假箱造型(在造型前特制一个底胎(假箱)，然后在底胎上造下箱。由于底胎不参加浇注，故称作假箱，如图 3.4.8 所示)来代替挖砂造型。此法比挖砂造型简单，且分型面整齐，可大大提高生产率。

(a) 造下砂型　(b) 翻转、挖出分型面　(c) 造上型　(d) 起模，合箱　(e) 带浇口的铸件

图 3.4.7　挖砂造型的基本过程

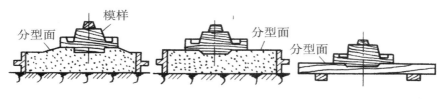

(a) 曲面分型面假箱　　(b) 平面分型面假箱　　(c) 成型底板

图 3.4.8　假箱和成型底板

④ 活块造型。

铸件上有凸起部分妨碍起模时，可将局部影响起模的凸台(或肋条)做成活块。造型时，先起出主体模样，再从侧面起出活块模，这种方法称为活块造型，其基本过程如图 3.4.9 所示。它的特点是：要求操作技术水平较高，生产效率较低，仅适用于单件生产，主要用于带有凸出部分难以起模的铸件的单件、小批量生产。若成批生产时，可采用外型芯取代活块，使造型容易。

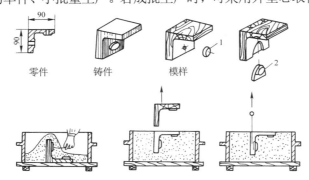

零件　　铸件　　模样

(a) 下砂型、拔出钉子　(b) 取出模样主体　(c) 取出活块

1—用销钉连接的活块　2—用燕尾榫连接的活块

图 3.4.9　活块造型

⑤ 三箱造型。

有些形状较复杂的铸件，往往具有两头截面大而中间截面小的特点，用一个分型面起不出模样，需要从小截面处分开模样，采用两个分型面和三个砂箱的造型方法称为三箱造型，其基

本过程如图 3.4.10 所示。它的特点是：中箱的上、下两面均为分型面，都要光滑平整，且中箱高低应与中箱中的模样高度相近，模样必须采用分模。三箱造型操作较复杂，生产率低，成本相对高，故只适用于单件、小批量生产具有两个分型面的中、小型铸件。当生产批量大或采用机器造型时，也可采用外型芯法将三箱改为两箱造型，如图 3.4.11 所示。

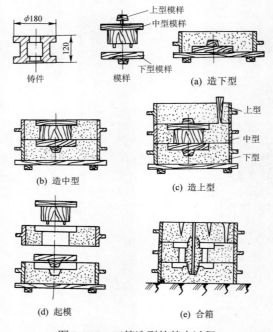

图 3.4.10　三箱造型的基本过程

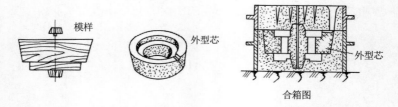

图 3.4.11　用外型芯法将三箱改为两箱造型

⑥ 刮板造型。

用与铸件截面形状相适应的特制刮板刮制出所需砂型的造型方法称为刮板造型，其基本过程如图 3.4.12 所示。它的特点是：可以节省制模材料和工时，缩短生产准备时间。铸件尺寸越大，这些优点越显著。但刮板造型只能用手工进行，操作费时，生产效率低，铸件尺寸精度较低。刮板造型常用来制造批量较小、尺寸较大的回转体或等截面形状的铸件，如弯管、带轮、飞轮、齿轮等。

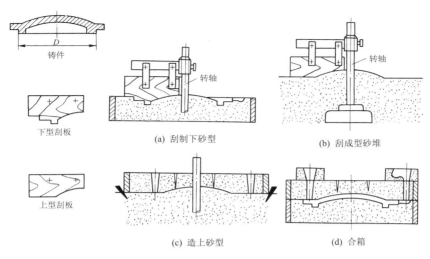

图 3.4.12　刮板造型的基本过程

⑦ 地坑造型。

大型铸件单件生产时，为节省砂箱，降低铸型高度，便于浇注操作，多采用地坑造型。直接在铸造车间的砂地上或砂坑内造型的方法称为地坑造型。较小铸件可在软砂床内造型，即在地面挖一个坑，填入型砂，放入模样，进行造型。大型铸件则需要在特制的地坑(称硬砂床)内造型，如图 3.4.13 所示。大型地坑一般设在车间内固定的地方，坑底及坑壁四周均用防水材料建筑，以防地下水浸入型腔，浇注时引起爆炸。坑底填以透气材料(炉渣或焦炭)，铺上草袋，气体可由排气铁管引出地面。造型时，先将砂床制好，刮平表面，用锤敲打模样使之压入砂床内，继续填砂并舂实模样周围型砂，刮平分型面后进行造上型等后续工序。

手工造型使用的工具和工艺装备(模样、型芯盒、砂箱等)简单，操作灵活，可生产各种形状和尺寸的铸件，但劳动强度大，生产率低，铸件质量也不稳定，仅用于单件、小批量生产及个别大型、复杂铸件的生产。成批、大量生产时(如汽车、拖拉机和机床铸件的生产)，应采用机器造型。

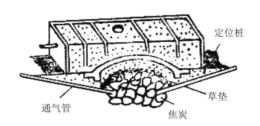

图 3.4.13　地坑造型

2) 机器造型

用机器全部地完成或至少完成紧砂操作的造型工序称机器造型。造型机的种类是多种多样的，震压式造型机的紧砂造型过程如图 3.4.14 所示。机器造型可大大地提高劳动生产率，改善劳动条件，对环境污染小。机器造型铸件的尺寸精度和表面质量高，加工余量小，生产批量大时铸件成本较低。因此，机器造型是现代化铸造生产的基本形式。

机器造型一般都需要专用设备、工艺装备及厂房等，投资大，生产准备时间长，并且需要其他工序(如配砂、运输、浇注、落砂等)全面实现机械化的配套才能发挥其作用。机器造型只适用于成批和大批量生产，只能采用两箱造型，或类似于两箱造型的其他方法，如射砂无箱造型等。机器造型时应尽量避免活块、挖砂造型等。在设计大批量生产铸件和制定铸造工艺方案时，必须注意机器造型的工艺要求。

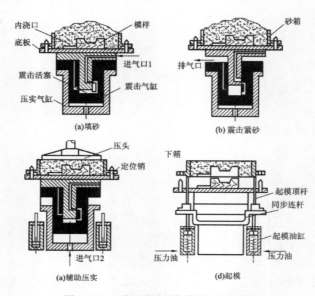

图 3.4.14　震压式造型机紧砂造型过程

4. 造芯

当制作空心铸件时，如果铸件的外壁内凹，或铸件具有影响起模的外凸，则经常要用到型芯；制作型芯的工艺过程称为造芯。型芯是指用芯砂或其他材料制成的安放在型腔内部的铸型组元。绝大部分型芯是用芯砂制成的，又称砂芯。由于砂芯的表面被高温金属液所包围，受到的冲刷及烘烤比砂型厉害，因此砂芯必须具有比砂型更高的强度、透气性、耐高温性和退让性等，这主要依靠配制合格的芯砂及采用正确的造芯工艺来保证。

1) 造芯方法

型芯可用手工制造，也可用机器制造。形状复杂的型芯可分块制造，然后粘合成型。

造芯可用芯盒，也可用刮板，其中用芯盒造芯是最常用的方法。芯盒按其结构不同，可分为整体式芯盒、垂直对分式芯盒和可拆式芯盒三种，最常用的对分式芯盒造芯过程如图 3.4.15 所示，具体操作步骤如下。

① 检查型芯盒。

② 夹紧型芯盒分层加砂芯捣紧。

③ 插型芯骨。

④ 继续填砂捣紧、刮平、扎通气孔。

⑤ 松开夹子、轻敲型芯盒，使型芯从型芯盒内壁松开。

⑥ 取型芯，上涂料。

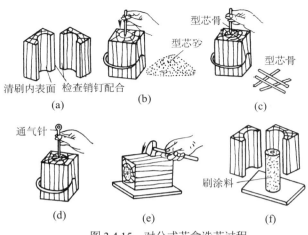

清刷内表面　检查销钉配合
(a)　　　　(b)　　　　(c)

型芯骨
型芯芽
型芯骨

通气针
(d)　　　　(e)　　　　(f)

刷涂料

图 3.4.15　对分式芯盒造芯过程

成批大量生产的砂芯可用机器制出。黏土、合脂砂芯多用震击式造芯机，水玻璃砂芯可用射芯机，树脂砂芯需要用热芯盒射芯机和壳芯机。

2) 造芯工艺要求

浇注时型芯被高温熔融的金属液包围，所受的冲刷及烘烤比铸型强烈得多，因此除了在配砂时选择质量较高的原砂和用特殊的黏结剂外，在造砂芯时还要采取特殊措施，才能保证砂芯在使用时的性能要求。主要措施有：

(1) 在砂芯内要放置型芯骨。型芯骨的作用类似钢筋混凝土中的钢筋一样能提高型芯的强度。小型芯的芯骨一般是用铁丝做成；尺寸较大的型芯骨都用铸铁铸成。

(2) 通气孔要贯通。小型芯用通气针扎通气孔；大型芯用埋入粗铁丝或光滑的蜡线，造完型后再将铁丝或蜡线抽出。通气孔必须贯通，并且要通到型芯头以外。

(3) 刷涂料。大部分砂芯表面要刷一层涂料，以提高耐高温性能，防止铸件粘砂。铸铁件多用石墨粉涂料，铸钢件多用石英粉涂料。涂完涂料后要将型芯烘干，以提高型芯的强度和透气性。

3.4.2　砂型铸造工艺设计

为获得健全的合格铸件，减小铸型制造的工作量，降低铸件成本，在砂型铸造的生产准备过程中，必须合理地制订出铸造工艺方案，并绘制出铸造工艺图。铸造工艺图是在零件图上用规定的工艺符号表示铸造工艺内容的图形。图中应表示出铸件的浇注位置、分型面、铸造工艺参数(机械加工余量，拔模斜度，铸造收缩率，型芯的数量、形状及固定方法，浇注系统等)。铸造工艺图是制造模样、芯盒、造型、造芯和检验铸件的依据。铸造工艺图的绘制实例如图 3.4.16 所示。

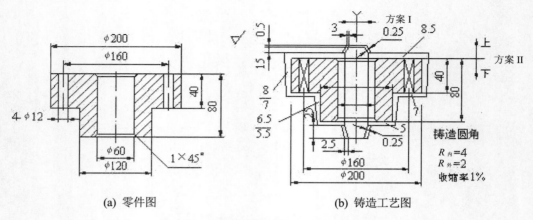

(a) 零件图   (b) 铸造工艺图

图 3.4.16   连接盘零件简图和铸造工艺图

1. 分型面的选择

铸型分型面是指两半铸型互相接触的表面。它的选择合理与否是铸造工艺合理与否的关键。如果选择不当，不仅影响铸件质量，而且会使制模、造型、造芯、合型或清理等工序复杂化，甚至会增大切削加工的工作量。因此，分型面的选择应能在保证铸件质量的前提下，尽量简化工艺。分型面的选择应考虑如下原则。

(1) 应尽可能使铸件的全部或大部分置于同一砂型中，以保证铸件的精度。图 3.4.17 中分型面 A 是正确的，它有利于合型，又可防止错型，保证了铸件的质量。分型面 B 是不合理的。

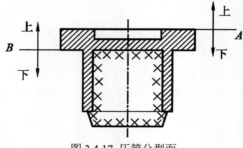

图 3.4.17 压筒分型面

(2) 应使铸件的加工面和加工基准面处于同一砂型中。图 3.4.18 所示水管堵头，铸造时采用的两种铸造方案中，图 3.4.18(a)所示分型面位置可能导致螺塞部分和扳手方头部分不同轴，而图 3.4.18(b)所示分型面位置使铸件位于上箱中，不会产生错型缺陷。

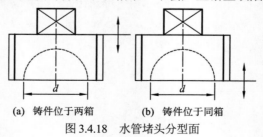

(a) 铸件位于两箱   (b) 铸件位于同箱

图 3.4.18   水管堵头分型面

(3) 应尽量减少分型面的数量，尽可能选平直的分型面，最好只有一个分型面。这样可以简化操作过程，提高铸件的精度。图 3.4.19(a)所示的三通，其内腔必须采用一个 T 字型芯来形成，但不同的分型方案，其分型面数量不同。当中心线 *ab* 呈现垂直时[图 3.4.19(b)]，铸型必须有三个分型面才能取出模样，即用四箱造型。当中心线 *cd* 呈现垂直时[图 3.4.19(c)]，铸型有两个分型面，必须采用三箱造型。当中心线 *ab* 和 *cd* 都呈水平位置时[图 3.4.19(d)]，因铸型只有一个分型面，采用两箱造型即可。显然，图 3.4.19(d)是合理的分型方案。

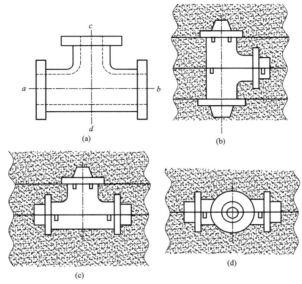

图 3.4.19　三通的分型方案

(4) 应尽量减少型芯和活块的数量，以简化制模、造型、合型等工序。图 3.4.20 支架分型方案是避免活块的示例。按图中方案 I，凸台必须采用 4 个活块方可制出，而下部 2 个活块的部位甚深，难以取出。当改用方案 II 时，可省去活块，仅在 A 处稍加挖砂即可。

(5) 应尽量使型腔及主要型芯位于下型，以便于造型、下芯、合型和检验壁厚。但下型腔也不宜过深，并应尽量避免使用吊芯。图 3.4.21 为机床支柱的两个分型方案。方案 II 的型腔及型芯大部分位于下型，有利于起模及翻箱，故较为合理。

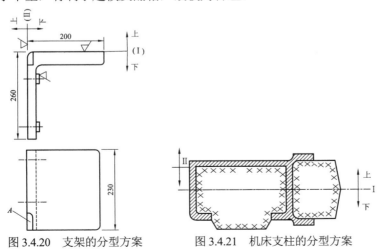

图 3.4.20　支架的分型方案　　　图 3.4.21　机床支柱的分型方案

2. 工艺参数的确定

在铸造工艺方案初步确定之后，还必须选定铸件的机械加工余量、起模斜度、收缩率等具体参数。

1) 机械加工余量

在铸件上为切削加工而加大的尺寸称为机械加工余量。余量过大，切削加工费时，且浪费金属材料；余量过小，因铸件表层过硬会加速刀具的磨损甚至会因残留黑皮而报废。

机械加工余量的具体数值取决于铸件生产批量、合金的种类、铸件的大小、加工面与基准面之间的距离及加工面在浇注时的位置等。采用机器造型，铸件精度高，余量可减小；手工造型误差大，余量应加大。铸钢件因表面粗糙，余量应加大；非铁合金铸件价格昂贵，且表面光洁，余量应比铸铁小。铸件的尺寸愈大或加工面与基准面之间的距离愈大，尺寸误差也愈大，故余量也应随之加大。浇注时铸件朝上的表面因产生缺陷的可能性较大，其余量应比底面和侧面大。灰铸铁的机械加工余量见表 3.4.1。

表 3.4.1　灰铸铁的机械加工余量

铸件最大尺寸/mm	浇注时位置	加工面与基准面之间的距离/mm					
		<50	50～120	120～260	260～500	500～800	800～1250
<120	顶面 底、侧面	3.5～4.5 2.5～3.5	4.0～4.5 3.0～3.5				
120～260	顶面 底、侧面	4.0～5.0 3.0～4.0	4.5～5.0 3.5～4.0	5.0～5.5 4.0～4.5			
260～500	顶面 底、侧面	4.5～6.0 3.5～4.5	5.0～6.0 4.0～4.5	6.0～7.0 4.5～5.0	6.5～7.0 5.0～6.0		
500～800	顶面 底、侧面	5.0～7.0 4.0～5.0	6.0～7.0 4.5～5.0	6.5～7.0 4.5～5.0	7.0～8.0 5.0～6.0	7.5～9.0 6.5～7.0	
800～1250	顶面 底、侧面	6.0～7.0 4.0～5.5	6.5～7.5 5.0～5.5	7.0～8.0 5.0～6.0	7.5～8.0 5.5～6.0	8.0～9.0 5.5～7.0	8.5～10 6.5～7.5

2) 收缩余量

收缩余量是指由于合金的收缩，铸件的实际尺寸要比模样的尺寸小，为确保铸件的尺寸，必须按合金收缩率放大模样的尺寸。合金的收缩率受到多种因素的影响。通常灰铸铁的收缩率为 0.7%～1.0%，铸钢为 1.6%～2.0%，有色金属及其合金为 1.0%～1.5%。

3) 起模斜度

为方便起模，在模样、芯盒的起模方向留有一定斜度，以免损坏砂型或砂芯，这个斜度叫起模斜度。起模斜度的大小取决于立壁的高度、造型方法、模型材料等因素。对于木模，起模斜度通常为 3°～15°，如图 3.4.22 所示。

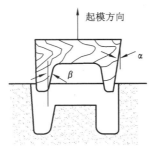

图 3.4.22　起模斜度

4) 型芯头

型芯头是指型芯端头的延伸部分。它主要用于定位和固定砂芯，使砂芯在铸型中有准确的位置。垂直型芯一般都有上、下芯头，如图 3.4.23(a)，但短而粗的型芯也可省去上芯头。芯头必须留有一定的斜度 α。下芯头的斜度应小些(5°～10°)，上芯头的斜度为便于合箱应大些(6°～15°)。水平型芯头如图 3.4.23(b)所示，其长度取决于型芯头直径及型芯的长度。如果是悬壁型芯头，则必须加长，以防合箱时型芯下垂或被金属液抬起。为便于铸型的装配，型芯头与铸型型芯座之间应留有 1～4mm 的间隙。

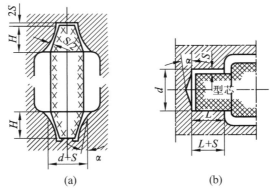

(a)　　　　　　　　(b)

图 3.4.23　型芯头的构造

5) 最小铸出孔

最小铸出孔及槽零件上的孔、槽、台阶等是否要铸出，应从工艺、质量及经济等方面进行全面考虑。一般来说，较大的孔、槽等应铸出，不但可减少切削加工工时，节约金属材料，还可避免铸件的局部过厚所造成的热节，提高铸件质量。若孔、槽尺寸较小而铸件壁较厚，则不易铸孔，依靠直接加工反而方便。有些特殊要求的孔(如弯曲孔)无法实现机械加工，则一定要铸出。可用钻头加工的孔最好不要铸，铸出后很难保证铸孔中心位置准确，再用钻头打一孔仍无法纠正中心位置。表 3.4.2 为最小铸出孔的数值。

表 3.4.2　铸件的最小铸出孔

生产批量	最小铸出孔直径/mm	
	灰铸铁	铸钢件
大量生产	12～15	
成批生产	15～30	30～50
单件、小批量生产	30～50	50

3. 浇注位置的选择

浇注位置是指浇注时铸件在铸型中所处的位置。铸件浇注位置正确与否，对铸件的质量影响很大，选择浇注位置时一般应遵循如下原则。

(1) 铸件的重要加工面应朝下或位于侧面。这是因为铸件的上表面容易产生砂眼、气孔、夹渣等缺陷，组织也没有下表面致密。如果某些加工面难以做到朝下，则应尽量使其位于侧面。当铸件的重要加工面有数个时，则应将较大的平面朝下。图 3.4.24 所示为车床床身铸件的浇注位置方案。由于床身导轨面是重要表面，不允许有明显的表面缺陷，而且要求组织致密，因此应将导轨面朝下浇注。图 3.4.25 为起重机卷扬筒的浇注位置方案。卷扬筒的圆周表面质量要求高，不允许有明显的铸造缺陷，若采用水平浇注，圆周朝上的表面质量难以保证；反之，若采用立式浇注，由于全部圆周表面均处于侧面，其质量均匀一致，较易获得合格铸件。

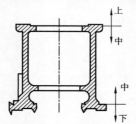

图 3.4.24　车床床身的浇注位置

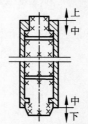

图 3.4.25　卷扬筒的浇注位置

(2) 铸件的大平面应朝下。型腔的上表面除了容易产生砂眼、夹渣等缺陷外，大平面还常容易产生夹砂缺陷。因此，平板、圆盘类铸件的大平面应朝下。

(3) 面积较大的薄壁部分置于铸型下部或使其处于垂直或倾斜位置，可以有效防止铸件产生浇不足或冷隔等缺陷。图 3.4.26 为箱盖薄壁铸件的合理浇注位置。

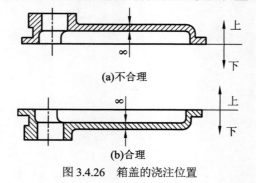

(a)不合理

(b)合理

图 3.4.26　箱盖的浇注位置

(4) 对于容易产生缩孔的铸件，应将厚大部分放在分型面附近的上部或侧面，以便在铸件厚壁处直接安置冒口，使之实现自下而上的定向凝固。如前述的铸钢卷扬筒，浇注时厚端放在上部是合理的。反之，若厚端在下部，则难以补缩。

浇注位置和分型面的选择原则，对于某个具体铸件来说，多难以同时满足，有时甚至是相互矛盾的，因此必须抓住主要矛盾。对于质量要求很高的重要铸件，应以浇注位置为主，在此基础上，再考虑简化造型工艺。

对于质量要求一般的铸件，则应以简化铸造工艺，提高经济效益为主，不必过多考虑铸件的浇注位置，仅对朝上的加工表面留较大的加工余量即可。对于机床立柱、曲轴等圆周面质量要求很高，又需要沿轴线分型的铸件，在批量生产中有时采用"平做立浇"法。即采用专用砂箱，先按轴线分型来造型、下芯，合箱之后，将铸型翻转 90°，竖立后再进行浇注。

4. 铸造工艺设计的一般程序

铸造工艺设计就是根据铸造零件的结构特点、技术要求、生产批量和生产条件等，确定铸造方案、确定工艺参数、绘制铸造工艺图和编制工艺卡等技术文件的过程。它是生产的指导性文件，也是生产准备、管理和铸件验收的依据。因此，铸造工艺设计的好坏，对铸件的质量、生产率及成本起着决定性作用。一般大量生产的定型产品、特殊重要的单件生产的铸件，铸造工艺设计细致，内容涉及较多。单件、小批生产的一般性产品，铸造工艺设计内容可以简化。在最简单的情况下，只需要绘制一张铸造工艺图即可。为了获得合格的铸件、减少制造铸型的工作量、降低铸件成本，必须合理地制订铸造工艺方案，并绘制出铸造工艺图。

铸造工艺设计的一般设计程序如下。

(1) 零件的技术条件和结构工艺性分析。

(2) 选择铸型及造型方法。

(3) 确定浇筑位置和分型面。

(4) 选用工艺参数。

(5) 设计浇冒口、冷铁和铸肋。

(6) 砂芯设计。

(7) 在完成铸造工艺图的基础上绘制铸件图。

(8) 综合整个设计内容，优化设计。

3.4.3　金属熔炼与浇注

熔炼金属的目的是获得合格的化学成分及良好流动性的液态金属。金属的流动性是金属铸造性能的重要指标之一，表明了金属在液态时充填铸型的能力。金属流动性好坏对铸造工艺和铸件质量影响很大。生产中采用铸造生产的有铸钢、铸铁、有色金属铸造(铸铝、铸铜)等。本节主要介绍铝合金的熔炼与浇注。

1. 铝合金的性能及应用

铝合金比重小，强度高，具有良好的铸造性能。由于熔点较低(纯铝熔点为 660℃，铝合金的浇注温度一般约在 730~750℃左右)，故能广泛采用金属型及压力铸造等铸造方法，以提高铸件的内在质量、尺寸精度、表面光洁程度以及生产效率。铸造铝合金以 ZL 表示。

2. 铝合金的熔炼设备

合金熔炼的目的是要获得符合一定成分和温度要求的金属熔液。不同类型的金属，需要采用不同的熔炼方法及设备。如钢的熔炼是用转炉、平炉、电弧炉、感应电炉等；铸铁的熔炼多采用冲天炉；而铝合金的熔化通常采用坩埚电阻炉。炉子的大小一般为30～500 kg，电热体有金属(铁铬合金)、非金属(碳化硅)两种，是广泛用来熔化铝合金的炉子，优点是：炉气呈中性，金属也不会强烈氧化，炉温便于控制，操作简单，劳动条件好。坩埚分金属坩埚(铸铁、铸钢、钢板)非金属坩埚(石墨、黏土、炭质)两类。QR 系列坩埚熔化电阻炉如图 3.4.27 所示。

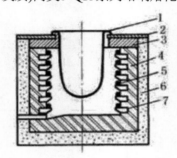

1—坩埚   2—托板   3—耐热板   4—耐火砖   5—电阻丝   6—石棉板   7—托砖

图 3.4.27　电阻坩埚炉

3. 铝合金用坩埚电阻炉熔炼特点及工艺过程

1) 铝合金熔炼的特点

由于铝合金的熔点低，熔炼时极易氧化、吸气，合金中的低沸点元素(如镁、锌等)极易蒸发烧损。故铝合金的熔炼应在与燃料和燃气隔离的状态下进行。熔炼时配料应精确计算：熔化铝合金的炉料包括金属炉料(新料、中间合金、旧炉料)、熔化剂(覆盖剂、精炼剂、变质剂)和辅助材料(指坩埚及熔炼浇注工具表面上涂的涂料)。

2) 熔炼的工艺过程

(1) 炉料处理。

炉料使用前应清理炉料，以去除表面的锈蚀、油脂等污物。所有的炉料在入炉前均应预热，以去除表面附着的水分，缩短熔炼时间。

(2) 坩埚及熔炼工具的准备。

新坩埚使用前应清理干净及仔细检查有无穿透性缺陷，使用前均应吹砂，并预热至暗红色(500～600℃)保温 2h 以上，以烧除附着在坩埚内壁的水分及可燃物质，待冷到300℃以下时，仔细清理坩埚内壁，在温度不低于 200℃时喷涂料。坩埚要烘干、烘透才能使用。压瓢、搅拌勺、浇包等熔炼工具使用前必须除尽残余金属及氧化皮等污物，经过 200～300℃预热并涂以防护涂料。以免与铝合金直接接触，污染铝合金。涂料一般采用氧化锌和水或水玻璃调合。涂完涂料后的模具及熔炼工具使用前再经 200～300℃预热烘干。

(3) 熔炼温度的控制。

熔炼温度过低，不利于合金熔化及气体、夹杂物的排出，易形成偏析、冷隔、浇不足等缺陷，还会因冒口热量不足，使铸件得不到合理的补缩。

熔炼温度过高不仅浪费能源，晶粒粗大，铝的氧化严重，合金元素的烧损也愈严重，合金机械性能下降，铸造性能和机械加工性能恶化。

铝金属熔液温度难以用肉眼判断，应该用测温仪表控制温度。热电偶套管应定期用金属刷刷干净，涂以防护性涂料，以保证测温结果的准确性及延长使用寿命。所有铝合金的熔炼温度至少要达 705℃并应进行搅拌。

(4) 熔炼时间的控制。

为了减少铝金属熔液的氧化、吸气和铁的熔化，从熔化开始至浇注完毕，砂型铸造不超过 4h，金属型铸造不超过 6h，压铸不超过 8h。为加速熔炼过程，应首先加入中等块度、熔点较低的回炉料及铝硅中间合金，以便在坩埚底部尽快形成熔池，然后加块较大的回炉料及纯铝锭，使它们能徐徐地浸入逐渐扩大的熔池，很快熔化。在炉料主要部分熔化后，再加熔点较高、数量不多的中间合金，升温、搅拌以加速熔化。最后降退，压入易氧化的合金元素，以减少损失。

(5) 精炼处理。

铝合金在熔炼时，极易氧化生成 Al_2O_3，其氧化物比重和合金液比重相近，如靠它自己上浮或下沉是难以去除的，容易使铸件形成夹渣。还有铝合金在高温时吸收氢气，如不去除，也将会使铸件形成气孔。熔化后，还要进行精炼处理，首先将旧渣扒去，用覆盖剂覆盖，用量为铝液中的 0.2%～0.5%，做两次加入，在除气前加入其重量的 1/2～1/3，再以钟罩压入预热好的精炼剂，用量为铝液重量的 0.4%～0.5%，精炼处理温度为 730～750℃。分两次加入，第一次压入量为 1/2 略多些，处理时间为 4～5 min，在除气后扒去熔渣加入其重量的 1/2～2/3 的覆盖剂，静止 2～3 min 后，即可扒渣进行浇注，浇注温度为 700～740℃。

3) 铝合金熔液浇注

正确合理的浇注方法，是获得优质铸件的重要条件之一。生产实践证明，注意下列事项，对防止、减少铸件缺陷是很有效的。

(1) 浇注前应仔细检查金属熔液出炉温度、浇包容量及其表面涂料层的干燥程度，其他工具的准备是否合乎要求。

(2) 不能在有"过堂风"的场合浇注，以免金属熔液强烈氧化、燃烧，使铸件产生氧化夹杂等缺陷。

(3) 由坩埚内获取金属熔液时，应先用浇包底部轻轻拨开金属熔液表面的氧化皮或熔剂层，缓慢地将浇包浸入金属熔液内，用浇包的宽口舀取金属熔液，然后平稳地提起浇包。

(4) 端浇包时步子要稳，浇包不宜提得过高，浇包内金属液面必须保持平稳。

(5) 即将浇注时，应扒净浇包的渣子，以免在浇注中将熔渣、氧化皮等带入铸型中。

(6) 在浇注中，金属液流要保持平稳，不能中断，不能直冲浇口杯的底孔。浇口杯自始至终应充满，液面不得翻动，浇注速度要控制得当。通常，浇注开始时速度稍慢些，使金属液流充填平稳，然后速度稍快，并基本保持浇注速度不变。

(7) 在浇注过程中，浇包嘴与浇口的距离要尽可能地靠近，以不超过 50mm 为限，以免熔液过多地氧化。

(8) 距坩埚底部 60mm 以下的金属熔液不宜浇注铸件。

4) 浇注安全

清理浇注场地并使其通畅，不准有积水；参加浇注的人员必须按要求穿戴好防护用品；浇包不能装得太满，以免抬运时溢出飞溅伤人；不准用冷铁棒插入高温液体中去扒渣、挡渣；抬运金属液时，步伐要稳，步调一致，听从指挥；剩余液体要倒在指定位置。

整个熔铸过程概括如下：首先检查电器设备是否正常→送电→原材料准备→预热坩埚至发红→加入小块炉料、熔点较低的回炉料尽快形成熔池→加块较大的回炉料及铝锭→升温至750～760℃待铝合金全部熔化→加覆盖剂→熔后充分搅拌→扒渣→精炼除气→扒渣→再加覆盖剂→静置→扒渣→出炉→浇注。

4. 铸件的落砂、清理和缺陷分析

1) 落砂

用手工或机械使铸件和型砂、砂箱分开的操作称为落砂。落砂是铸件在铸型中凝固并适当冷却到一定温度后进行的。

2) 清理

落砂后从铸件上清除表面的型砂、多余金属(包括浇冒口、飞边和氧化皮)等的过程称为清理。浇冒口可用铁锤、锯子和气割等工具清理；如果粘砂，则用清理滚筒、喷砂器、抛丸设备等清理。

3) 铸件的缺陷分析

铸件清理后，应进行质量检验。检验铸件质量最常用的方法是宏观法。它是通过肉眼观察(或借助工具)找出铸件的表面缺陷和皮下缺陷，如气孔、砂眼、缩孔、浇不足、冷隔等。对于铸件内部缺陷，可用耐压试验、磁粉探伤、超声波探伤等方法检测。必要时，还可进行解剖检验、金相检验、力学性能检验和化学成分分析等。

由于铸造生产过程工序繁多，产生铸造缺陷的原因相当复杂。常见的铸件缺陷特征及产生的主要原因见表 3.4.3。

表 3.4.3　常见的铸件缺陷特征及产生的主要原因

缺陷名称	缺陷示意图	特征	产生的主要原因
气孔		铸件内部或表面有大小不等的孔眼，孔的内壁光滑，多呈圆形	1. 造型材料发气量过大，炉料不净，熔炼工艺不当。 2. 砂型春得太紧或型砂透气性太差。 3. 型砂太湿，起模、修型时刷水过多。 4. 砂芯通气孔堵塞或砂芯未烘干
缩孔		缩孔多分布在铸件厚断面处，形状不规则，孔内粗糙	1. 铸件结构不合理，无法进行补缩。 2. 浇注系统和冒口的设置不正确。 3. 浇注温度太高。 4. 金属化学成分不合格，收缩过大
砂眼		孔眼内充满了型砂，多产生在铸件的上表面或砂芯的底部	1. 型砂强度不够或局部没春紧，掉砂。 2. 型腔、浇口内散砂未吹净。 3. 合箱时砂型局部挤坏，掉砂。 4. 浇注系统不合理，冲坏砂型(芯)

(续表)

缺陷名称	缺陷示意图	特征	产生的主要原因
渣眼		孔眼内充满熔渣，孔形不规则	1. 浇注温度太低，熔渣不易上浮。 2. 浇注时没有挡住熔渣。 3. 浇注系统不正确，撇渣作用差
粘砂		铸件表面粗糙，粘有砂粒	1. 型砂和芯砂的耐火度不够。 2. 浇注温度太高。 3. 未刷涂料或涂料太薄
错箱		铸件在分型面处错开	1. 合型时上、下箱未对准。 2. 定位销或泥号标准线不准。 3. 造芯时上、下模样未对准
偏芯		铸件局部形状和尺寸由于砂芯位置产生偏移而变动，造成铸件产生尺寸偏差	1. 砂芯变形。 2. 下芯时放偏。 3. 砂芯未固定好，浇注时被冲偏
浇不足		多出现在远离浇口部位及薄壁处，铸件残缺不全	1. 金属液流动性差。 2. 浇注温度低，速度慢。 3. 浇注系统尺寸不合理。 4. 浇注时金属量不够。 5. 浇注时液态金属从分型面流出
裂纹		铸件开裂，开裂处金属表面有轻微氧化色	1. 铸件结构不合理，壁厚相差太大。 2. 砂型和型芯的退让性差。 3. 落砂过早等

3.4.4　特种铸造

特种铸造是指与普通砂型铸造有显著区别的一些铸造方法，如金属型铸造、压力铸造、高心铸造、熔模铸造、陶瓷型铸造、壳型铸造、磁型铸造等。这些特种铸造方法应用较早，在提高铸件精度和表面质量、改善合金性能、提高劳动生产率、改善劳动条件和降低铸造成本等方面，各有其优越之处。

1. 熔模铸造

熔模铸造亦称失蜡铸造，是用易熔材料制成精确的模样，在其上涂挂耐火材料制成型壳，熔去模样得到中空的耐火型壳，型壳经焙烧后将熔融金属浇入，金属冷凝后敲掉型壳而获得铸件的一种铸造方法，其主要工艺过程如图 3.4.28 所示。

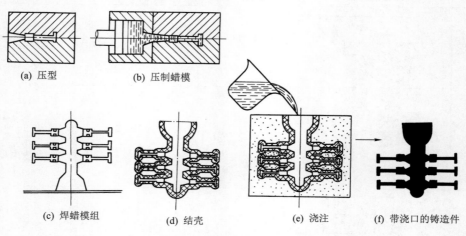

(a) 压型   (b) 压制蜡模

(c) 焊蜡模组   (d) 结壳   (e) 浇注   (f) 带浇口的铸造件

图 3.4.28　熔模铸造工艺过程

熔模铸造的优点如下。

(1) 铸件精度高、表面质量好，是少、无切削加工工艺的重要方法之一，其尺寸精度可达 IT11 至 IT14，表面粗糙度为 Ra12.5μm 至 1.6μm。如熔模铸造的涡轮发动机叶片，铸件精度已达到无加工余量的要求。

(2) 可制造形状复杂铸件，其最小壁厚可达 0.3mm，最小铸出孔径为 0.5mm。对由几个零件组合成的复杂部件，可用熔模铸造一次铸出。

(3) 铸造合金种类不受限制，用在高熔点和难切削的合金，更具显著的优越性。

(4) 生产批量基本不受限制，既可成批、大批量生产，又可单件、小批量生产。

熔模铸造亦存在不足：其工序较多，生产周期长，成本较高，还不适于生产大型铸件，受蜡模与型壳强度、刚度的限制，铸件不宜太大、太长，铸件质量一般不超过 25kg。

熔模铸造主要用于生产汽轮机及燃气轮机的叶片、泵的叶轮、切削刀具，以及飞机、汽车、拖拉机、风动工具和机床上的小型零件。

2. 金属型铸造

金属型铸造是将熔融金属在重力下浇入金属铸型内，以获得铸件的一种铸造方法。金属型一般是用铸铁或耐热钢制成，与砂型不同的是，金属型可以反复使用，故金属型铸造又称"永久型铸造"。常用金属型的结构如图 3.4.29 所示，其中垂直分型式因便于开设内浇道和取出铸件，易实现机械化，所以应用较多。

金属型铸造的优点如下。

(1) 实现了一型多铸，省去了配砂、造型、落砂等工序，节约了大量的造型材料、造型工时、场地，改善了劳动条件，提高了生产率。而且便于实现机械化、自动化生产。

(2) 金属型铸件的尺寸精度高，表面质量好，铸件的切削余量小，节约了机械加工的工时，节省了金属。

(3) 金属型冷却速度快，铸件组织细密，力学性能好。

(4) 铸件质量较稳定，废品率低。

金属型铸造的主要缺点是：金属型制造成本高、周期长，铸造工艺要求严格，不适于单件、小批量生产。由于金属型冷却速度快，不宜铸造形状复杂和大型薄壁件。

目前，金属型铸造主要用于大批量生产形状简单的有色金属铸件和灰铸铁件，如内燃机车上的铝合金活塞、气缸体、油泵壳体、铜合金轴瓦、轴套等。

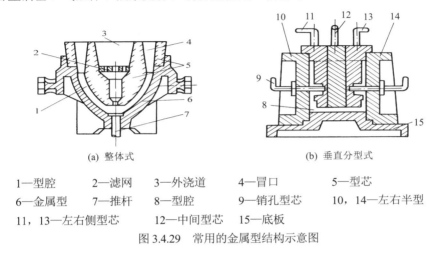

(a) 整体式　　　　　　　　　　　(b) 垂直分型式

1—型腔　　　　2—滤网　　　　3—外浇道　　　　4—冒口　　　　5—型芯
6—金属型　　　7—推杆　　　　8—型腔　　　　9—销孔型芯　　10，14—左右半型
11，13—左右侧型芯　　　12—中间型芯　　　15—底板

图 3.4.29　常用的金属型结构示意图

3. 压力铸造

压力铸造是将熔融金属在高压作用下高速充填金属铸型，并在压力下凝固形成铸件的一种铸造方法，简称压铸。压力铸造所用的铸型叫压铸型。压铸型常用耐热的合金工具钢制造，内腔要经过精密加工，并需要经过严格的热处理。压铸所用的压力为 5~150MPa，充型速度约为 0.5~50m/s，充型时间为 0.05~0.2s。高压和高速是压力铸造区别于一般铸造的最基本特征。压铸机的种类很多，工作原理基本相同，常采用的是冷室卧式压铸机，如图 3.4.30 所示。

压力铸造的优点如下。

(1) 压力铸造的生产率比其他铸造方法都高，每小时可压铸 50~500 件，操作简便，易实现自动化或半自动化生产。

(2) 压力铸造由于熔融金属是在高压下高速充型，合金充型能力强，能铸出结构复杂、轮廓清晰的薄壁、精密的铸件；可直接铸出各种孔眼、螺纹、花纹和图案等；也可压铸镶嵌件。

(3) 铸件尺寸精度可达 CT4~8 级，表面粗糙度 Ra12.5μm 至 0.8μm。其精度和表面质量比其他铸造方法都高，可实现少、无切削加工，省工、省料、成本低。

(4) 金属在压力下凝固，冷却速度又快，铸件组织细密，表层紧实，强度、硬度高，抗拉强度比砂型铸造提高 20%~40%。

但是，压力铸造设备和压铸型费用高，压铸型制造周期长，一般只适于大批量生产。而且由于金属充型速度高、压力大，气体难以完全排出，在铸件内常有存在于表皮下的小气孔，因而压铸件不能进行大切削余量的加工，以防孔洞外露。也不能进行热处理，否则气体膨胀使铸件表面起泡。压力铸造目前多用于生产有色金属的精密铸件。如发动机的气缸体、箱体、化油器、喇叭壳，以及仪表、电器、无线电、日用五金中的中小型零件等。

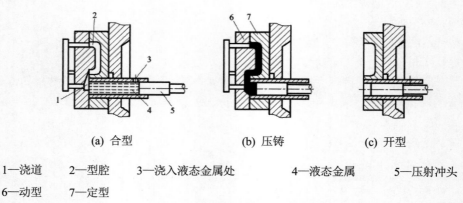

(a) 合型	(b) 压铸	(c) 开型

1—浇道　　2—型腔　　3—浇入液态金属处　　4—液态金属　　5—压射冲头

6—动型　　7—定型

图 3.4.30　卧式压铸机的工作过程

4. 离心铸造

离心铸造是指将熔融金属浇入高速回转(通常为 250～1500r/min)的铸型中，使液体金属在离心力作用下充填铸型并凝固成型的一种铸造方法。为使铸型旋转，离心铸造必须在离心铸造机上进行。根据铸型旋转轴空间位置的不同，离心铸造机通常可分为立式和卧式两大类，如图 3.4.31 所示。

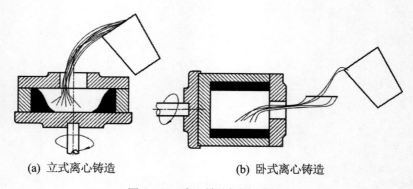

(a) 立式离心铸造	(b) 卧式离心铸造

图 3.4.31　离心铸造机原理图

在立式离心铸造机上，铸型是绕垂直轴旋转的，如图 3.4.31(a)所示。由于离心力和液态金属本身重力的共同作用，使铸件的内表面呈抛物面形状，造成铸件上薄下厚。显然，在其他条件不变的前提下，铸件的高度愈高，壁厚的差别也愈大，因此，立式离心铸造主要用于高度小于直径的圆环类铸件。在卧式离心铸造机上，铸型是绕水平轴旋转的，如图 3.4.31(b)所示。由于铸件各部分的冷却条件相近，故铸出的圆筒形铸件壁厚均匀，因此卧式离心铸造适用于生产长度较大的套筒、管类铸件，是常用的离心铸造方法。

离心铸造的优点如下。

(1) 不用型芯即可铸出中空铸件。液体金属能在铸型中形成中空的自由表面，大大简化了套筒、管类铸件的生产过程。

(2) 可以提高金属液充填铸型的能力。由于金属液体旋转时产生离心力作用，因此一些流动性较差的合金和薄壁铸件可用离心铸造法生产，形成轮廓清晰、表面光洁的铸件。

(3) 改善了补缩条件。气体和非金属夹杂物易于从金属中排出，产生缩孔、缩松、气孔和夹渣等缺陷的比例很小。

(4) 无浇注系统和冒口，节约金属。

(5) 便于铸造"双金属"铸件，如钢套镶铜轴承等。

离心铸造也存在不足。由于离心力的作用，金属中的气体、熔渣等夹杂物，因密度较轻而集中在铸件的内表面上，所以内孔的尺寸不精确，质量也较差，必须增加机械加工余量；铸件易产生成分偏析和密度偏析。

目前，离心铸造已广泛用于铸铁管、气缸套、铜套、双金属轴承、特殊钢的无缝管坯、造纸机滚筒等铸件的生产。

3.4.5 典型零件的铸造工艺实例分析

1. 生产条件及技术要求

(1) 生产类型：小批量。

(2) 材质：ZL102。

(3) 零件图：铸件结构如图 3.4.32(a)所示，轮廓尺寸 $\phi160\times45$mm，铸件重 1.55 kg，轮缘厚 22mm，轮毂厚度 32mm，轮辐最小处厚 10mm，最大处厚 12mm，铸件壁基本均匀。

(4) 技术要求：满足机械性能要求，保证壁厚均匀，无气孔砂眼、火渣、粘砂等缺陷，表面光洁。

(5) 造型、熔化、浇注时注意：在铸造实习工作台上造型，砂箱尺寸 300mm×300mm×80mm；工频电阻炉熔炼；端包浇注，浇注温度高于 730℃。

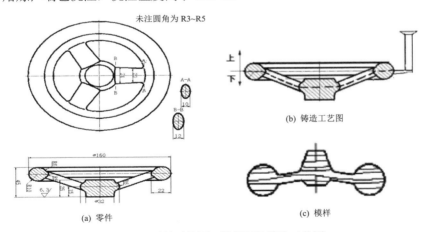

图 3.4.32 手轮零件图、模样图及铸造工艺图

2. 工艺分析

(1) 分型面和浇注系统。

手轮没有一个平整的表面，最大截面在轮缘中部，轮辐是曲线，很薄，且截面两侧为弧形，因此分型面在最大截面积处且为曲面，用上、下标记为上型和下型。由于零件不复杂，浇注系统只设外浇道、直浇道和内浇道，其中内浇道沿手轮外径切向方向进入，通过上型扎通气孔方

式提高型砂透气率，不设出气口，如图3.4.32(b)所示。

(2) 工艺参数及模样。

手轮轮缘、轮辐、轮毂相连部分制作成圆角 $R3 \sim R5$；轮毂上部的起模斜度取 3°，轮毂下部的起模斜度取 1°；材料为 ZL102，收缩余量为 1%；该零件为无切削加工，加工余量为 0；无内孔，不必制作芯盒。根据以上参数，结合零件尺寸制作模样，如图3.4.32(c)所示。

(3) 工艺过程。

手轮铸造工艺过程见表3.4.4。

表3.4.4　手轮铸造工艺过程

零件名称	手轮	材料	ZL102	生产类型	小批量
序号	操作步骤		工具、模样		
1	造下砂型		底板、砂箱、模样、砂冲、刮板		
2	翻转下砂型180°				
3	挖砂做出分型面		镘刀、秋叶、皮老虎		
4	造上砂型		底板、砂箱、砂冲、刮板、浇口棒		
5	划线定位，扎通气孔		通气针、粉笔		
6	开箱取模		起模针、木锤子		
7	修型、开浇道		镘刀、砂勾		
8	合箱				
9	浇注		端包		
10	落砂、清理		锤子、锯子、平口钳		
11	检验				

观看视频

观看视频

观看视频

观看视频

观看视频

观看视频

第 4 章
先进制造工程训练

4.1 数控车

4.1.1 概述

数控车床是通过数字程序进行控制的一类车床。数控车床主要用于加工轴套类、盘盖类等回转体零件。通过数控加工程序的运行，这类车床可自动完成内外圆柱面、圆锥面、成形表面、螺纹和端面等工序的切削加工，并能进行车槽、钻孔、扩孔、铰孔等工作，集通用性好、加工精度高、加工效率高的特点于一身。数控车削中心可在一次装夹中完成更多的加工工序，提高加工精度和生产效率，适用于复杂形状回转类零件的加工，如图 4.1.1 和图 4.1.2 所示。

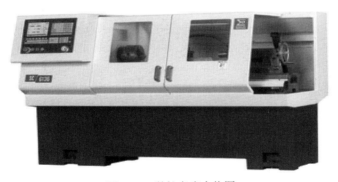

图 4.1.1　数控车床实物图

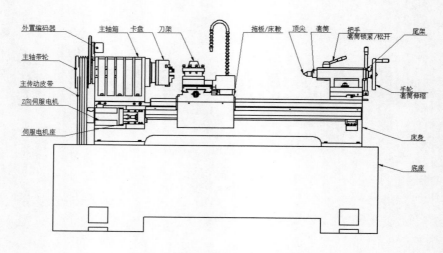

图 4.1.2　数控车床组成部分示意图

1. 数控车床的工作原理

操作者根据数控工作要求编制数控程序,并将数控程序记录在程序介质(如穿孔纸带、磁带、磁盘等)上。数控程序经输入输出接口输入数控车床中,控制系统按数控程序控制该机床执行机构的各种动作或运动轨迹,实现加工目的。如图 4.1.3 所示是数控车床的工作原理图。

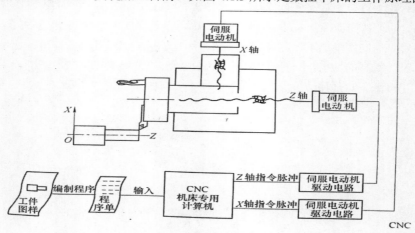

图 4.1.3　数控车床的工作原理

2. 数控车床的组成与功能

数控车床的基本结构框图如图 4.1.4 所示。主要由输入输出装置、计算机数控装置、伺服系统和受控设备四部分组成。

1) 输入输出装置

输入输出装置主要用于零件数控程序的编译、存储、打印和显示等。简单的输入输出装置只包括键盘和发光二极管显示器。一般的输入输出装置除了人机对话编程键盘和 CRT(Cathode Ray Tube)外,还包括纸带、磁带或磁盘输入机、穿孔机等。高级的输入输出装置还包括自动编程机或 CAD/CAM 系统。

图 4.1.4　数控车床基本结构框图

2) 计算机数控装置

计算机数控装置是数控车床的核心。它根据输入的程序和数据，经过数控装置的系统软件或逻辑电路进行编译、运算和逻辑处理后，输出各种信号和指令。

3) 伺服系统

数控车床的进给系统由伺服系统和机床的执行部件和机械传动部件组成，其中，伺服系统由伺服驱动电路和伺服驱动装置组成。伺服系统根据数控装置发来的速度和位移指令，控制执行部件的进给速度、方向和位移。每个进给运动的执行部件，都配有一套伺服驱动系统。伺服驱动系统分为开环、半闭环和闭环三种不同类型的系统。在半闭环和闭环伺服驱动系统中，需要使用位置检测装置，间接或直接测量执行部件的实际进给位移，与指令位移进行比较，按闭环原理，将其误差转换放大后控制执行部件的进给运动。伺服驱动装置可以是步进电动机、直流伺服电动机或交流伺服电动机。

4) 受控设备

受控设备是被控制的对象，是数控车床的主体，一般都需要对它进行位移、角度和各种开关量的控制。受控设备包括机床行业的各种机床和其他行业的许多设备，如电火花加工机、激光与火焰切割机、弯管机、绘图机、冲剪机、测量机、雕刻机等。在闭环控制的受控机床上一般都装有位置检测装置，以便将位置和各种状态信号反馈给计算机数控装置。

3. 数控车床的特点

数控车床是一种高效能自动化加工设备。与普通机床相比，数控车床具有如下特点。

(1) 适应性强。数控车床根据编制的数控程序来控制机床执行机构的各种动作，当数控工作要求改变时，只要改变数控程序软件，而不需要改变机械部分和控制部分的硬件，就能适应新的工作要求。

(2) 精度高。数控车床本身的精度较高，还可利用软件进行精度校正和补偿，数控车床加工零件是按数控程序自动进行加工。因此，数控车床可以获得比普通机床更高的加工精度。

(3) 生产率高。数控车床具有自动换速、自动换刀和其他辅助操作自动化等功能，而且无需工序间的检验与测量，极大地提高了加工效率。

(4) 完成复杂加工面加工。相较于普通机床，许多复杂曲线和曲面的加工无法实现，而数控车能通过输入程序进行编辑。

(5) 减轻劳动强度，改善劳动条件。由于数控车床进行自动加工，许多动作不需要操作者手动进行，因此工作条件大为改善。

(6) 有利于生产管理。采用数控车床后，有利于向计算机控制和管理生产方向发展，为实现制造和生产管理自动化创造了条件。

4. 数控车床的分类

数控车床的种类繁多，通常有以下几种分类。

1) 按工艺用途分类

目前，数控车床的品种规格已达 500 多种，按其工艺用途可以划分为以下几类。

(1) 金属切削类：指采用车、铣、镗、钻、铰、磨、刨等各种切削工艺的数控车床，又可分为两类。

① 普通数控车床。普通数控车床一般指在加工工艺过程中的一个工序上实现数字控制的自动化机床，有数控车、铣、钻、镗及磨床等。普通数控车床在自动化程度上还不够完善，刀具的更换与零件的装夹仍需人工来完成。

② 数控加工中心。数控加工中心 MC 是带有刀库和自动换刀装置的数控车床。在加工中心上，可使零件一次装夹后，实现多道工序的集中连续加工。加工中心的类型很多，一般分为立式加工中心、卧式加工中心和车削加工中心等。

(2) 金属成形类：指采用挤、压、冲、拉等成形工艺的数控车床，常用的有数控弯管机、数控压力机、数控冲剪机、数控折弯机、数控旋压机等。

(3) 特种加工类：主要有数控电火花线切割机、数控电火花成形机、数控激光与火焰切割机等。

2) 按控制运动的方式分类

(1) 点位控制数控车床：这类机床只控制机床运动部件从一点移动到另一点的准确定位，在移动过程中不进行切削，对两点间的移动速度和运动轨道并没有严格控制。为减少移动时间和提高终点位置的定位精度，一般先快速移动，当接近终点位置时，再以低速准确移动到终点，以保证定位精度。这类数控车床有数控钻床、数控坐标镗床、数控冲床等。

(2) 点位直线控制数控车床：这类机床在工作时，不仅要控制两相关点之间的位置，还要控制刀具以一定的速度沿与坐标轴平行的方向进行切削加工。

(3) 轮廓控制数控车床：这类机床又称连续控制或多坐标联动数控车床。机床的控制装置能够同时对两个或以上的坐标轴进行连续控制。加工时不仅要控制起点和终点，还需要控制整个加工过程中每点的速度和位置。

3) 按伺服系统的控制方式分类

(1) 开环数控车床：开环数控车床采用开环进给伺服系统，图 4.1.5 所示为典型的开环进给系统。这类控制中，没有位置检测元件，CNC 装置输出的指令脉冲经驱动电路的功率放大，驱动步进电机转动，再经传动机构带动工作台移动。

图 4.1.5　数控车床开环控制框图

开环控制的数控车床结构较简单、成本较低、调试维修方便，但由于受步进电机的步距精度和传动机构的传动精度的影响，难以实现高精度的位置控制，进给速度也受步进电机工作频率的限制。一般适用于中型、小型以及经济型数控车床。

(2) 半闭环控制数控车床：将位置检测元件安装在驱动电机的端部或传动丝杆端部，间接测量执行部件的实际位置或位移，则称为半闭环控制数控车床，如图 4.1.6 所示。这类控制可获得比开环系统更高的精度，调试比较方便，因而得到广泛应用。

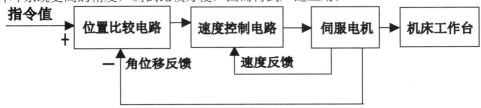

图 4.1.6　数控车床半闭环控制框图

(3) 闭环控制数控车床：这类数控车床是将位置检测元件直接安装在机床工作台上，用于检测机床工作台的实际位置，并与 CNC 装置的指令位置进行比较，用差值进行控制，其控制框图如图 4.1.7 所示。

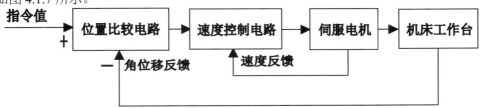

图 4.1.7　数控车床闭环控制框图

闭环控制数控车床由于采用了位置控制和速度控制两个回路，把机床工作台纳入控制环节，可消除包括工作台传动链在内的传动误差，因而定位精度高，速度更快。但由于系统复杂，调试和维修较困难，成本高，一般适用于精度要求高的数控车床，如数控精密镗铣床。

4) 按数控系统的功能分类

(1) 经济型数控车床：一般采用步进电机驱动形成开环伺服系统，其控制部分采用单板机或单片机来实现。此类车床结构简单，价格低廉，具有无刀尖圆弧半径自动补偿和恒线速切削等功能。

(2) 全功能型数控车床：一般采用闭环或半闭环控制系统，具有高刚度、高精度和高效率等特点。

(3) 车削中心：是以全功能型数控车床为主体，并配置刀库、换刀装置、分度装置、铣削动力头和机械手等，实现多工序的复合加工的机床。在工件一次装夹后，它可完成回转类零件的车、铣、钻、铰、攻螺纹等多种加工工序，其功能全面，但价格较高，如图 4.1.8 所示。

(4) 车床：是指由数控车床、机器人等构成的柔性加工单元。它能实现工件搬运、装卸自动化和加工调整准备自动化功能。

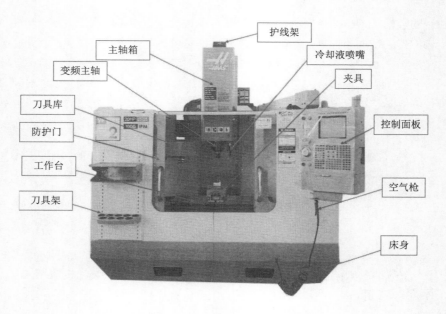

图 4.1.8　车削中心结构图

5) 按主轴的配置形式分类

(1) 卧式数控车床：其主轴轴线处于水平位置，它又可分为水平导轨卧式数控车床和倾斜导轨卧式数控车床(其倾斜导轨结构可以使车床具有更大的刚性，并易于排屑)。

(2) 立式数控车床：其主轴轴线处于垂直位置。这类机床主要用于加工径向尺寸大、轴向尺寸较小的大型复杂零件。其中具有两根主轴的车床，称为双轴卧式数控车床或双轴立式数控车床。

5. 数控车床的坐标系统

1) 数控车床的坐标轴和运动方向

对数控车床的坐标轴和运动方向作出统一的规定，可简化程序编制的工作和保证记录数据的互换性，还可以保证数控车床的运行、操作及程序编制的一致性。数控车床坐标系如图 4.1.9 所示，其直线运动的坐标轴 X、Y、Z(也称为线性轴)规定为右手笛卡儿坐标系。当右手拇指指向正 X 轴方向，食指指向正 Y 轴方向时，中指则指向正 Z 轴方向。X、Y、Z 的正方向是使工件尺寸增加的方向，即增大工件和刀具距离的方向。通常以平行于主轴的轴线为 Z 轴(即 Z 坐标运动由传递切削动力的主轴所规定)，X 轴是水平的，平行于工件的装夹面，且垂直于 Z 轴。

对于工件旋转的机床(如车床、磨床或车削加工中心)，垂直于工件旋转轴线的方向为 X 轴，而主刀架上刀具离开工件旋转中心的方向为 X 坐标正方向，如图 4.1.10 所示。

对于刀具旋转的机床(如铣床、钻床、镗床或镗铣加工中心)，若 Z 轴为垂直的(立式机床)，则由主轴向立柱方向看，X 轴正方向向右，如图 4.1.11 所示；若 Z 轴为水平的(卧式机床)，则由主轴向工件方向看，X 轴正方向向右，如图 4.1.12 所示。

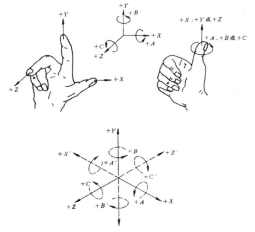

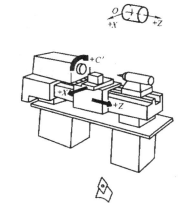

图 4.1.9　数控车床坐标系　　　　　　　　图 4.1.10　卧式车床坐标系

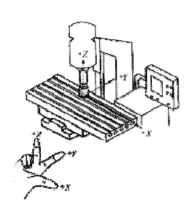

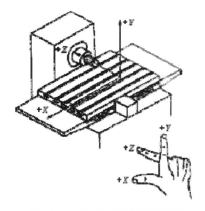

图 4.1.11　立式数控车床坐标系　　　　　　图 4.1.12　卧式数控车床坐标系

Y 轴及其正方向应根据已经确定的 X 轴和 Z 轴，按右手笛卡儿坐标系来确定。三个旋转轴 A、B、C 相应表示其轴线平行于 X、Y、Z 的旋转运动，A、B、C 的正向相应地为在 X、Y、Z 坐标正方向向上按右旋螺纹前进的方向。上述规定是工件固定、刀具移动的情况。反之若工件移动，则其正方向分别用 X'、Y'、Z' 表示。通常以刀具移动正方向作为编程的正方向。

除了上述坐标外，还可使用附加坐标。在主要线性轴(X, Y, Z)之外，另有平行于它的次要线性轴(U, V, W)、第三线性轴(P, Q, R)。在主要旋转轴(A, B, C)存在的同时，还有平行于或不平行于 A、B 和 C 的两个特殊轴(D, E)。

2) 绝对坐标系统与相对坐标系统

(1) 绝对坐标系统：它是指工作台位移是从固定的基准点开始计算的，例如，假设程序规定工作台沿 X 坐标方向移动，其移动距离为离固定基准点 100mm，那么不管工作台在接到命令前处于什么位置，它接到命令后总是移动到程序规定的位置停下。

(2) 相对坐标系统：它是指工作台的位移是从工作台现有位置开始计算的。在这里，对一个坐标轴虽然也有一个起始的基准点，但是它仅在工作台第一次移动时才有意义，以后的移动都是以工作台前一次的终点为起始的基准点。例如，设第一段程序规定工作台沿 X 坐标方向移动，其移动距离是离起始点 100mm，那么工作台就移动到 100mm 处停下，下一段程序规定在

X方向再移动 50mm，那么工作台到达的位置离原起始点 150mm。

点位控制的数控车床有的是绝对坐标系统，有的是相对坐标系统，也有的两种都有，可以任意选用。轮廓控制的数控车床一般都是相对坐标系统。编程时应注意到不同的坐标系统，其输入要求不同。

4.1.2　数控加工技术

数控技术(Numerical Control，NC)是采用数字化信息实现加工自动化的控制一种方法。用数字化信号对机床的运动及其加工过程进行控制的机床称为数控机床。将数控技术应用于机床，控制机床上刀具的运动轨迹，对零件进行加工的工艺过程就是数控加工。数控加工时，按工作人员事先编好的程序对机械零件进行加工。

1948 年，美国帕森斯公司接受美国空军委托，研制直升机螺旋桨叶片轮廓检验用样板的加工设备。由于样板形状复杂多样，精度要求高，一般加工设备难以适应，于是提出采用数字脉冲控制机床的设想。1949 年，该公司与美国麻省理工学院(MIT)开始共同研究，并于 1952 年试制成功第一台三坐标数控铣床，当时的数控装置采用电子管元件。1959 年，数控装置采用了晶体管元件和印刷电路板，出现带自动换刀装置的数控机床，称为加工中心(MC Machining Center)，使数控装置进入了第二代。1965 年，出现了第三代的集成电路数控装置，不仅体积小，功耗少，且可靠性提高，价格进一步下降，促进了数控机床品种和产量的发展。此后，先后出现了由一台计算机直接控制多台机床的直接数控系统(简称 DNC)，又称群控系统；采用小型计算机控制的计算机数控系统(简称 CNC)，使数控装置进入了以小型计算机化为特征的第四代。1974 年，研制成功使用微处理器和半导体存储器的微型计算机数控装置(简称 MNC)，这是第五代数控系统。20 世纪 80 年代初，随着计算机软、硬件技术的发展，出现了能进行人机对话式自动编制程序的数控装置；数控装置愈趋小型化，可以直接安装在机床上；数控机床的自动化程度进一步提高，具有自动监控刀具破损和自动检测工件等功能。20 世纪 90 年代后期，出现了 PC+CNC 智能数控系统，即以计算机为控制系统的硬件部分，在计算机上安装 NC 软件系统，此种方式系统维护方便，易于实现网络化制造。

4.1.3　数控车削加工特点

1. 适应性强

适应性即所谓的柔性，指数控机床随生产对象变化而变化的适应能力。在数控机床上改变加工零件时，只需要重新编制程序，输入新的程序后就能实现对新的零件的加工；而不需要改变机械部分和控制部分的硬件。这就为复杂结构零件的单件、小批量生产以及试制新产品提供了生产方法。适应性强是数控机床最显著的优点。

2. 加工精度高

数控机床是按数字形式给出的指令进行加工的，一般情况下工作过程不需要人工干预，这就消除了操作者人为产生的误差。在设计制造数控机床时，采取了许多措施，使数控机床的机械部分达到了较高的精度和刚度。数控机床工作台的移动当量普遍达到 0.01～0.0001mm，而且进给传动链的反向间隙与丝杠螺距误差等均可由数控装置进行补偿，或采用直线电机进给系统，以减小传动误差。高档数控机床采用光栅尺进行工作台移动的闭环控制。数控机床的加工精度由过去的 $\pm0.01\text{mm}$ 提高到 $\pm0.005\text{mm}$。

3. 加工质量稳定、可靠

在同一机床相同加工条件下加工同一批零件，使用相同刀具和加工程序，刀具的走刀轨迹基本相同，零件的一致性好，质量稳定，适用于零件批量生产。

4. 生产效率高

数控机床可有效地减少零件的加工时间和辅助时间，数控机床的主轴转速和进给量的范围大，允许机床进行大切削量的强力切削，数控机床目前正进入高速加工时代，数控机床移动部件的快速移动和定位及高速切削加工，极大地提高了生产率，另外配合加工中心的刀库使用，实现了在一台机床上进行多道工序的连续加工，减少了半成品的工序间周转时间，提高了生产率。

5. 能实现复杂零件表面的加工

普通机床难以实现或无法实现轨迹为三次以上的曲线或曲面的运动，如螺旋桨、汽轮机叶片之类的空间曲面；而数控机床则可以实现复杂轨迹的运动和加工复杂形状的空间曲面，适于复杂异形零件的加工。

6. 有利于生产管理的现代化

数控机床使用数字信息与标准代码处理、传递信息，特别是在数控机床上使用计算机控制，为计算机辅助设计、制造以及管理一体化奠定了基础。

7. 良好的经济效益

数控机床虽然设备昂贵，加工时分摊到每个零件上的设备折旧费较高，但在单件、小批量生产的情况下，使用数控机床加工可节省划线工时，减少调整、加工和检验时间，节省直接生产费用。数控机床加工零件一般不需要制作专用夹具，节省了工艺装备费用。数控机床加工精度稳定，减少了废品率，使生产成本进一步下降。此外，数控机床可实现一机多用，节省厂房面积和建厂投资。

4.1.4　数控车削编程基础

1. 程序编制的方法、内容与步骤

程序编制是指从零件图纸到编制零件加工程序和制作控制介质的全部过程。它可分为手工编程和自动编程两类。

手工编程时，整个程序的编制过程是由人工完成的。这就要求编程人员不仅要熟悉数控代码及编程规则，还必须具备机械加工工艺知识和数值计算能力，其编程内容和步骤如图 4.1.13 所示。对于点位加工和几何形状简单的零件加工，程序段较少，计算简单，用手工编程即可完成。但对复杂形面或程序量很大的零件，则采用手工编程相当困难，必须采用自动编程。

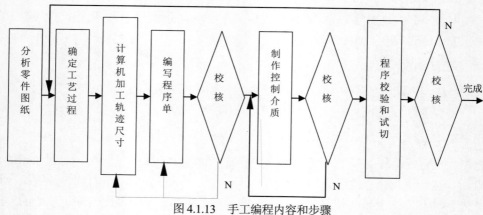

图 4.1.13　手工编程内容和步骤

2. NC 程序的结构

一个完整的零件加工 NC 程序，由若干程序段组成，每个程序段又由若干个代码字组成，每个代码字则由文字(地址符)和数字(有些数字还带有符号)组成。字母、数字和符号统称为字符。举例如下。

　　　N3　　G00　　X10　　Z10　　M03　　S500;

(1) N：程序段地址码，用于指令程序段号。

(2) G：准备功能字代码。

(3) X、Z：坐标轴地址(尺寸字)。

(4) M：辅助功能代码 M00～M99。

(5) S：主轴转速指令。

(6) ;是结束符，其他系统还有 LF、*。

3. NC 程序的常用功能

一般程序段由 N—程序号，G—准备功能，X、Y、Z—坐标值，F—进给速度，S—主轴速度，T—刀具，M—辅助功能组成。

1) 准备功能

准备功能字 G 代码，用来规定刀具和工件的相对运动轨迹(即指令插补功能)、机床坐标系、坐标平面、刀具补偿、坐标偏置等多种加工操作。我国机械工业部根据 ISO 标准制定了 JB3208—83 标准，规定 G 代码由字母 G 及其后面的两位数字组成，从 G00 到 G99 共有 100 种代码，见表 4.1.1。

G 代码分模态代码和非模态代码。表 4.1.1 序号(2)中的 a、c、d、e、h、k、i 各字母所对应的为模态代码(又称续效代码)。它表示在程序中一经被应用(如 a 组的 G01)，直到出现同组(a 组)的任一 G 代码(如 G02)时才失效；否则该指令继续有效。模态代码可在其后的程序段中省略不写。非模态代码只在本程序中有效。表中"不指定"代码，指在未指定新的定义之前，由数控系统设计者根据需要定义新的功能。

2) 坐标功能

坐标功能字(又称尺寸字)用来设定机床各坐标的位移量。它一般以 X、Y、Z、U、V、W、P、Q、R、A、B、C、D、E 等地址符开头，在地址符后紧跟"＋"(正)或"－"(负)及一串数字，该数字一般以系统脉冲当量(指数控系统能实现的最小位移量，即数控装置每发出一个脉冲信号，机床工作台的移动量，一般为 0.0001～0.01mm)为单位，不使用小数点。一个程序段中有多个尺寸字时，一般按上述地址符顺序排列。

表 4.1.1　G 功能代码

代码(1)	模态代码组别(2)	功能(3)	代码(1)	模态代码组别(2)	功能(3)
G00	a	点定位	G50	(d)	刀具偏置 0/−
G01	a	直线插补	G51	(d)	刀具偏置+/0
G02	a	顺时针圆弧插补	G52	(d)	刀具偏置−/0
G03	a	逆时针圆弧插补	G53	f	直线偏移，注销
G04		暂停	G54	f	直线偏移 X
G05		不指定	G55	f	直线偏移 Y
G06	a	抛物线插补	G56	f	直线偏移 Z
G07		不指定	G57	f	直线偏移 XY
G08		加速	G58	f	直线偏移 XZ
G09		减速	G59	f	直线偏移 YZ
G10～G16		不指定	G60	h	准确定位 1(精)
G17	c	XY 平面选择	G61	h	准确定位 2(中)
G18	c	ZX 平面选择	G62	h	快速定位(粗)
G19	c	YZ 平面选择	G63		攻螺纹
G20～G32		不指定	G64～G67		不指定
G33	a	螺纹切削，等螺距	G68	(d)	刀具偏移，内角
G34	a	螺纹切削，增螺距	G69	(d)	刀具偏移，外角
G35	a	螺纹切削，减螺距	G70～G79		不指定
G36～G39		永不指定	G80	e	固定循环注销
G40	d	刀具补偿/偏置注销	G81～G89	e	固定循环
G41	d	刀具左补偿	G90	j	绝对尺寸
G42	d	刀具右补偿	G91	j	增量尺寸
G43	(d)	刀具正偏置	G92		预置寄存
G44	(d)	刀具负偏置	G93	k	时间倒数，进给率
G45	(d)	刀具偏置+/+	G94	k	每分钟进给
G46	(d)	刀具偏置+/−	G95	k	主轴每转进给
G47	(d)	刀具偏置−/−	G96	i	恒线速度
G48	(d)	刀具偏置−/+	G97	i	每分钟转数(主轴)
G49	(d)	刀具偏置 0/+	G98～G99		不指定

3) 进给功能

该功能字用来指定刀具相对工件运动的速度。其单位一般为 mm/min。当进给速度与主轴转速有关时，如车螺纹、攻丝等，使用的单位为 mm/r。进给功能字以地址符 F 为首，其后跟一串数字代码，可通过直接法或代码法指定进给速度。

在数控加工中常用到以下几种与进给速度有关的术语。

(1) 切削进给速度(mm/min)：指定刀具切削时的移动速度，如 F100 表示切削速度为 100mm/min。

(2) 同步进给速度：即主轴每转一圈时的进给轴的进给量，单位为 mm/r。

(3) 快速进给速度：机床的最高移动速度，用 G00 指令快速，通过参数设定。

(4) 进给倍率：操作面板上设置了进给倍率开关，使用倍率开关不用修改零件加工程序就改变进给速度。

4) 主轴功能

该功能字用来指定主轴速度，单位为 r/min，它以地址符 S 为首，后跟一串数字，可通过直接法或代码法指定进给速度。主轴功能包括以下几方面。

(1) 指定主轴旋转速：例如 S500 表示主轴转速指定为 500 r/min。

(2) 设置恒定线速度：该功能主要用于车削和磨削加工中，使工件端面质量提高。

(3) 主轴准停：该功能使主轴在径向某一位置准确停止。

5) 刀具功能

当系统具有换刀功能时，刀具功能字用以选择替换的刀具。它以地址符 T 为首，其后一般跟两位数字或四位数字，代表刀具的编号和刀偏号。

应注意的是 F 功能、T 功能、S 功能均为模态代码。

6) 辅助功能

辅助功能字 M 代码主要用于数控车床的开关量控制，如主轴的正、反转，切削液开、关，工件的夹紧、松开，程序结束等。我国标准 JB3208－83 的有关规定见表 4.1.2。

表 4.1.2　M 功能代码

代码 (1)	功能与 程序段 运动同 时开始 (2)	功能在 程序段 运动完 后开始 (3)	功能 (4)	代码 (1)	功能与程 序段运动 同时开始 (2)	功能在程 序段运动 完后开始 (3)	功能(4)
M00		*	程序停止	M36	*		进给范围 1
M01		*	计划停止	M37	*		进给范围 2
M02		*	程序结束	M38	*		主轴速度范围 1
M03	*		主轴顺时针方向	M39	*		主轴速度范围 2
M04	*		主轴逆时针方向	M40～ M45	#	#	不指定或齿轮换挡

(续表)

代码 (1)	功能与程序段运动同时开始 (2)	功能在程序段运动完后开始 (3)	功能 (4)	代码 (1)	功能与程序段运动同时开始 (2)	功能在程序段运动完后开始 (3)	功能(4)
M05		*	主轴停止	M46~M47	#	#	不指定
M06	#	#	换刀	M48		*	注销 M49
M07	*		2 号切削液开	M49	*		进给率修正旁路
M08	*		1 号切削液开	M50	*		3 号切削液开
M09		*	切削液关	M51	*		4 号切削液开
M10	#	#	夹紧	M52~M54	#	#	不指定
M11	#	#	松开	M55	*		刀具直线位移,位置1
M12	#	#	不指定	M56	*		刀具直线位移,位置2
M13	*		主轴顺时针方向切削液开	M57~M59	#	#	不指定
M14	*		主轴逆时针方向切削液开	M60		*	更换工件
M15	*		正运动	M61	*		工件直线位移,位置1
M16	*		负运动	M62	*		工件直线位移,位置2
M17~M18	#	#	不指定	M63~M70	#	#	不指定
M19		*	主轴定向停止	M71	*		工件角度移位位置1
M20~M29	#	#	永不指定	M72	*		工件角度移位位置2
M30		*	纸带结束	M73~M89	#	#	不指定
M31	#	#	互锁旁路	M90~M99	#	#	永不指定
M32~M35	#	#	不指定				

M 代码从 M00－M99 共 100 种。表 4.1.2 中"#"号表示若选作特殊用途,必须在程序说明中注明;表中"*"号表示对该具体情况起作用。下面介绍几种常用的 M 代码功能。

(1) M00 程序停止。执行 M00 后,机床所有动作均被切断,以便进行手动操作。重新按动程序启动按钮后,再继续执行后面的程序段。

(2) M01 选择停止。与执行 M00 相同,不同的是只有按下机床控制面板上"任选停止"开关时,该指令才有效,否则机床继续执行后面的程序。该指令常用于抽查工件的关键尺寸。

(3) M02 程序结束。执行该指令后，表示程序内所存指令已完成，因而切断机床所有动作，机床复位，但程序结束后，不返回到程序开头的位置。

(4) M30 纸带结束。执行该指令后，除完成 M02 的内容外，还自动返回到程序开头的位置。为加工下一个工件做好准备。

4. 数控车削的编程特点

(1) 在一个程序段中，根据图样上标注的尺寸，可以采用绝对值编程、增量值编程或两者混合编程，绝对坐标指令用 X、Z 表示，增量坐标指令用 U、W 表示。

(2) 由于被加工零件的径向尺寸在图样上和测量时都是以直径值表示，所以用绝对值编程时，X 以直径值表示；用增量值编程时，以径向实际位移量的二倍值表示，并附上方向符号(正向可省略)。

(3) 为提高工件的径向尺寸精度，X 向的脉冲当量取 Z 向的一半。

(4) 由于车削加工常用棒料或锻料作为毛坯，加工余量较大，所以为简化编程，数控装置常具备不同形式的固定循环，可进行多次重复循环切削。

(5) 编程时，常认为车刀刀尖是一个点，而实际上为了提高刀具寿命和工件表面质量，车刀刀尖常磨成一个半径不大的圆弧，因此为提高加工精度，当编制圆头刀程序时，需要对刀具半径进行补偿。数控车床一般都具有刀具半径自动补偿功能(G41，G42)，这时可直接按工件轮廓尺寸编程。对不具备刀具半径自动补偿功能的数控车床，编程时需要先计算补偿量。

5. SIEMENS 车削数控系统功能

1) 基本功能

该数控系统的进给轴能实现两轴联动，能执行直线插补、圆弧插补、固定加工循环、坐标轴设定、CNC 运行等一系列操作，以及编程功能，以满足各种机械零件加工的需要。

2) 辅助功能

该数控系统常用 M 功能见表 4.1.3。

表 4.1.3　SIEMENS 车削数控系统常用 M 功能

代码	含义	代码	含义	代码	含义
M00	程序停止	M01	程序选择停	M30	程序结束并返回程序头
M03	主轴正转	M04	主轴反转	M05	主轴停止
M08	冷却液开	M09	冷却液关	M98	调用子程序
M98	调用子程序	M30	程序结束并返回程序头	M99	返回主程序

3) 准备功能

该数控系统常用 G 功能见表 4.1.4。

表 4.1.4　SIEMENS 车削数控系统常用 G 功能

G 代码	功能	G 代码	功能	G 代码	功能
G00	快速定位	G25/G26	主轴速度限制	G22	半径尺寸
G01	直线插补	G96/G97	恒线速度切削	G23	直径尺寸
G02	顺圆插补	G40	刀尖半径补偿取消	G04	暂停
G03	逆圆插补	G41	刀尖半径左补偿	G42	刀尖半径右补偿
G33	定螺距螺纹切削	G90/G91	绝对/增量尺寸		

4) F、T、S 功能

(1) F 功能：用来指定进给速度，由地址 F 和其后面的数字组成。进给功能是表示进给速度，进给速度是用字母 F 和其后面的若干位数字来表示的。

① 每分钟进给：若系统处于每分钟进给状态，再遇到 F 指令时，便认为 F 所指定的进给速度单位为 mm/min。如 F25.54 即为 F25.54mm/min。

② 每转进给：若系统处于每转进给状态，则认为 F 所指定的进给速度单位为 mm/r。如 F0.2 即为 F0.2mm/r。

(2) T 功能：该指令用来控制数控系统进行选刀和换刀。用地址 T 和其后面的数字来指定刀具号和刀具补偿号。车床上刀具号和刀具补偿号有两种形式，即 T1+1 或 T2+2，具体格式和含义如下。

(3) S 功能：用来指定主轴转速或速度，用地址 S 和其后面的数字组成。主轴转速功能字的地址符是 S，又称为 S 功能或 S 指令，用于指定主轴转速。单位为 r/min。对于具有恒线速度功能的数控车床，程序中可用 S 指令来指定车削加工的线速度值。如 M03S500；表示主轴正转，转速为 500 r/min。

4.1.5　数控车削加工工艺基础

1. 数控车削坐标系统

1) 数控车床坐标系

数控车床以机床主轴轴线为 Z 轴，刀具远离工件方向为 Z 轴的正方向。X 轴平行于横向滑座导轨方向，且垂直于工件旋转轴线，取刀具远离工件的方向为 X 轴的正方向。如图 4.1.14 所示，指向尾座的方向为 Z 轴正方向。使刀具离开工件的方向为 X 轴的正方向。

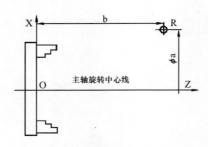

图 4.1.14　数控车床坐标系

数控车床的坐标系是以机床原点建立起来的 X、Z 轴直角坐标系，在出厂前就已经调整好，一般情况下不允许用户随意变动。

数控车床的坐标系原点为机床上的一个固定点，一般为主轴旋转中心与卡盘后端面的交点，即图 4.1.14 中的 O 点。数控车床可设置机床参考点，即图中的 R 点。参考点也是机床上的一个固定点，该点与机床原点的相对位置是固定的，其位置由 X 向与 Z 向的机械挡块来确定，一般设在 X、Z 轴正向的最大极限位置上。当执行回参考点操作时，装在纵向和横向滑座上的行程开关碰到相应的挡块后，向数控系统发出信号，由系统控制滑座停止运动，完成回参考点的操作。目前，大多数数控车床的机床原点与参考点可以重合。

机床通电后，不论刀架位于什么位置，显示器上显示的 Z 与 X 坐标均为零。当完成回参考点的操作后，则显示此时刀架中心在机床坐标系中的坐标，相当于数控系统内部建立了一个以机床原点为坐标原点的机床坐标系。若回参考点后，Z、X 示值均为零，则表明机床原点与参考点重合。实际上，数控车床是通过回参考点的操作建立机床坐标系，参考点是确定机床坐标系位置的基准点。

2) 工件坐标系(编程坐标系)

工件坐标系是编程时使用的坐标系，故又称为编程坐标系。在编程时，应首先确定工件坐标系，工件坐标系的原点也称为工件原点。从理论上讲，工件原点选在任何位置都是可以的，但实际上，为便于编程并使各尺寸较为直观，应尽量把工件原点选得合理些，一般将 X 轴方向的原点设定在主轴中心线上，而 Z 轴方向的原点一般设定在工件的右端面或左端面上，如图 4.1.15 所示。

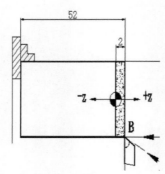

图 4.1.15　工件坐标系

2. 数控车削对刀

在数控车床上加工时，工件坐标系确定好后，还需要确定刀尖点在工件坐标系中的位置，即对刀问题。常用的对刀方法为试切对刀。

如图 4.1.16 所示，试切对刀的具体方法是：如图 4.1.16(a)所示，将工件安装好后，先用手动方式(进给量大时)加步进方式(进给量为脉冲当量的倍数时)或 MDI 方式操作机床，用已装好的刀具将工件端面车一刀，然后保持刀具在 Z 向尺寸不变，沿 X 向退刀。当取工件右端面 O 为工件原点时，对刀输入为 Z0；当取工件左端面 O′为工件原点时，停止主轴转动，需要测量从内端面到加工面的长度尺寸 δ，此时对刀输入为 Zδ。如图 4.1.16(b)所示，用同样的方法，再将工件外圆表面车一刀，然后保持刀具在 X 向尺寸不变，从 Z 向退刀，停止主轴转动，再量出工件车削后的直径值 $\phi\gamma$，根据 δ 和 $\phi\gamma$ 值即可确定刀具在工件坐标系中的位置。其他各刀都需要执行以上操作，以确定每把刀具在工件坐标系中的位置。

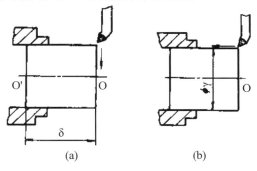

图 4.1.16 数控车床的对刀

3. 数控车削常用指令

不同的数控车床编程功能指令基本相同，但也有个别功能指令的定义有所不同，这里以 SIEMENS 系统为例介绍数控车床的基本编程功能指令。

1) 快速点定位指令(G00)

该指令使刀架以机床厂设定的最快速度按点位控制方式从刀架当前点快速移动至目标点。该指令没有运动轨迹的要求，也不需要规定进给速度。执行该段程序，刀具便快速由当前位置按实际刀具路径移动至指令终点位置。注意，G00 的运动轨迹不一定是直线，若不注意则容易干涉。

指令格式：G00 X____Z____，或 G00 U____W____

指令中的坐标值为目标点的坐标，其中 X(U)坐标以直径值输入。当某一轴上相对位置不变时，可以省略该轴的坐标值。在一个程序段中，绝对坐标指令和增量坐标指令也可混用，如：G00 X____W____，或 G00 U____Z____。

【例题 4.1】快速进刀(G00)编程，如图 4.1.17 所示。

程序：G00 X40 Z2

执行该段程序，刀具便快速由当前位置按实际刀具路径移至指令终点位置。注意：G00 的运动轨迹不一定是直线，若不注意则容易干涉。

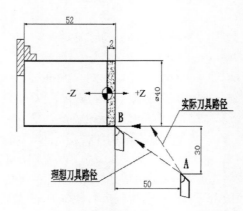

图 4.1.17　G00 指令运用

2) 直线插补指令(G01)

该指令用于使刀架以给定的进给速度从当前点直线或斜线移动至目标点，即可使刀架沿 X 轴方向或 Z 轴方向做直线运动，也可以两轴联动的方式在 X、Z 轴内做任意斜率的直线运动。

指令格式：G01　X＿＿Z＿＿F＿＿

或 G01　U＿＿W＿＿F＿＿

如进给速度 F 值已在前段程序中给定且不需要改变，本段程序可省略；若某一轴没有进给，则指令中可省略该轴指令。

【例题 4.2】外圆锥切削编程，如图 4.1.18 所示。

程序：绝对指令：G01 X40 Z-30 F0.2(直径编程)

增量指令：G01 X20 Z-30 F0.2

　　　　　　G01 U20 W-30 F0.2

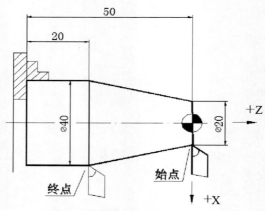

图 4.1.18　G01 指令运用

3) 圆弧插补指令(G02、G03)

该指令用于刀架做圆弧运动以切出圆弧轮廓。G02 为刀架沿顺时针方向做圆弧插补，而 G03 则为沿逆时针方向的圆弧插补。

指令格式：G02 X＿＿Z＿＿I＿＿K＿＿F＿＿，或 G02 X＿＿Z＿＿R＿＿F＿＿

G03 X___Z___I___K___F___ ，或 G03 X___Z___R___F___

上述指令中，X 和 Z 是圆弧的终点坐标，用增量坐标 U、W 也可以，圆弧的起点是当前点；I 和 K 分别是圆心坐标相对于起点坐标在 X 方向和 Z 方向的坐标差，也可以用圆弧半径 R 确定，R 值通常指小于 180º 的圆弧半径。

【例 4.3】顺时针圆弧插补，如图 4.1.19 所示。

G02 X50 Z-20 CR=25 F0.1

4) 暂停指令（G04）

该指令可使刀具作短时间(n 秒钟)的停顿，以进行进给光整加工。主要用于车削环槽、不通孔和自动加工螺纹等场合，如图 4.1.20 所示。

指令格式：G04 P___

指令中 P 后的数值表示暂停时间。

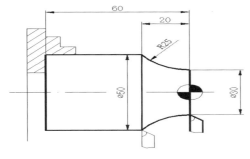

图 4.1.19 G02 指令运用

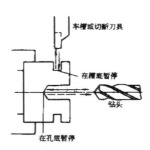

图 4.1.20 暂停指令 G04

4. 刀具半径补偿功能

现在数控车床都具备刀具半径自动补偿功能。编程时只需要按工件的实际轮廓尺寸编程即可，不必考虑刀具的刀尖圆弧半径的大小；加工时由数控系统将刀尖圆弧半径加以补偿，便可加工出所要求的工件。

1) 刀尖圆弧半径的概念

任何一把刀具，不论制造或刃磨得如何锋利，在其刀尖部分都存在一个刀尖圆弧，它的半径值是个难以准确测量的值，如图 4.1.21 所示。

编程时，若以假想刀尖位置为切削点，则编程很简单。但任何刀具都存在刀尖圆弧，当车削圆柱面的外径、内径或端面时，刀尖圆弧的大小并不起作用；但当车倒角、锥面、圆弧或曲面时，就将影响加工精度。图 4.1.22 表示了以假想刀尖位置编程时过切削及欠切削现象。编程时若以刀尖圆弧中心编程，可避免过切和欠切现象，但计算刀位点比较麻烦，并且如果刀尖圆弧半径值发生变化，还需要改动程序。

数控系统的刀具半径补偿功能正是为解决这个问题所设定的。它允许编程者以假想刀尖位置编程，然后给出刀尖圆弧半径，由系统自动计算刀心轨迹，并按刀心轨迹运动，从而消除了刀尖圆弧半径对工件形状的影响，完成加工。

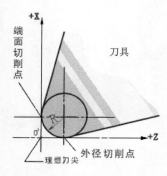

图 4.1.21　刀尖圆弧半径

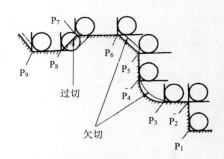

图 4.1.22　过切削及欠切削

2) 刀具半径补偿的实施

(1) G40－解除刀具半径指令：该指令用于解除各个刀具半径补偿功能，应写在程序开始的第一个程序段或需要取消刀具半径的程序段。

(2) G41－刀具半径左补偿指令：在刀具运动过程中，当刀具按运动方向在工件左侧时，用该指令进行刀具半径补偿。

(3) G42－刀具半径右补偿指令：在刀具运动过程中，当刀具按运动方向在工件右侧时，用该指令进行刀具半径补偿。

如图 4.1.23 表示了根据刀具与工件的相对位置及刀具的运动方向，G41 或 G42 指令的选用。

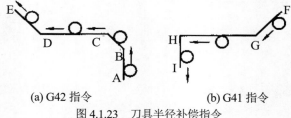

(a) G42 指令　　　　　　　　　　(b) G41 指令

图 4.1.23　刀具半径补偿指令

5. 车削加工循环功能

在数控车床上对外圆柱、内圆柱、端面、螺纹等表面进行粗加工时，刀具往往要多次反复执行相同的动作，直至将工件切削到所要求的尺寸。在一个程序中可能出现很多基本相同的程序段，造成程序冗长的问题。为简化编程，数控系统可以用一个程序段来设置刀具做反复切削，这就是循环功能。固定循环功能包括单一固定循环和复合固定循环功能。

1) 单一固定循环指令

外径、内径切削循环指令 G90 可完成外径、内径及锥面粗加工的固定循环。切削圆柱面的指令格式为：

G90 X(U)__ Z(W)__ (F__)

如图 4.1.24 所示，刀具从循环起点开始按矩形循环，最后又回到循环起点。图中虚线表示按快速运动，实线表示按 F 指定的工作进给速度运动。X 和 Z 表示圆柱面切削终点坐标值，U、W 为圆柱面切削终点相对循环起点的增量值。其加工顺序按①②③④进行。

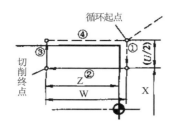

图 4.1.24　G90 切削圆柱面循环动作

【例题 4.4】用 G90 指令编程，工件和加工过程如图 4.1.25 所示，程序如下：

```
G50   X150.0   Z200.0   M08
G00 X94.0 Z10.0 T0101 M03 Z2.0      循环起点
G90   X80.0   Z−49.8   F0.25        循环①
X70.0                               循环②
X60.4                               循环③
G00   X150.0   Z200.0               取消 G90
M02
```

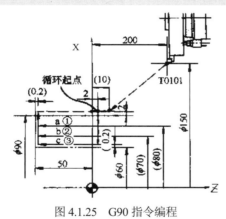

图 4.1.25　G90 指令编程

2）复合固定循环指令

它应用在切除非一次加工即能加工到规定尺寸的场合，主要在粗车和多次切螺纹的情况下使用，如用棒料毛坯车削阶梯相差较大的轴，或切削铸、锻件的毛坯余量时，都有一些多次重复进行的动作。利用复合固定循环功能，只要编出最终加工路线，给出每次切除的余量深度或循环次数，机床即可自动地重复切削，直到工件加工完为止。复合固定循环指令还有端面粗车循环指令 G72、闭合车削循环指令 G73 等，这里不再介绍，请参阅有关资料。

6. 利用子程序编程

子程序调用指令(M98)用来调用于程序；子程序返回指令(M99)表示子程序结束，将使控制系统返回到主程序。

1）子程序的格式

子程序的格式为：

OXXXX；在子程序开头，必须规定子程序号作为调用入口地址

…………

M99；在子程序的结尾用 M99，以使控制系统执行完该子程序后返回到主程序

2）调用子程序的格式

调用子程序的格式如下：

M98 P－L－；式中，P 为被调用的子程序号，L 为重复调用次数

4.1.6 数控车削基本操作及其方法

这里以数控车削系统西门子控制的加工型数控车床 SC6136 为例，介绍有关操作。

观看视频　　　观看视频

1. 操作面板简介

操作面板由 LED 显示屏、NC 键盘区和 MCP 控制区三部分组成。SINUMERIK808D(西门子 808D)操作面板 PPU(面板操作单元)的组成如图 4.1.26 所示，操作面板常用键盘按键及作用见表 4.1.5。

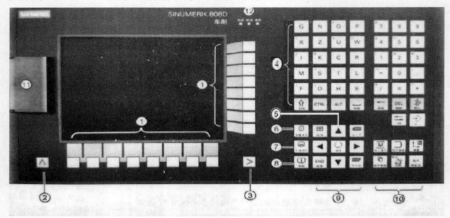

图 4.1.26　操作面板示意图

表 4.1.5　操作面板常用键盘按键及作用

①	垂直及水平软键 调用特定菜单功能	⑦	在线向导键 提供基本调试和操作步骤的分步向导
②	返回键 返回上一级菜单	⑧	帮助键 调用帮助信息
③	菜单扩展键 预留使用	⑨	光标键
④	字母键和数字键 按住以下键可输入相应字母或数字键的上挡键	⑩	操作区域键
⑤	控制键	⑪	USB 接口
⑥	报警清除键 消除用该符号标记的报警和提示信息	⑫	状态 LED

SINUMERIK808D(西门子 808D)机床控制面板如图 4.1.27 所示，控制面板常用键盘按键及作用见表 4.1.6。

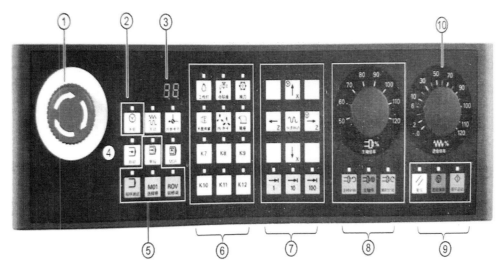

图 4.1.27　控制面板示意图

表 4.1.6　控制面板常用键盘按键及作用

①	急停键 立即停止所有机床运行	⑥	用户定义键(均带有 LED 状态指示灯)
②	手轮键(均带有 LED 状态指示灯) 用手轮控制轴运行	⑦	轴运行键
③	刀具数量显示 显示当前刀具数量	⑧	主轴控制键
④	操作模式键(均带有 LED 状态指示灯)	⑨	程序状态键
⑤	程序控制键(均带有 LED 状态指示灯)	⑩	进给倍率开关 以特定进给倍率运行选中的轴

1) LED 显示屏

它主要用来显示各功能画面信息，在不同功能状态下，它显示的内容也不相同。在显示屏下方，有一排功能软键，通过它们可在不同的功能画面之间切换，显示用户所需要的信息。

2) NC 键盘区

NC 键盘区如图 4.1.28 所示，各个按键的功能见表 4.1.7。

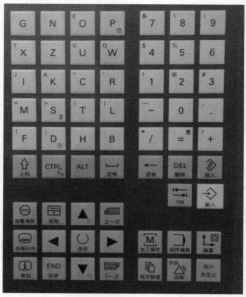

图 4.1.28　NC 键盘区

表 4.1.7　键盘按键功能

按键名称	按键功能	按键名称	按键功能
地址/数字键	用于输入字母、数字以及其他字符	光标移动键	用于在屏幕上移动光标
加工操作	显示位置画面	翻页键（上下键）	用于将屏幕显示内容朝前或朝后翻一页
程序管理	显示程序画面	换挡键	当要输入地址/数字键中右下角字符时用此键
偏置	显示偏置/设置画面	删除	按此键可删除已输入键的输入缓冲器的最后一个字符
诊断键	查找报警故障	输入键	当要把程序输入到输入缓冲器中的数据拷贝到寄存器时，按此键，也可用于换行
程序编辑	用于程序编辑		

表 4.1.8 显示了 SC6136 面板的常用按键功能。

表 4.1.8　SC6136 操作面板和控制面板的常用按键功能

按键	功能	按键	功能	按键	功能
程序管理	打开程序目录	程序编辑	程序编辑方式	MDA	MDA 方式
换刀	切换刀具	回参考点	手动回参考点	手动	手动运行方式

（续表）

按键	功能	按键	功能	按键	功能
手轮	手轮方式选择	工作灯	控制工作灯	冷却液	冷却液电机开关
自动	自动运行方式	单段	程序单段	复位	消除故障等
×100	倍率 0.1	×10	倍率 0.01	×1	倍率 0.001
X	X 轴	Z	Z 轴		主轴倍率
循环启动	循环启动	进给保持	进给保持		进给倍率
顺时针转	主轴正转	逆时针转	主轴反转	主轴停	主轴停
快速移动	快速移动		机床急停	系统诊断	诊断
	进给修调		主轴转速修调		

2. 数控车床的操作

1) 手动操作

(1) 手动返回参考点。按机床操作面板上的"回参考点"键，选择"回参考点"工作方式→进给修调开关打至中挡→选坐标轴 X→按方向键"+"→X 轴即返回参考点，对应的 LED 将闪烁；选坐标轴 Z→按方向键"+"→Z 轴即返回参考点，对应的 LED 将闪烁。

注意：机床回参考点时，必须先回 X 轴，然后回 Z 轴，否则，可能造成刀架与机床尾座发生干涉。

(2) 手动连续进给(JOG)。按机床操作面板上的"手动"键→调整进给修调开关，选择合理的进给速度→根据需要选择相应的坐标轴(X 或 Z)→按住方向键"+"或"−"不放→机床将在对应的坐标轴和方向上产生连续移动；在按某一方向键的同时，按下"快速移动"键，机床将在对应方向上产生快速移动，其速度也可通过进给修调开关调整。

(3) 增量进给。按机床操作面板上的"增量"键，选择"增量进给"工作方式→选取所需的增量倍率(×1、×10、×100)→选择坐标轴(X 或 Z)→按方向键"+"或"−"，每按一下方向键，刀具将在对应的方向上产生一增量位移，每一步可以是最小输入增量单位的 1 倍、10 倍、100 倍(即 0.001mm、0.01mm、0.1mm)。

(4) 手轮进给。按机床操作面板上的"手轮"键，选择"手轮"工作方式→接通"手轮方式选择"按钮→在手轮进给盒上选择所需要的轴(X 或 Z)→在手轮进给盒上选取增量倍率单位(×1、×10、×100)→顺时针(正向)或逆时针(负向)旋转手轮→每摇一个刻度，刀具在对应的轴向上移动 0.001、0.01、0.1mm。

说明： 机床操作面板上的"手轮"按钮接通时，手轮进给盒上的轴向和倍率选择有效；机床操作面板上的"手轮"按钮断开时，机床操作面板上的轴向和倍率选择有效。

2) 程序编辑

(1) 创建新程序。选择"程序测试"工作方式→按 NC 键盘上的"程序"键→在 NC 键盘输入新程序文件名(Oxxxx)→按 NC 键盘上的"输入"键→在 NC 键盘手动输入程序，或通过通信传输传入程序，内容将在屏幕上显示出来。

观看视频

(2) 程序查找。选择"程序测试"工作方式→按 NC 键盘上的"程序管理"键→通过 NC 键盘输入要查找的程序文件名(Oxxxx)→在 NC 键盘上输入屏幕上即可显示要查找的程序内容。

(3) 程序修改。在"程序编辑"工作方式下调入要修改的程序→使用 NC 键盘上的光标移动键和翻页键，将光标移至要修改的字符处→通过 NC 键盘输入要修改的内容→按 NC 键盘上的程序编辑键对程序内容进行"替代""插入"或"删除"等操作。

(4) 程序删除。在"程序编辑"工作方式下，输入要删除的程序文件名(Oxxxx)→按 NC 键盘上的"删除"(DELETE)键，即可删除该程序文件。

(5) 程序中字符的查找。在"程序编辑"工作方式下调入要修改的程序→通过 NC 键盘输入要查找的字符→按 NC 键盘的↑或↓软键，即可按要求向上或向下检索到要查找的字符。

3) 自动运行

(1) 程序的调入。按机床操作面板上的程序编辑键，选择"程序测试"工作方式→按程序管理键→在键盘上输入要调入的程序文件名(O××××)→按输入键，显示屏上将显示出调入的程序信息。

(2) 程序的校验。按机床操作面板上的自动运行(AUTO)键，选择"自动运行"工作方式→根据需要按下"单段"或"自动""程序测试有效""空运行 DRY"→设置合理的图形显示参数→再按"实时图形"软键，显示屏上将出现一个坐标轴图形→在机床操作面板上选取合理的进给倍率→按机床操作面板上的"循环启动"键，即可进行程序校验，屏幕上将同时绘出刀具运动轨迹。

注意事项：

① "单段""进给锁住""空运行"，可根据需要单独选取或同时选取。

② 若选取了"程序单段"，则系统每执行完一个程序段就会暂停，此时必须反复按"循环启动"键。

③ 在程序校验过程中，要预防换刀时刀具与工件或尾座发生干涉。

④ 程序校验完毕，要及时将"程序测试有效""空运行"键关闭，并进行坐标复位。

(3) 自动加工。在"程序测试"工作方式下调入程序→系统工作方式切换到"自动"→通过校验确认程序准确无误后，选择合理的进给倍率和加工过程显示方式→按下机床操作面板上的"循环启动"键，即可进行自动加工。

说明： 加工过程中，可根据需要选择所需的显示方式，如图形(刀具运动轨迹)显示、程序内容显示、坐标位置显示等。

(4) 加工过程处理。

① 加工暂停：按"进给保持"键暂停执行程序→按"点动"键将系统工作方式切换到"点动"→按"主轴停"可停主轴。

② 加工恢复：在"点动"工作方式下按"主轴正转"键→将工作方式重新切换到"自动"→按"循环启动"键即可恢复自动加工。

③ 加工取消：加工过程中若想退出，可按键盘上的"复位"(RESET)键或者按下急停键退出加工。

4.1.7　数控车加工实例

观看视频　　观看视频

实习内容

了解数控车削加工的工艺知识、数控坐标系、编程代码、刀具选择与刀具补偿、编程示例、等距离螺纹切削指令等。熟练使用上海西格玛机床有限公司 SINUMERIK808D 数控车床。详细了解机床的面板操作、程序编写与修改、程序仿真与修改、对刀及刀具位置检查、自动运行加工等内容。

1) 实习目的及要求

熟悉数控车削系统，学会手工编制数控车削加工程序，掌握数控车床 SC6136 的基本操作。

2) 实习设备

数控车床 SC6136，配 SIEMEMS 数控车削系统及必要的刀具、量具等。

3) 实习准备工作

(1) 工艺分析

加工如图 4.1.29 所示零件，材料为 45 钢，毛坯外径为 φ34mm。以工件右端面中心 O 为原点建立工件坐标系，起刀点设在坐标(30, 2)处。因切削余量较大，可选用基准刀(外圆车刀，刀号设为 1)进行外径加工，选用 3 号刀进行切槽和切断，切削用量的选择参见程序。

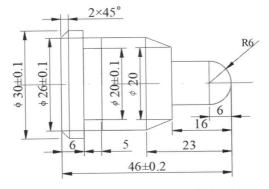

图 4.1.29　加工型数控车床加工实例零件

(2) 编制零件数控加工程序。

根据以上加工工艺的分析，编制参考程序见表 4.1.9。

表 4.1.9　零件加工参考程序

AB0001	N230 X0
N10 G00 X100 Z100	N240 G03 X12 Z-6 CR=6 F0.1
N20 T1D1	N250 G00 Z2
N30 M03 S500	N260 G01 X20 Z-16
N40 G00 X30 Z2	N270 X26 Z-23
N50 G01 X30 Z-46 F0.2	N280 G00 X45
N60 G00 X45	N290 Z-44
N70 Z2	N300 G01 X30 Z-44
N80 X26	N310 X26 Z-46
N90 G01 X26 Z-40	N320 G00 X100
N100 G00 X45	N330 Z100
N110 Z2	N340 T3D1
N120 X20	N350 G00 X45 Z-33
N130 G01 X20 Z-16	N360 G01 X20 Z-33 F0.1
N140 G00 X45	N370 G00 X45
N150 Z2	N380 Z-51
N160 X12	N390 G01 X2
N170 G01 X12 Z-16	N400 G00 X100
N180 G00 X45	N410 Z100
N190 Z2	N420 M05
N200 X6	N430 M30
N210 G01 X12 Z-3	
N220 G00 Z2	

4) 实习操作步骤

(1) 学生对数控车削实习项目有基本了解和认知。

能看懂简单轴类零件图纸及工艺分析；了解机床坐标系和工件坐标系的区别；零件加工表面刀具的选择；数控车西门子 808D 系统的程序代码与格式、简单轴类零件的编程。

(2) 掌握零件编程过程中刀具分层切削理论。

注意：以上两步可要求学生在实习操作步骤前完成。

(3) 熟练掌握机床面板操作。

(4) 开机步骤。

① 启动白色按键，开机。

② 消除报警(消除机床开机时的报警，可按诊断键查询报警信息)。

③ 回参考点。

(5) 熟练掌握机床控制面板操作。

① "REF 回参考点"按键，用于回参考点。

② "点动方式"键(手动键)可进行换刀、刀架移动、主轴的旋转及停止。

③ "增量选择"键(挡位键)可用于在"手轮"方式下进行倍率选择。

④ "MDA 方式"键用于刀具位置的检查。

⑤ "单段方式"键与自动键，用于仿真模拟与加工零件。

(6) 程序的输入、仿真、自动加工。

新建文件夹后输入新程序名，输入程序。输入程序后，机床会自动保存程序。可进入仿真界面对程序进行仿真，了解程序是否可行。进入自动方式，选定加工程序，选定"空运行"DRY和"程序测试有效"PRT。仿真结束后，要取消"空运行"和"程序测试有效"，才能进行自动加工。否则，自动运行时，刀具会以快速定位的方式运行，而发生事故。

(7) 对刀及自动加工：通过刀具对工件进行试切削，确定工件坐标系与机床坐标系之间的空间位置关系。步骤如下。

① 工件安装：夹持工件伸出卡盘长度，比实际零件长约 20～25mm 为宜，需要夹紧工件。

② 对刀步骤：我们采用试切法对刀(以右偏刀、外螺纹刀、切断刀为例)。

- 右偏刀：将右偏刀置于工件右端面，选择 10 倍率，选择 Z 轴，启动主轴，操作手轮，使刀具主刀刃轻轻地接触工件右平面，沿 X 轴正方向退出，将手轮停在整数位。沿 Z 轴方向手轮进 30~50 小格，手动车平端面，沿 X 轴方向退出，停车后输入 Z 轴 0.00(输入过程省略)。

- 外螺纹车刀：将刀架退到安全位置，换螺纹车刀，将螺纹车刀刀尖置于工件 Z0 位置(即通过右偏刀车平的端面)，观察刀尖是否和工件端面平行，输入数据的方法和前面相同。外螺纹刀 X 轴方向的对刀和右偏刀基本一致，但 X 轴进刀尺寸较小。

- 切断刀：将刀架退到安全位置，换切断刀，启动主轴，将切断刀刀尖轻轻接触工件的右端面，沿 X 轴方向退出，停车。输入数据的方法和前面相同。切断刀置于工件外圆距右端面约 5mm 处，启动主轴，沿 X 轴的方向，轻轻接触外圆，沿 Z 轴退出后输入 X 轴直径数据(输入过程省略)。

- 对刀检验：手动退刀至安全位置，选择 MDA 方式。

输入 G00X100Z100 换刀点→输入 T1D1 选择刀具→输入 G00X100Z50-X50Z0(检查 Z 轴)→输入 Z2-X(直径测量值)-G00X100Z100 退刀，其他两把刀具采用同样方法检验。

- 自动加工：按复位键，转为自动。选择程序，取消"空运行 DRY""程序测试 PRT"，选择单段键加工。关防护门，按启动键，加工过程要仔细观察，发现任何意外，马上按下紧急停止键。

(8) 零件检测：加工完成后，检测零件尺寸及误差，可以判断对刀的准确程度。

(9) 加工结束后，关机，清理机床。

4.2 数控铣

4.2.1 概述

观看视频

数控铣床是出现和使用最早的数控车床，在制造业中具有举足轻重的地位，现在应用日益广泛的加工中心也是在数控铣床的基础上发展起来的。数控铣床在汽车、航空航天、军工、模具等行业得到了广泛应用，主要用于加工各种材料，如黑色金属、有色金属及非金属等，可加工的零件类型有平面轮廓零件、空间曲面零件、孔和螺纹等。加工的尺寸公差等级一般为 IT9 至 IT7，表面粗糙度值为 Ra3.2μm 至 0.4μm。

数控铣床(Numerical Control Milling Machine)适用于各种箱体类和板类零件的加工。它的机械结构除基础部件外，还包括主传动系统和进给传动系统，实现工件回转、定位的装置，实现某些部件动作和辅助功能的装置(如液压、气动、冷却等系统和排屑、防护等装置)，实现特殊功能装置(如刀具破损监视、精度检测和监控装置)。铣削加工是机械加工中最常用的加工方法之一，它主要包括平面铣削和轮廓铣削，也可以对零件进行钻、扩、铰、镗及螺纹加工等。

4.2.2 数控铣床分类与结构特点

按机床主轴的布置形式及机床的布局特点，数控铣床可分为数控立式铣床、数控卧式铣床、数控龙门铣床、多轴数控铣床等。

1. 立式数控铣床

立式数控铣床的主轴轴线垂直于机床工作台，如图 4.2.1 所示。其结构形式多为固定立柱，工作台为长方形。一般工作台不升降，主轴箱做上下运动。

图 4.2.1 立式数控铣床

立式数控铣床一般具有 X、Y、Z 三个直线运动的坐标轴，适合加工盘、套、板类零件，也可以采取附加数控转盘等措施来扩大它的功能及加工范围，进一步提高生产效率。

立式数控铣床操作方便，工件装夹方便，加工时便于观察，但受立柱高度及换刀装置的限制，不能加工太高的零件，在加工型腔或下凹的型面时，切屑不易排出，严重时会损坏刀具，破坏已加工表面，影响加工的顺利进行。

2. 卧式数控铣床

卧式数控铣床的主轴轴线平行于水平面，如图 4.2.2 所示。为了扩大加工范围和扩充功能，一般配有数控回转工作台或万能数控转盘来实现四坐标、五坐标加工，这样不但工件侧面上的连续轮廓可以加工出来，而且可以实现在一次安装过程中，通过转盘改变工位，进行"四面加工"。尤其是万能数控转盘可以把工件上各种不同的角度或空间角度的加工面摆成水平来加工，这样可以省去很多专用夹具或专用角度的成形铣刀。虽然卧式数控铣床在增加了数控转盘后很容易做到对工件进行"四面加工"，使其加工范围更加广泛，但从制造成本上考虑，单纯的卧式数控铣床现在已比较少，而多是在配备自动换刀装置(ATC)后成为卧式加工中心。

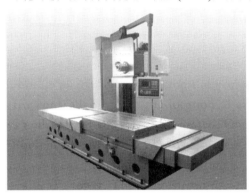

图 4.2.2　卧式数控铣床

卧式数控铣床的主轴与机床工作台平行，与立式数控铣床相比较，其排屑顺畅，有利于加工，但加工时不便于观察。

3. 龙门数控铣床

龙门式数控铣床具有双立柱结构，主轴多为垂直设置，这种结构形式进一步增强了机床的刚性，如图 4.2.3 所示。数控龙门铣床有工作台移动和龙门架移动两种形式。主要用于大、中等尺寸，大、中等质量的各种基础大件，板件、盘类件、壳体件和模具等多品种零件的加工，工件一次装夹后可自动、高效、高精度地连续完成铣、钻、钟和铰等多种工序的加工，适用于航空、重机、机车、造船、机床、印刷、轻纺和模具等制造行业。

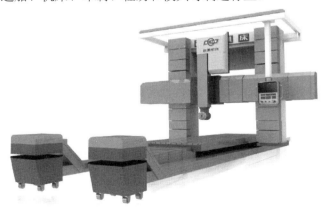

图 4.2.3　龙门数控铣床

4. 多轴数控铣床

联动轴数在三轴以上的数控机床称为多轴数控机床，如图 4.2.4 所示。常见的多轴数控铣床有四轴四联动、五轴四联动、五轴五联动等类型。在多轴数控铣床上，工件一次安装后，能实现除安装面以外的其余 5 个面的加工，零件加工精度进一步提高。

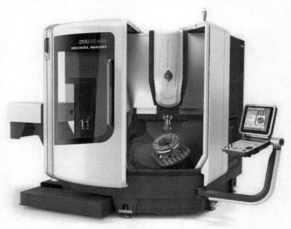

图 4.2.4　多轴数控铣床

4.2.3　适合数控铣削加工的零件

根据数控铣床的特点，适合数控铣削的零件主要有以下几类。

(1) 平面类零件。加工面平行或垂直于水平面，或加工面与水平面的夹角为定角的零件称为平面类零件，如图 4.2.5 所示。这类零件的特点是各个加工面是平面或可以展开成平面。平面类零件是数控铣削加工中最简单的一类零件，一般只需要用三坐标数控铣床的两坐标联动(即两轴半坐标联动)就可以完成加工。

图 4.2.5　轮毂

(2) 变斜角类零件。加工面与水平面的夹角呈连续变化的零件称为变斜角类零件，如图 4.2.6 所示。变斜角类零件的变斜角加工面不能展开为平面，但在加工中，加工面与铣刀圆周的瞬时接触为一条线。最好采用四坐标、五坐标数控铣床摆角加工，若没有上述机床，也可采用三坐标数控铣床进行两轴半近似加工。

图 4.2.6　叶轮

(3) 孔类零件。既有平面又有孔系的零件，如图 4.2.7 所示，主要是指箱体类零件和盘、套、板类零件。加工这类零件时，最好在一次安装中完成零件上平面的铣削、孔系的钻削及攻螺纹等多工序加工，以保证该类零件各加工表面间的相互位置精度。

图 4.2.7　发动机箱体

(4) 曲类零件。加工面为空间曲面的零件为曲面类零件，如图 4.2.8 所示。曲类零件不能展开为平面。加工时，铣刀与加工面始终为点接触，一般采用球头铣刀在三轴或多轴加工中心上进行精加工。

图 4.2.8　加工曲面

4.2.4　数控铣削编程基础

1. 数控铣削编程的特点

(1) 数控铣床的数控装置具有多种插补方式，一般都具有直线插补和圆弧插补，有的还具有抛物线插补、极坐标插补和螺旋线插补等多种插补功能。编程时可充分地合理选择这些功能，以提高数控铣床的加工精度和效率。

(2) 程序编制时要充分利用数控铣床齐全的功能，如刀具长度补偿、刀具半径补偿和固定循环、对称加工等功能。

(3) 由直线、圆弧组成的平面轮廓铣削的数学处理比较简单。非圆曲线、空间曲线和曲面的轮廓铣削加工，一般要采用计算机辅助自动编程。

2. 加工程序代码标准

数控加工所编制的程序，要符合具体的数控系统的格式要求。目前使用的数控系统有上百种，我国大部分都使用法兰克(Fanuc)或西门子(Siemens)数控系统，二者都符合 ISO 或 EIA 标准，但在具体格式上还有区别，见表 4.2.1。

表 4.2.1　法兰克西门子数控系统在程序格式上的区别

控制系统 项　目	Fanuc	Siemens
代码标准	ISO 或 EIA	ISO 或 EIA
程序段格式	字地址程序段格式	字地址程序段格式
程序名	O×××	英文字母、数字及下画线构成，开头必须是字母，最多 8 个字符
主程序名	O××××	: ×××
子程序名	O××××	英文字母、数字及下画线构成，开头必须是字母，最多 8 个字符
程序段结束符	;	LF
注释符	(　　　　)	;
程序结束指令	M30	M02

3. 数控铣床坐标系

为了确定机床的运动方向和移动距离，就要在机床上建立一个坐标系，该坐标系称为机床坐标系。

1) 机床原点

机床原点又称为机械原点，是机床坐标系的原点。该点是机床上一个固定的点，其位置是由机床设计和制造单位确定的，通常不允许用户改变。机床原点是工件坐标系、机床参考点的基准点，也是制造和调整机床的基础。

大多数数控机床上电时并不知道机床原点的位置，所以开机第一步总是先进行返回参考点(即所谓的机床回零)操作，使刀具或工作台退到机床参考点。开机回参考点的目的是建立机床坐标系，并确定机床坐标系原点的位置，即机床原点通过机床参考点间接确定。

2) 工件坐标系和工件原点

机床坐标系的建立保证了刀具在机床上的正确运动。但是，由于程序编制通常是针对某一工件零件的图样来进行，为便于编程，加工程序的坐标原点一般都与零件图样的尺寸基准相一致。因此，编程时还需要建立工件坐标系。

工件原点即工件坐标系的原点，其位置根据工件的特点人为设定，也称编程原点，如图 4.2.9 所示。工件坐标系的原点选择要尽量满足编程简单，尺寸换算少，引起的加工误差小等条件。在数控铣床上加工工件时，工件原点应选在零件的尺寸基准上，以便于坐标值的计算。

对于对称零件，一般以工件的对称中心作为 XY 平面的工件原点；对于非对称零件，一般取进刀方向一侧工件外轮廓的某个垂直交角处作为工件原点，这样便于计算坐标值。Z 轴方向的工件原点通常设在工件的上表面，并尽量选在精度较高的工件表面上。

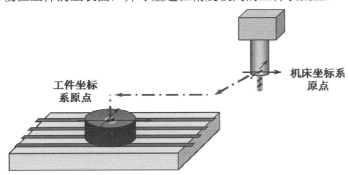

图 4.2.9 工件原点和机床原点的位置关系

3) 对刀

同一工件，工件原点位置变了，程序段中的坐标尺寸也会随之改变，因此数控编程时，应该首先确定工件原点在机床坐标系中的位置，即建立工件坐标系与机床坐标系之间的关系。工件原点的确定是通过对刀来完成的。

此外，在数控加工中，由于数控机床上装的每把刀的半径、长度尺寸或位置都不同，即各刀的刀位点都不重合，工件坐标系确定后，还要确定刀位点在工件坐标系中的位置。所谓刀位点是指编制加工程序时用于表示刀具的特征点。例如，面铣刀、立铣刀和钻头的刀位点是其底面中心；球头铣刀的刀位点是球头球心。数控加工程序控制刀具的运动轨迹，实际上是控制刀位点的运动轨迹。

工件坐标系原点通常是通过零点偏置的方法进行设定，其设定过程为：选择装夹后的工件的坐标系原点，找出该点在机床坐标系中的绝对坐标值(图 4.2.10 中 $-a$、$-b$ 和 $-c$ 值)，将这些值通过机床操作面板输入机床偏置存储器参数中，从而将机床坐标系原点偏置至工件坐标系原点。

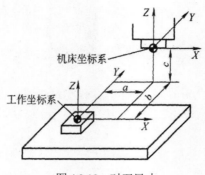

图 4.2.10　对刀尺寸

4) 刀具补偿

刀具补偿功能用来补偿刀具实际安装位置(或实际刀尖圆弧半径)与理论编程位置(或刀尖圆弧半径)之差的一种功能。

利用数控系统的刀具补偿功能,包括刀具半径及长度补偿,使编程时不需要考虑刀具的实际尺寸,而按照零件的轮廓计算坐标数据,有效地简化了数控加工程序的编制。在实际加工前,将刀具的实际尺寸输入数控系统的刀具补偿值寄存器中。在程序执行过程中,数控系统根据加工程序调用这些补偿值并自动计算实际的刀具中心运动轨迹,控制刀具完成零件的加工。当刀具半径或长度发生变化时,不必修改加工程序,只需要修改刀具补偿值寄存器中的补偿值即可。

(1) 刀具半径补偿

在轮廓加工过程中,由于刀具总有一定的半径(如铣刀半径)。刀具中心的运动轨迹并不等于所需加工零件的实际轨迹,而是偏移轮廓一个刀具半径值,这种偏移习惯上称为刀具半径补偿,如图 4.2.11 所示。

G41:刀具半径左补偿(从刀具的进给方向看,刀具中心在工件左侧)。

G42:刀具半径右补偿(从刀具的进给方向看,刀具中心在工件右侧)。

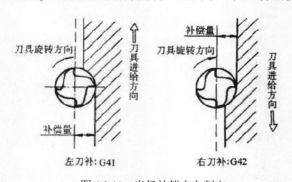

图 4.2.11　半径补偿方向判定

(2) 刀具长度补偿

使用刀具长度补偿功能,在编程时可以不考虑刀具在机床主轴上装夹的实际长度,而只需要在程序中给出刀具端刃的 Z 坐标,具体的刀具长度由 Z 向对刀来协调。在数控立式铣床上,当刀具磨损或更换刀具使 Z 向刀尖不在原初始加工的编程位置时,必须在 Z 向进行补偿。以保证加工深度仍然达到原设计尺寸要求,如图 4.2.12 所示。

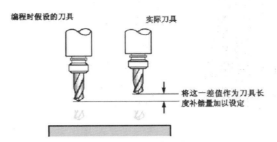

图 4.2.12　长度补偿

4.2.5　数控铣床基本操作及其方法

1. 数控系统简介

观看视频

这里以 Fanuc Oi-MF 数控系统为例，介绍数控铣削的操作。数控系统面板由系统操作面板和机床控制面板组成。

1) 系统操作面板

系统操作面板包括 CRT 显示区、MDI 编辑面板。

(1) CRT 显示区：位于整个机床面板的左上方。包括显示区和屏幕下方相对应的白色功能软键，如图 4.2.13 所示。

图 4.2.13　CRT 显示区

(2) 编辑操作面板(MDI 面板)：一般位于 CRT 显示区的右侧。MDI 面板上键的位置，如图 4.2.14 所示，各按键的名称及功能见表 4.2.2 和表 4.2.3。

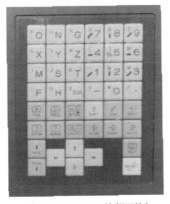

图 4.2.14　MDI 编辑面板

表 4.2.2　MDI 面板上主功能键与功能说明

序号	按键符号	名称	功能说明
1		位置显示键	显示刀具的坐标位置
2		程序显示键	在 Edit 模式下显示存储器内的程序；在 MDI 模式下，输入和显示 MDI 数据；在 AOTO 模式下，显示当前待加工或者正在加工的程序
3	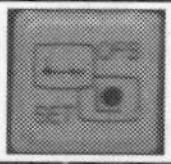	参数设定/显示键	设定并显示刀具补偿值、工件坐标系以及宏程序变量
4		系统显示键	系统参数设定与显示，以及自诊断功能数据显示等
5		报警信息显示键	显示 NC 报警信息
6		图形显示键	显示刀具轨迹等图形

表 4.2.3　MDI 面板上其他按键与功能说明

序号	按键符号	名称	功能说明
1		复位键	用于所有操作停止或解除报警，CNC 复位
2		帮助键	提供与系统相关的帮助信息
3		删除键	在 Edit 模式下，删除已输入的字及 CNC 中存在的程序
4		输入键	加工参数等数值的输入
5		取消键	清除输入缓冲器中的文字或者符号
6		插入键	在 Edit 模式下，在光标后输入的字符
7		替换键	在 Edit 模式下，替换光标所在位置的字符
8		上挡键	用于输入处在上挡位置的字符
9	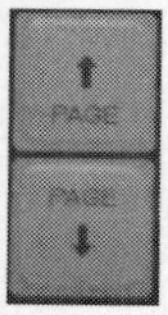	光标翻页键	向上或者向下翻页

(续表)

序号	按键符号	名称	功能说明
10		程序编辑键	用于 NC 程序的输入
11		光标移动键	用于改变光标在程序中的位置

2) 机床控制面板

数控系统的控制面板通常在 CRT 显示区的下方，如图 4.2.15 所示，各按键(旋钮)的名称及功能见表 4.2.4。

图 4.2.15　数控系统的控制面板

表 4.2.4　数控系统的控制面板各按键及功能

序号	按键、旋钮符号	按键、旋钮名称	功能说明
1		系统电源开关	按下左边绿色键，机床系统电源开； 按下右边红色键，机床系统电源关
2		急停按键	紧急情况下按下此按键，机床停止一切的运动
3		循环启动键	在 MDI 或者 MEM 模式下，按下此键，机床自动执行当前程序
4		循环启动停止键	在 MDI 或者 MEM 模式下，按下此键，机床暂停程序自动运行，直接再一次按下循环启动键

(续表)

序号	按键、旋钮符号	按键、旋钮名称	功能说明
5		进给倍率旋钮	以给定的 F 指令进给时，可在 0~200%的范围内修改进给率。JOG 方式时，亦可用其改变 JOG 速率
6		机床的工作模式	①DNC：DNC 工作方式；② EDIT：编辑方式；③MEM：自动方式；④ MDI：手动数据输入方式；⑤MPG：手轮进给方式；⑥RAPID：手动快速进给方式；⑦JOG：手动进给方式；⑧ZRN：手动返回机床参考零点方式
7		快速倍率旋钮	用于调整手动或者自动模式下快速进给速度；在 JOG 模式下，调整快速进给及返回参考点时的进给速度
8		主轴倍率旋钮	在自动或者手动操作主轴时，转动此旋钮可以调整主轴的转速
9		轴进给方向键	在 JOG 或者 RAPID 模式下，按下某一运动轴按键，被选择的轴会以进给倍率的速度移动，松开按键则轴停止移动
10		主轴顺时针转按键	按下此键，主轴顺时针旋转
11		主轴逆时针转按键	按下此键，主轴逆时针旋转
12		机床锁定键	在 MEM 模式下，此键 ON 时(指示灯亮)，系统连续执行程序，但机床所有的轴被锁定，无法移动

(续表)

序号	按键、旋钮符号	按键、旋钮名称	功能说明
13	程序跳段 BDT	程序跳段键	在 MEM 模式下，此键 ON 时(指示灯亮)，程序中"/"的程序段被跳过执行；此键 OFF 时(指示灯灭)，完成执行程序中的所有程序段
14	Z轴锁定 ZLK	Z 轴锁定键	在 MEM 模式下，此键 ON 时(指示灯亮)，机床 Z 轴被锁定
15	选择停止 OPT	选择停止键	在 MEM 模式下，此键 ON 时(指示灯亮)，程序中的 M01 有效，此键 OFF 时(指示灯灭)，程序中 M01 无效
16	机械空运 DRN	空运行键	在 MEM 模式下，此键 ON 时(指示灯亮)，程序以快速方式运行；此键 OFF 时(指示灯灭)，程序以所指定的进给速度运行
17	单节执行 SBK	单段执行键	在 MEM 模式下，此键 ON 时(指示灯亮)，每按一次循环启动键，机床执行一段程序后暂停；此键 OFF 时(指示灯灭)，每按一次循环启动键，机床连续执行程序段
18	MS1锁住 MST LK	辅助功能键	在 MEM 模式下，此键 ON 时(指示灯亮)机床辅助功能指令无效
19	吹气 AIR BLOW	空气冷气键	按此键可控制空气冷却功能的打开或者关闭
20	冷却液 COOLANT	冷却液键	按此键可控制冷却液的打开或者关闭
21	工作灯	机床照明键	此键 ON 时，打开机床的照明灯； 此键 OFF 时，关闭机床的照明灯

2. 开机操作

1) 开机

在操作机床之前必须检查机床是否正常，并使机床通电，开机顺序如下。

(1) 先开机床总电源。

(2) 然后开机床稳压器电源。

(3) 开机床电源。

(4) 开数控系统电源(按控制面板上的 POWER ON 按钮)。

(5) 最后把系统急停键旋起。

观看视频

2) 机床手动返回参考点

CNC 机床上有一个确定的机床位置的基准点,这个点叫做参考点。通常机床开机后,第一件要做的事情就是使机床返回到参考点位置。如果没有执行返回参考点就操作机床,机床的运动将不可预料。行程检查功能在执行返回参考点之前不能执行。机床的误动作可能造成刀具、机床本身和工件的损坏,甚至伤害到操作者。所以机床接通电源后必须正确地使机床返回参考点。机床返回参考点有手动返回参考点和自动返回参考点两种方式。一般情况下都是手动返回参考点。

手动返回参考点就是用操作面板上的开关或者按钮将刀具移动到参考点位置。具体操作如下。

(1) 先将机床工作模式旋转到 ZRN 方式。

(2) 按机床控制面板上的+Z 轴,使 Z 轴回到参考点(指示灯亮)。

(3) 再按+X 轴和+Y 轴,两轴可以同时返回参考点。

3) 关机

关闭机床顺序步骤如下。

(1) 首先按下数控系统控制面板的急停按钮。

(2) 按下 POWER OFF 按钮关闭系统电源。

(3) 关闭机床电源。

(4) 关闭稳压器电源。

(5) 关闭总电源。

观看视频

注意:在关闭机床前,尽量将 X、Y、Z 轴移动到机床的大致中间位置,以保持机床的重心平衡。同时方便下次开机后返回参考点时,防止机床移动速度过大而超程。

4) 手动模式操作

手动模式操作有手动连续进给和手动快速进给两种。

在手动连续进给(JOG)方式中,按住操作面板上的进给轴(+X、+Y、+Z 或者-X、-Y、-Z),会使刀具沿着所选轴的所选方向连续移动。JOG 进给速度可通过进给速率旋钮进行调整,如图 4.2.16 所示。

在手动快速进给(RAPID)模式中,按住操作面板上的进给轴及方向,会使刀具快速移动。RAPID 移动速度通过快速速率旋钮进行调整,如图 4.2.17 所示。

图 4.2.16　JOG 进给速率旋钮

图 4.2.17　RAPID 快速进给速率旋钮

JOG 操作的步骤如下。

(1) 按下方式选择开关的 JOG 选择开关。

(2) 通过进给轴(+X、+Y、+Z 或者-X、-Y、-Z),选择将要使刀具沿其移动的轴和方向。按下相应的按钮时,刀具以参数指定的速度移动。释放按钮,移动停止。

RAPID 的操作与 JOG 方式相同，只是移动速度不一样，其移动速度跟程序指令 G00 的一样。

注意： 手动进给和快速进给时，移动轴的数量可以是 XYZ 中的任意一个轴，也可以是 XYZ 三个轴中的任意 2 个轴一起联动，甚至是 3 个轴一起联动，具体根据数控系统参数设置而定。

5) 手轮模式操作

数控系统中，手轮是一个与数控系统以数据线相连的独立个体，由控制轴旋钮、移动量旋钮和手摇脉冲发生器组成，如图 4.2.18 所示。

图 4.2.18 手轮

在手轮进给方式中，刀具可通过旋转机床操作面板上的手摇脉冲发生器微量移动。手轮旋转一个刻度时，刀具移动的距离根据手轮上的设置有 3 种不同的移动距离，分别为 0.001mm、0.01mm、0.1mm。具体操作如下。

(1) 将机床的工作模式拧到手轮 MPG 模式。

(2) 在手轮中选择要移动的进给轴，并选择移动一个刻度移动轴的移动量。

(3) 旋转手轮的转向向对应的方向移动刀具，手轮转动一周时，刀具的移动相当于 100 个刻度的对应值。

注意： 手轮进给操作时，一次只能选择一个轴的移动。手轮旋转操作时，请按 5r/s 以下的速度旋转手轮。如果手轮旋转的速度超过 5r/s，刀具可能在手轮停止旋转后还不能停止下来或者刀具移动的距离与手轮旋转的刻度不相符。

6) 手动数据输入(MDI 模式)

在 MDI 方式中，通过 MDI 面板，可以编制最多 10 行的程序并被执行，程序的格式和普通程序一样。MDI 用于简单的测试操作，如检验工件坐标位置、主轴旋转等。MDI 方式中编制的程序不能被保存，运行完 MDI 上的程序后，该程序会消失。

使用 MDI 键盘输入程序并执行的操作步骤如下。

观看视频

(1) 将机床的工作方式设置为 MDI 方式。

(2) 按下 MDI 操作面板上的 PROG 功能键选择程序屏幕。通过系统操作面板输入一段程序，例如输入 S1000 M03。

(3) 按下 EOB 键，再按下 INPUT 键，则程序结束符号被输入。

(4) 按循环启动按钮，则机床执行之前输入的程序。例如，S1000 M03 程序段的意思是主轴顺时针旋转 1000 r/min。

7) 程序创建和删除

(1) 程序的创建。首先进入 EDIT(编辑)方式，然后按下 PROG 键，输入地址键 O，输入要创建的程序号，如 O0001，最后按下 INSERT 键，输入的程序号被创建。然后按编制好的程序输入相应的字符和数字，再按下 INPUT 键，程序段内容被输入。

(2) 程序的删除。让系统处于 EDIT 方式，按下功能键 PROG，显示程序显示画面，输入要删除的程序名：如 O0001，再按下 DELETE 键，则程序 O0001 被删除。如果要删除存储器里的所有程序则输入 O9999，再按下 DELETE 键即可。

8) 程序自动运行操作

机床的自动运行也称为机床的自动循环。确定程序及加工参数正确无误后，选择自动加工模式，按下数控启动键运行程序，对工件进行自动加工。程序自动运行操作如下。

(1) 按下 PROG 键显示程序屏幕。

(2) 按下地址键"O"，用数字键输入要运行的程序号。

(3) 按下机床操作面板上的循环启动(CYCLE START)键。所选择的程序会启动自动运行，启动键的灯会亮。当程序运行完毕后，指示灯会熄灭。

在中途停止或暂停自动运行时，可按下机床控制面板上的暂停(FEED HOLD)键，暂停进给指示灯亮，并且循环指示灯熄灭。执行暂停自动运行后，如果要继续自动执行该程序，则按下循环启动键(CYCLE START)，机床会接着之前的程序继续运行。

要终止程序的自动运行操作，可按下 MDI 面板上的 RESET 键，此时自动运行被终止，并进入复位状态。当机床在移动过程中，按下 RESET 键时，机床会减速直到停止。

4.2.6　数控铣加工实例

平面内轮廓零件如图 4.2.19 所示。已知毛坯尺寸为 70mm×70mm×20mm 的长方料，材料为 45 钢，按单件生产安排其数控加工工艺，试编写出该零件的加工程序并利用数控铣床加工出该工件。

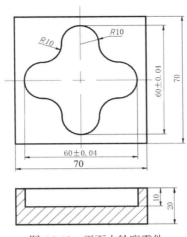

图 4.2.19　平面内轮廓零件

1. 加工工艺方案

1) 加工工艺路线

(1) 切入、切出方式选择。削封闭内轮廓表面时，刀具无法沿轮廓线的延长线方向切入、切出，只能沿法线方向切入、切出，或沿圆弧切入、切出。切入、切出点应选在零件轮廓两个几何要素的交点上，而且进给过程中要避免停顿。

(2) 削方向选择。一般采用顺铣，即在削内轮廓时采用沿内轮廓逆时针的铣削方向比较好。

(3) 铣削路线。凸台轮廓的粗加工采用分层铣削的方式由中心位置处下刀，采用环切的切削方法进行铣削，去除多余材料。粗加工与精加工的切削路线相同。

2) 工、量、刃刀具选择

可参考表 4.2.5。

表 4.2.5　工、量、刃刀具选择

种类	序号	名称	规格	精度/mm	数量	备注
工具	1	平口钳	QH135		1	装夹毛坯
	2	扳手			1	
	3	平行垫铁			1	支撑平口钳底部
	4	塑胶锤			1	
	5	寻边器	10	0.002	1	
	6	Z 轴设定器	50	0.01	1	
量具	7	游标卡尺	0～150mm	0.02	1	测量轮廓尺寸
	8	深度游标卡尺	0～200mm	0.02	1	测量深度尺寸
	9	百分表及表座	0～10mm	0.01	1	校正平口钳及工件上表面
	10	表面粗糙度样板	N0～N1	12 级	1	测量表面质量
刃具	11	键槽铣刀	16mm		1	刀具号 T01，D1：8.3mm
	12	立铣刀	16mm		1	刀具号 T02，D2：8mm

3) 合理切削用量的选择

可参考表 4.2.6。

表 4.2.6　切削用量的选择

工序号	程序编号	刀具号	刀具规格	主轴转速 /(r·min⁻¹)	进给速度 /(mm·min⁻¹)	背吃刀量 /mm
1	粗铣内轮廓	T01	键槽铣刀	500	80	5
2	精铣内轮廓	T02	立铣刀	800	70	0.3

2. 参考

(1) 坐标系建立。

根据工件坐标系建立原则，在六方体毛坯的中心建立工件坐标系，Z 轴原点设在顶面上，六方体上表面的中心设为坐标系原点。

(2) 点计算。

如图 4.2.20 所示各点坐标的值见表 4.2.7。

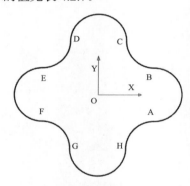

图 4.2.20　坐标点

表 4.2.7　坐标值

基点	坐标(X, Y)	基点	坐标(X, Y)
A	(20, -10)	E	(-20, 10)
B	(20, 10)	F	(-20, -10)
C	(10, 20)	G	(-10, -20)
D	(-10, 20)	H	(10, -20)

(3) 参考程序。

程序名	主程序 O0001	
程序段号	程序	说明
N10	M03 S500;	主轴正转，转速 500 r/min
N20	M08;	打开切削液
N30	G54 G90 G00 X0 Y0;	选择第一工件坐标系，采用绝对尺寸编程方式，迅速到达切入点上方

（续表）

程序名	主程序 O0001	
程序段号	程序	说明
N40	Z5；	Z 轴迅速至达工件坐标 5mm 的安全高度的位置
N50	G01 Z-5 F80；	Z 轴直线切前，下刀至深度 5mm，速度 80mm/min
N60	F01 F41 D01 X15 Y-10；	调用刀具半径补偿，移动到 X=15mm、Y=0mm 的位置 D1= 8mm
N70	X20；	沿 X 轴直线插补，到达 A 点
N80	G03 Y10 R10；	逆时针圆弧插补至 B 点
N90	G02 X10 Y20 R10；	顺时针圆弧插补至 C 点
N100	G03 X-10 R10；	逆时针圆弧插补至 D 点
N110	G02 X-20 Y10 R10；	顺时针圆弧插补至 E 点
N120	G03 Y-10 R10 ；	逆时针圆弧插补至 F 点
N130	G02 X-10 Y-20 R10；	顺时针圆弧插补至 G 点
N140	G03 X10 R10；	逆时针圆弧插补至 H 点
N150	G02 X20 Y-10 R10；	顺时针圆弧插补至 A 点
N160	G01 Z9.7；	Z 轴直线切削，下刀至深度 5mm
N170	G03 Y10 R10；	逆时针圆弧插补至 B 点
N180	G02 X10 Y20 R10；	顺时针圆弧插补至 C 点
N190	G03 X-10 R10；	逆时针圆弧插补至 D 点
N200	G02 X-20 Y10 R10；	顺时针圆弧插补至 E 点
N210	G03 Y-10 R10；	逆时针圆弧插补至 F 点
N220	G02 X-10 Y-20 R10；	顺时针圆弧插补至 G 点
N230	G03 X10 R10；	逆时针圆弧插补至 H 点
N240	G02 X20 Y-10 R10；	顺时针圆弧插补至 A 点
N250	G01 X0 Y0 G40；	返回坐标系原点，取消刀具半径补偿
N260	G00 Z200；	迅速向上提刀至 Z=200mm 的安全高度
N270	M05；	主轴停止转动
N280	M09；	关闭切削液
N290	M00；	程序停止，换 T02 立铣刀
N300	G00 Z-5 M08 S800；	Z 轴迅速到达工件坐系-5mm 高度的位置，打开切削液
N310	G01 Z10 F70；	Z 轴直线切削，下刀至深度 10mm，速度 70mm/min
N320	G01 G41 D01 X15 Y-10；	调用刀具半径补偿，移动到 X=15mm、Y= -10mm 的位置 D1=8mm
N330	X20；	沿 X 轴直线插补，至达 A 点
N340	G03 Y10 R10；	逆时针圆弧插补至 B 点
N350	G02 X10 Y20 R10；	顺时针圆弧插补至 C 点
N360	G03 X-10 R10；	逆时针圆弧插补至 D 点
N370	G02 X-20 Y10 R10；	顺时针圆弧插补至 E 点

(续表)

程序名	主程序 O0001	
程序段号	程序	说明
N380	G03 Y-10 R10;	逆时针圆弧插补至 F 点
N390	G02 X-10 Y-20 R10;	逆时针圆弧插补至 G 点
N400	G03 X10 R10;	逆时针圆弧插补至 H 点
N410	G02 X20 Y-10 R10;	顺时针圆弧插补至 A 点
N420	G03 Y-8 R10;	逆时针圆弧插补切出
N430	G01 X0 Y0 G40;	返回坐标系原点，取消刀具半径补偿
N440	G00 Z10;	迅速向上提刀至 Z=100mm 的安全高度
N450	M30;	程序结束

3. 操作步骤及内容

(1) 开机。开机，各坐标轴手动回机床原点。

(2) 刀具安装。根据加工要求选择 16mm 高速钢立铣刀，用弹簧夹头刀柄装夹后将其装上主轴。

观看视频　　观看视频

(3) 清洁工作台，安装夹具和工件。将机用虎钳清理干净，装在干净的工作台上，通过百分表找正，再将工件装在机用虎钳上。

(4) 对刀设定工件坐标系。首先用寻边器对刀，确定 X、Y 向的零偏值，将 X、Y 向的零偏值输入工件坐标系 G54 中，然后将加工所用刀具装上主轴，再将 Z 轴设定器安放在工件的上表面，确定 Z 向的零偏值，输入工件坐标系 G54 中。

(5) 设置刀具补偿值。首先将刀具半径补偿值 8.3 输入刀具补偿地址 D01，然后将刀具半径补偿值 8 输入刀具补偿地址 D02。

(6) 输入加工程序。将编写好的加工程序通过机床操作面板输入数控系统的内存中。

(7) 调试加工程序。把工件坐标系的 Z 值沿+Z 向平移 100mm，按下数控启动键，适当降低进给速度，检查刀具运动是否正确。

(8) 自动加工。把工件坐标系的 Z 值恢复原值，将进给倍率开关打到低挡，按下数控启动键运行程序，开始加工。机床加工时，适当调整主轴转速和进给速度，并注意监控加工状态，保证加工正常。

(9) 检测。取下工件，用游标卡尺进行尺寸检测。

(10) 清理加工现场。

(11) 按顺序关机。

4.3 线切割

4.3.1 概述

本章主要介绍数控电火花线切割加工，数控电火花线切割加工简称线切割

观看视频

加工，是在电火花加工基础上发展起来的一种工艺形式。电火花加工又称放电加工(electrical discharging machining，EDM)，该加工方法是使浸没在工作液中的工具和工件之间不断产生脉冲性的火花放电，依靠每次放电时产生的局部、瞬时高温把金属材料逐次微量腐蚀除去，进而将工具的形状反向复制到工件上。

线切割加工利用电腐蚀加工原理，以移动的细金属导线($\phi 0.02 \sim \phi 0.3$mm 的铜丝或钼丝)做工具电极，对工件进行脉冲火花放电、切割成形，以满足加工要求。

1. 线切割机床简介

1) 数控电火花线切割机床分类

数控电火花线切割机床可分为高速走丝和低速走丝两大类。

高速走丝线切割机床是将电极丝绕在卷丝筒上，并通过导丝轮形成锯弓状。电机带动卷丝筒正反转，卷丝筒装在走丝溜板上，配合其正反转与走丝溜板一起在 Y 向做往复移动，使电极丝得到周期性往复移动，走丝速度为 8～12m/s。电极丝使用一段时间后应及时更换，以免断丝而影响工作。

低速走丝线切割机床是用成卷铜丝做电极丝，经张紧机构和导丝轮形成锯弓状，没有卷丝筒，走丝速度一般小于 0.2m/s，为单向运动，电极丝一次性使用。因此走丝平稳无振动，损耗小，加工精度高，得到广泛使用。

目前，数控电火花线切割机床可实现多维切割、重复切割、丝径补偿、图形缩放、移位、偏转、镜像、显示、跟踪等功能。

2) 数控电火花线切割机床的组成

数控线切割机床如图 4.3.1 所示，其组成包括机床主机、脉冲电源和数控装置三大部分。

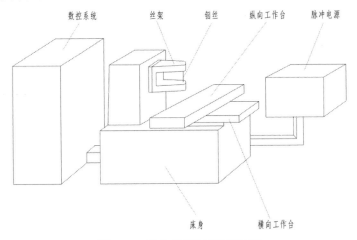

图 4.3.1　数控线切割机床原理图

(1) 机床主机部分。

机床主机部分由运丝机构、工作台、床身、工作液系统等组成。

① 运丝机构。电动机通过联轴节带动储丝筒交替做正、反向转动，钼丝整齐地排列在储丝筒上，并经过丝架做往复高速移动(线速度为 9m/s 左右)。

② 工作台。用于安装并带动工件在工作台平面内沿两个相互垂直的数控坐标移动。工作台

分上下两层，分别由丝杠和步进电机驱动。步进电机每接收到计算机发出的一个脉冲信号，其输出轴就旋转一个步距角，通过一对齿轮变速带动丝杠转动，从而使工作台在相应的方向上移动 0.01mm。

③ 床身。用于支承和连接工作台、运丝机构、机床电器及存放工作液系统。工作液系统由工作液、工作液箱、工作液泵和循环导管组成。工作液起绝缘、排屑、冷却的作用。每次脉冲放电后，工件与钼丝之间必须迅速恢复绝缘状态，否则脉冲放电就会转变为稳定持续的电弧放电，影响加工质量。在加工过程中，工作液可把加工过程中产生的金属颗粒迅速从电极之间冲走，使加工顺利进行。工作液还可冷却受热的电极和工件，防止工件变形。

(2) 高频电源

高频电源能产生高频矩形脉冲，其作用是把普通的 50 Hz 交流电转换成高频率的单向脉冲电压。加工时，电极丝(钼丝)接脉冲电源负极，工件接正极。

(3) 数控装置

数控装置以 PC 机为核心，配备其他一些硬件及控制软件。加工程序可用键盘输入或磁盘输入。通过它可实现放大、缩小等多种加工，其控制分辨率为 ±0.001mm。

3) 电极丝的选择

目前，电极丝的种类很多，有纯铜丝、钼丝、钨丝、黄铜丝和各种专用铜丝。表 4.3.1 是电火花线切割加工常用的电极丝。

表 4.3.1　各种电极丝的特点

材质	线径/mm	特点
钼丝	0.06～0.25	抗拉强度高，一般用于高速走丝，在进行窄缝的细微加工时，也可用于低速走丝
钨丝	0.03～0.10	抗拉强度高，可用于各种窄缝的细微加工，但价格昂贵
专用黄铜	0.05～0.35	适用于高速、高精度和理想的表面粗糙度加工以及自动穿丝，但价格高
黄铜	0.10～0.30	适用于高速、加工面的腐蚀屑附着少的表面粗糙度加工以及自动穿丝，但价格高
纯铜	0.10～0.25	适用于切割速度要求不高的精加工使用。铜丝不易卷曲，抗拉强度低，容易断丝

2. 线切割工作原理及其加工特点

线切割加工是线电极电火花加工的简称，是电火花加工的一种，其基本原理如图 4.3.2 所示。被切割的工件作为工件电极，钼丝作为工具电极，脉冲电源发出一连串的脉冲电压，加到工件电极和工具电极上。钼丝与工件之间施加足够的具有一定绝缘性能的工作液(图中未画出)。当钼丝与工件的距离小到一定程度时，在脉冲电压的作用下，工作液被击穿，在钼丝与工件之间形成瞬间放电通道，产生瞬时高温，使金属局部熔化甚至汽化而被蚀除下来。若工作台带动工件不断进给，就能切割出所需要的形状。由于储丝筒带动钼丝交替做正、反向的高速移动，因此钼丝基本上不会被蚀除，可使用较长的时间。

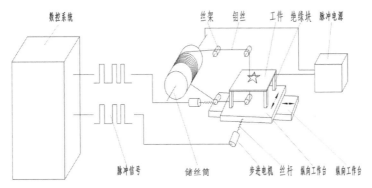

图 4.3.2　线切割加工原理图

1) 线切割机床程序输入方法

线切割机床程序输入方法有两种：键盘输入和磁盘输入。线切割能加工各种高硬度、高强度、高韧性和高脆性的导电材料，如淬火钢、硬质合金等。加工时，钼丝与工件始终不接触，有 0.01mm 左右的间隙，几乎不存在切削力；对微细异形孔、窄缝和复杂形状工件有独特的优势。能加工各种冲模、凸轮、样板等外形复杂的精密零件及窄缝等，尺寸精度可达 0.02～0.01mm，表面粗糙度 Ra 值可达 1.6μm。加工粉末冶金模、镶拼型腔模、拉丝模、波纹板成型模。适于小批量、多品种零件的加工，减少模具制作费用，缩短生产周期。

2) 电火花线切割加工正常运行的条件

电火花线切割加工能正常运行，必须具备下列条件。

(1) 钼丝与工件的被加工表面之间必须保持一定间隙，间隙的宽度由工作电压、加工量等加工条件而定。

(2) 电火花线切割机床加工时，必须在有一定绝缘性能的液体介质中进行，如煤油、皂化油、去离子水等，要求软高绝缘性是为了利于产生脉冲性的火花放电，液体介质还有排除间隙内电蚀产物和冷却电极的作用。钼丝和工件被加工表面之间保持一定间隙，如果间隙过大，极间电压不能击穿极间介质，则不能产生电火花放电；如果间隙过小，则容易形成短路连接，也不能产生电火花放电。

(3) 必须采用脉冲电源，即火花放电必须是脉冲性、间歇性，在电火花放电加工过程中产生的电蚀产物如果不及时排除和扩散，那么产生的热量将不能及时传出，使该处介质局部过热，局部过热的工作会液高温分解、结碳，使加工无法进行，并烧坏电极。因此为了保证电火花加工过程的正常进行，在两次放电之间必须有足够的时间间隔让电蚀产物充分排除，恢复放电通道的绝缘性，使工作液介质消除电离。脉冲电源的波形如图 4.3.3 所示。图中 t_i 为脉冲宽度，t_o 为脉冲间隔，f_p 为脉冲周期。在脉冲间隔内，使得间隙介质消除电离，以便下一个脉冲能在两极间击穿放电。

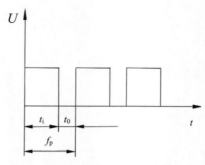

图 4.3.3　脉冲电源的波形

3) 电火花线切割加工特点

(1) 数控电火花切割加工不需要专门的工具电极，并且作为工具电极的金属丝在加工中不断移动，基本上无损耗。

(2) 传统的车、铣、钻加工中，刀具硬度必须比工件硬度大，而数控电火花线切割机床的电极丝材料不必比工件材料硬，所以可以加工各种高硬度、高强度、高韧性和高脆性的导电材料。

(3) 由于利用电腐蚀原理加工，电极丝与工件不直接接触，两者之间的作用力很小，因而工件的变形很小，电极丝、夹具不需要太高的强度。

(4) 采用线切割加工冲模时，可实现凸、凹模的一次加工成形。

(5) 由于电极丝较细，所以对微细异形孔、窄缝和复杂形状工件有独特的优势。

(6) 由于切缝很窄，而且只对工件进行轮廓切割加工，实际金属蚀除量很少，材料利用率高，对于贵重金属加工具有重要意义。

4.3.2　线切割加工工艺基础

电火花加工按工具电极和工件相对运动的方式和用途不同，大致可分为电火花穿孔成型加工、电火花线切割加工、电火花磨削和镗磨、电火花同步共轭回转加工、电火花高速小孔加工、电火花表面强化和刻字 6 大类。前 5 类属于电火花成型、尺寸加工，是用于改变工件形状或尺寸的加工方法，应用最广泛的是电火花成型加工和电火花线切割加工。

1. 电火花线切割加工的适用范围

(1) 切割各种冲模和具有直纹面的工件。

(2) 下料、切割和窄缝加工。

典型的机床有 DK77 系列数控电火花线切割机床。

2. 线切割加工的加工对象

(1) 广泛应用于加工各种冲模。

(2) 可以加工微细异形孔、窄缝和复杂形状的工件。

(3) 加工样板和成型刀具。

(4) 加工粉末冶金模、镶拼型腔模、拉丝模、波纹板成型模。

(5) 加工硬质材料、切割薄片，切割贵重金属材料。

(6) 加工凸轮，特殊的齿轮。

(7) 适于小批量、多品种零件加工，减少模具制作费用，缩短生产周期。

3. 电火花线切割加工的应用

1) 电火花成型用的电极加工

一般穿孔加工的电极以及带锥度型腔加工的电极，用线切割加工比较经济，也可加工微细、形状复杂的电极。

2) 模具制造

适于加工各种形状的冲裁模。一次编程后通过调整不同的间隙补偿量，就可以切割出凸模、凹模、凸模固定板、卸料板等，模具的配合间隙和加工精度通常都能达到要求。此外，数控线切割还可以加工电机转子模、弯曲模、塑压模等各种类型的模具。

3) 新产品试制及难加工零件的加工

在试制新产品时，用线切割在毛坯料上直接切割出工件，由于不需要另行制造模具，可大大缩短制造周期，降低成本。加工薄件时可多片叠加在一起加工。在精简制造方面，可用于加工品种多、数量少的零件，还可以加工特殊、难加工材料的零件，如凸轮、样板、成型刀具、窄缝等。

4.3.3　线切割基本操作及其方法

1. 数控电火花线切割加工步骤

加工前先准备好工件毛坯、压板、夹具等装夹工具，若需要切割内腔形状工件，毛坯应预先打好穿位孔，然后按照下面的步骤进行操作。

(1) 启动机床电源进入系统，编制加工程序。

(2) 检查系统各部分是否正常，如高频、水泵、卷丝筒的运行情况。

(3) 给卷丝筒上丝、穿丝以及找正电极丝。

(4) 装夹工件，将工件装夹在合适的位置。

(5) 移动 X、Y 轴坐标，确立切割起始位置。

(6) 开启工作液泵，调节泵嘴流量。

(7) 运行加工程序，开始加工，并调整加工参数。

(8) 监控运行状态，如发现工作液循环系统堵塞应及时疏通，及时清理电蚀产物，但在整个切割过程中，均不宜变动进给控制按钮。

(9) 每段程序切割完毕后，一般都应检查 X-Y 轴向拖板的手轮刻度是否与指令规定的坐标相符，以确保高精度零件加工的顺利进行，如出现差错，应及时处理，避免加工零件报废。

2. 数控电火花线切割加工的基本操作

数控电火花线切割加工的操作和控制大多数是在电源控制柜上进行的，本书将以 DK77 系列的数控电火花线切割机为例进行基本操作的说明。

1) 电源的接通与关闭

(1) 打开电源柜上的电气控制开关，接通总电源。

(2) 拔出红色急停按钮。

(3) 按下绿色启动按钮，进入控制系统。

2) 绕丝操作

绕丝的路径如图 4.3.4 所示。

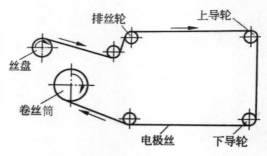

图 4.3.4　绕丝路径

(1) 将"切割/绕丝"旋钮调到"绕丝"挡，面板上的电压表此时为绕丝电机的电压。

(2) 将"走丝"按钮调到最小位置，即走丝速度为零。

(3) 在"张紧调节"上选择合适的电压，即选择绕丝的松紧程度。

(4) 将丝盘套在上丝电动机轴上，并用螺母锁紧。

(5) 手动将卷丝筒摇至极限位置，或与极限位置保留一段距离。

(6) 将丝盘上电极丝一端拉出绕过排丝轮、导轮，并将丝头固定在卷丝筒端部的紧固螺钉上。

(7) 剪掉多余丝头，顺时针转动卷丝筒几圈后打开走丝按钮，并慢慢地调节走丝速度，直到速度合适，开始绕丝。

(8) 将丝上满到合适位置，关掉走丝按钮，剪掉多余电极丝并固定好丝头，自动上丝完成。

(9) 调整卷丝筒左右行程挡块，接近极限位置时(两边各留出 2～3mm 宽度的丝)，按下走丝停止按钮。

(10) 将"切割/绕丝"旋钮调到"切割"挡，此时电压表为走丝电机的电压，进入待加工状态。

3) 卷丝筒行程调整

穿丝完毕后，根据卷丝筒上电极丝的多少和位置来确定卷丝筒的行程。为防止机械性断丝，在选择挡块确定的长度之外，卷丝筒两端还应有一定的储丝量。具体调整方法如下。

(1) 打开走丝按钮，将卷丝筒转至在轴向剩下 5mm 左右的位置停止。

(2) 松开相应的限位块上的紧固螺钉，移动限位块至接近换向开关的中心位置后固定。

(3) 用同样的方法调整另一端，两行程挡块之间的距离即卷丝筒的行程。

4) 程序的编制与检验

(1) 在主菜单下移动光条，选择菜单中的"编辑"功能。

(2) 用键盘输入源程序，选择"保存"功能将程序保存。

(3) 在主菜单下移动光条，选择"文件"中的"装入程序"功能，可调入新文件。

(4) 程序输完或调出后，选择菜单中的"切割"功能。

(5) 选择"选项设置"子功能，执行有关数据功能。

(6) 选择"编译"子功能，若无错误，再选择"空运转"，进行模拟加工。

5) 电极丝找正

切割加工之前必须对电极丝进行找正操作，具体步骤如下。

(1) 保证工作台面和找正器各面干净无损坏。

(2) 打开控制柜的脉冲电源并调整放电参数，使之处于微弱状态。

(3) 手动移动 X 轴或 Y 轴坐标至电极丝贴近找正器垂直面，当它们之间的间隙足够小时，会产生放电火花，并观察火花放电是否均匀。

(4) 通过手动调整 U 轴或 V 轴坐标，直到放电火花上下均匀一致，电极丝即找正。

6) 加工脉冲参数的选择

具体多数的选择要根据具体加工情况而定，以下是其基本的选择方法。

(1) 脉冲宽度与放电量成正比，脉冲宽度越宽，每一周期放电时间所占的比例就越大，切割效率越高，此时加工较稳定，但放电间隙大。相反，脉冲宽度小，工件切割表面质量高，但切割效率较低。

(2) 脉冲停歇与放电量成反比。停歇越大，单脉冲放电时间减少，加工稳定，切割效率降低，但有利于排屑。

(3) 高频功率管数越多，加工电流越大，切割效率越高，但工件的表面粗糙度变差。

3. 加工操作注意事项

(1) 装夹工件应充分考虑装夹部位和穿丝进刀位置，保证切割路径通畅。

(2) 在放电加工时，工作台架内不允许放置任何杂物以防损坏机床。

(3) 在进行穿丝、绕丝等操作时，一定注意电极丝不要从导轮槽中脱出，并与导电块接触良好。

(4) 合理配置工作液浓度，以提高加工效率及表面质量。

(5) 切割时，控制喷嘴流量不要过大，以防飞溅。

(6) 切割时要随时观察运行情况，排除事故隐患。

4. 手动编程：3B 格式程序编制

数控线切割机床的控制系统是根据指令控制机床进行加工的，要加工出所需要的图形，必须首先把要切割的图形编成一定的命令，并将之输入控制系统中，这就是程序。在数控机床中，编辑程序有两种方式，分为自动编程和手工编程两种方式。自动编程通过 CAXA 线切割等软件自动生成 3B 代码，人工编程采用各种数学方法，使用一般的计算工具，人工对编程所需的数据进行处理和运算。为了简化编程工作，随着计算机的飞速发展，自动编程已经成为主要的编程手段。自动编程使用专用的数控语言及各种输入手段向计算机输入必要的形状和尺寸数据，利用专门的应用软件即可求得各交切点坐标及编写加工程序所需的数据。

见表 4.3.2，表中 B 为分隔符，它的作用是把 X、Y、J 这些数码分开，便于计算机识别。当程序往控制器输入时，读入第一个 B 后它使控制器做好接受 X 值的准备，读入第二个 B 后做好接受 Y 轴坐标值的准备。读入第三个 B 后做好接受 J 值的准备。加工斜线时，程序中 X、Y 必须是该斜线段终点相对起点的坐标值。加工圆弧时，程序中 X、Y 必须是圆弧起点相对其圆心的坐标值。X、Y、J 的值均以 μm 为单位。

表 4.3.2　3B 程序格式

B	X	B	Y	B	J	G	Z
分隔符	X 坐标值	分隔符	Y 坐标值	分隔符	计数长度	计数方向	加工指令

1) 分隔符号 B

X、Y、J 均为数码，用分隔符号(B)将其隔开，以免混淆。

2) 坐标值(X、Y)

只输入坐标的绝对值，其单位为 μm，μm 以下应四舍五入。

3) 计数方向 G 和计数长度 J

为保证所要加工的圆弧或线段能按要求的长度加工出来，一般线切割机床是通过控制从起点到终点某个工作台进给的总长度来达到的。因此在计算机中设立了一个 J 计数器来进行计数，即把加工该线段的工作台进给总长度 J 的数值预先置入 J 计数器中，加工时当被确定为计数长度这个坐标的工作台每进给一步，J 计数器就减 1。这样，当 J 计数器减到零时，则表示该圆弧或直线已加工到终点。加工斜线段时必须用进给距离比较长的一个方向做进给控制，若线段的终点为 A(Xe，Ye)，当 | Xe |>| Ye |时，计数方向取 Gx，反之，计数方向取 Gy。如果两个坐标值一样，则两个计数方向均可。当圆弧终点坐标靠近 Y 轴时，计数方向取 Gx，靠近 X 轴时，计数方向取 Gy，即圆弧取终点坐标绝对值小的为计数方向。

计数长度是直线或圆弧在计数方向坐标轴上投影长度的总和。对斜线段，如图 4.3.5 所示，当 | Xe |>| Ye |时，取 J=| Xe |。反之，则取 J=| Ye |。对于圆弧，它可能跨越几个象限，如图 4.3.6；圆弧都是从 A 到 B，后图计数方向为 Gx，J＝Jx1＋Jx2＋Jx3，前图计数方向为 Gy，J＝Jy1＋Jy2＋Jy3。

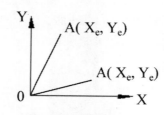

图 4.3.5　加工斜线 OA

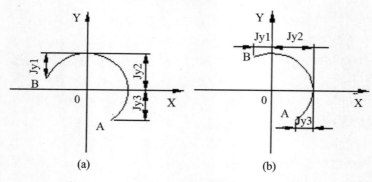

图 4.3.6　加工圆弧 AB

4) 加工指令 Z

Z 是加工指令总括符号，它共有 12 种，如图 4.3.7 所示，其中圆弧指令有 8 种，SR 表示顺圆，NR 表示逆圆，字母后面的数字表示该圆弧的起点所在象限，如 SR1 表示为该圆弧为顺圆，起点在第一象限。对于直线加工指令用 L 表示，L 后面的数字表示该线段所在的象限。对于和坐标轴重合的直线，正 X 轴为 L1，正 Y 轴为 L2，负 X 轴为 L3，负 Y 轴为 L4。

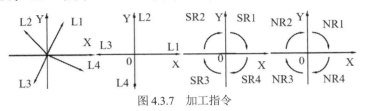

图 4.3.7　加工指令

编程时，要注意线切割编程坐标系和数控车床、数控铣床坐标系的区别，线切割编程坐标系只有相对坐标系，每加工一条线段或圆弧，都要把坐标原点移到直线的起点或圆弧的圆心上。

以直线(斜线)和圆弧的编程方法为例，具体操作如下：

(1) 直线(斜线)的编程方法。

① 坐标系的确定。

直线(斜线)的坐标系原点是直线(斜线)的起点。

② X、Y 值的确定。

X、Y 为直线(斜线)终点对其起点的坐标值，在直线(斜线)程序中 X、Y 值允许把它们同时放大或缩小相同的倍数，只要其比值保持不变即可，因为 X、Y 值只是用来确定直线(斜线)的斜率；对于与坐标轴重合的直线，即 X 或 Y 值为零时，X 或 Y 值可不写，但分隔符号 B 必须保留。

③ 计数方向 G 的确定。

计数方向 G 由线段的终点坐标值(X_e, Y_e)中较大的值来确定。即当$|Y_e| > |X_e|$时，取 GY；当$|X_e| > |Y_e|$时，取 GX；当$|X_e| = |Y_e|$时，取 GX 或 GY 均可，如图 4.3.8 所示。

④ 计数长度 J 的确定。

当计数方向确定后，计数长度 J 应取计数方向从起点到终点移动的总距离，即直线(斜线)在计数方向坐标轴上投影长度的总和，如图 4.3.9 所示。

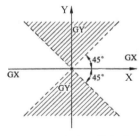

图 4.3.8　斜线计数方式

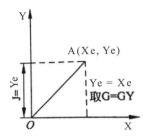

图 4.3.9　斜线计数长度

⑤ 加工指令 Z 的确定。

直线(斜线)加工时，加工指令 Z 共有 4 种，即 L1、L2、L3、L4，表示加工的直线终点分别在坐标系的第一、二、三、四象限，如图 4.3.10 所示；如果加工的直线与坐标轴重合，根据进给方向来确定加工指令，如图 4.3.11 所示。

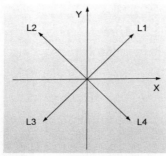

图 4.3.10　斜线加工指令

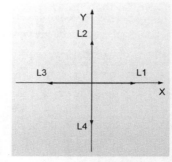

图 4.3.11　直线加工指令

(2) 圆弧的编程方法。

① 坐标系的确定。

圆弧的坐标系原点是圆弧的圆心。

② X、Y 值的确定。

X、Y 值为起点的坐标值，在直线(斜线)程序中 X、Y 值允许把它们同时放大或缩小相同的倍数，但是在圆弧的编程中不能改变倍数。

③ 计数方向 G 的确定。

计数方向 G 由圆弧的终点坐标值$(X_e，Y_e)$中较小的值来确定。即当$|Y_e|>|X_e|$时，取 GX；当$|X_e|>|Y_e|$时，取 GY；当$|X_e|=|Y_e|$时，取 GX 或 GY 均可。如图 4.3.12 所示。

④ 计数长度 J 的确定。

当计数方向确定后，计数长度 J 应取计数方向从起点到终点移动的总距离，即圆弧的起点到终点在计数方向坐标轴上投影长度的总和。圆弧从 A 点加工到 B 点。图 4.3.13(a)中，计数长度 J=JX1+JX2；图 4.3.13(b)中计数长度 J=JY1+JY2+JY3。

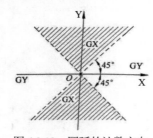

图 4.3.12　圆弧的计数方向

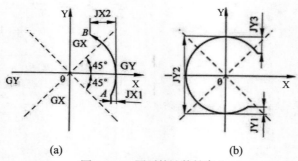

(a)　　　　　　　　　　　　　(b)

图 4.3.13　圆弧的计数长度 J

⑤ 加工指令 Z 的确定。

圆弧加工时，加工指令 Z 是按起点所在的象限和切割走向确定的，共有 8 种，即顺时针加工指令 SR1、SR2、SR3、SR4，逆时针加工指令 NR1、NR2、NR3、NR4，如图 4.3.14 所示。

注意： 当圆弧起点在坐标轴上时，加工指令取相邻两个象限中的任意一个即可。

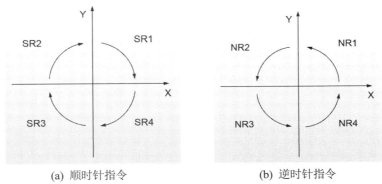

(a) 顺时针指令　　　　　　　　　　(b) 逆时针指令

图 4.3.14　加工指令

(3) 编程示例。

用 3B 代码格式编写如图 4.3.15 所示轨迹的程序代码，切割路线为 A-B-C-D-A，不考虑放电间隙及切入路线的程序。

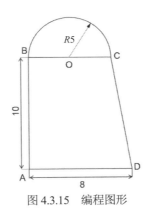

图 4.3.15　编程图形

3B 程序代码如下：

```
B0 B10000 B10000 GY   L2
B5000   B0 B10000 GY   SR2
B5000 B10000 B10000 GY   L4
B8000 B0 B8000 GX   L3
```

4.3.4　线切割加工实例

1. CAXA 线切割编程实例

下面以一个简单图形的编程为例。在绘图及编程时，本软件通过两种方法实现：一种是使用各种图标菜单,另一种是使用下拉菜单。本书采用第一种方法。

编制如图 4.3.16 所示的编程图形。

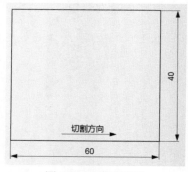

观看视频

图 4.3.16　编程图形

1) 绘图要求

采用 CAXA 线切割软件绘制图形。要求图形必须为一笔绘制而成的封闭式轮廓曲线。即从 A 点出发绘制图形,最后必须回到 A 点。图形中不能有重复的线段,不能有交叉,也不能包含其他图形。绘制草图采用基本曲线中的直线、圆弧、样条等画线命令进行绘制,如图 4.3.17(a) 所示;修整草图采用删除命令和曲线编辑命令中的裁剪、拉伸、打断等命令,如图 4.3.17(b) 和(c)所示,最后调整为一个封闭的轮廓图形。

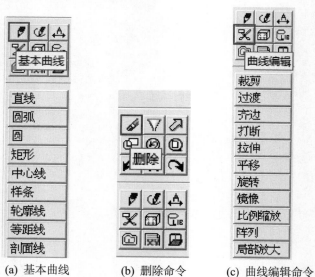

(a) 基本曲线　　　　(b) 删除命令　　　　(c) 曲线编辑命令

图 4.3.17　草图绘制

2) 绘图步骤

选择屏幕右方(基本曲线),此时屏幕菜单出现基本曲线的工具栏。

(1) 单击"基本曲线"工具栏中的图标按钮(矩形)。

(2) 在立即菜单"1:"中选择"长度和宽度"选项,此时在原有位置弹出新的立即菜单,如图 4.3.18 所示。

在立即菜单 "2：" 再选择 "中心定位"。

将立即菜单 "3：角度" 中角度值改为 0。

单击立即菜单 "4：长度"，出现新的提示 "输入实数"，输入值 200，回车，即矩形的长度值修改为 80mm，如图 4.3.19 所示。

图 4.3.18　立即菜单

图 4.3.19　"输入实数" 文本框

单击立即菜单 "5，宽度"，将宽度改为 100。

(3) 输入定位点(0, 0)。回车，矩形绘制完成。右击，结束该命令。

3) 生成加工轨迹

(1) 单击屏幕左上方菜单栏中的 "线切割"，在其下面菜单区中出现 "轨迹生成" 工具栏，如图 4.3.20 所示。

(2) 单击 "轨迹生成"，系统弹出 "线切割轨迹生成参数表" 对话框，单击 "确定" 按钮，如图 4.3.21 所示。

图 4.3.20　线切割-轨迹生成

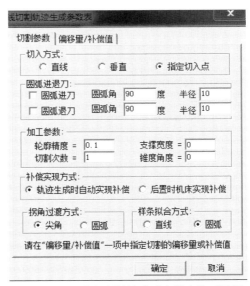

图 4.3.21　"线切割轨迹生成参数表" 对话框

(3) 此时，屏幕下方的状态栏中提示 "拾取轮廓"，根据实际加工要求选择矩形的左侧的轮廓线。

(4) 被拾取的线变成红色虚线，并沿着轮廓方向出现两个相反的箭头，状态栏提示 "请选择链拾取方向"，选择顺时针方向的箭头，如图 4.3.22 所示。

(5) 选择轮廓的切割方向后，整个矩形轮廓变为红色的虚线，并且在轮廓的法线上出现两个反向的箭头，状态栏提示 "选择加工侧边或补偿方向"，根据加工要求选择指向外侧的箭头，如图 4.3.23 所示。

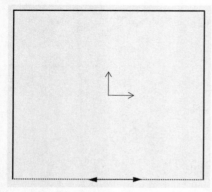

图 4.3.22　选择轮廓的切割方向

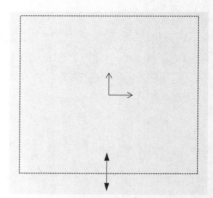

图 4.3.23　选择切割的侧边或补偿方向

(6) 状态栏提示"输入穿丝点的位置："“输入退出点的位置(回车则与穿丝点重合)："“输入切入点(回车则垂直切入)"，需要确定三个点的位置，在图形最下方中心线上同一位置单击三下，确定穿丝点、退出点、切入点。屏幕上出现加工轨迹，如图 4.3.24 所示。

(7) 按 Esc 键，结束轨迹生成命令。

(8) 生成 3B 代码：单击线切割，显示下拉菜单栏中单击"生成 3B 加工代码"对话框，如图 4.3.25 所示。

观看视频

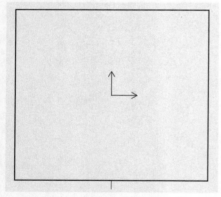

图 4.3.24　生成的加工轨迹

图 4.3.25　"生成 3B 加工代码"对话框

(9) 选择文件的存储路径后，给文件命名为学号后两位，单击"保存"按钮。

(10) 此时，出现新的立即菜单，在"1："中选择合适的指令格式，状态栏中为"拾取加工轨迹："，如图 4.3.26 所示。选中绿色的加工轨迹，右击结束轨迹的拾取。

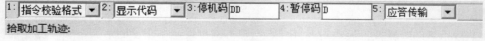

图 4.3.26　"生成 3B 加工代码"的立即菜单和状态栏

(11) 此时系统已经自动生成 3B 程序代码，并出现在弹出的记事本框中，如图 4.3.27 所示。

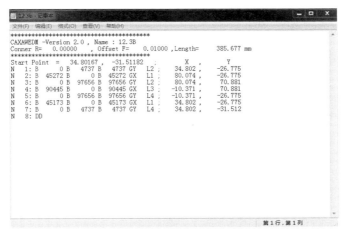

图 4.3.27 代码显示窗口

2. 零件的加工实例

按照图 4.3.28 的尺寸要求(不考虑放电间数),完成该零件的加工。

观看视频

1) 零件图工艺分析

经过分析图纸,该零件尺寸要求不高,由于原坯料是 1.5mm 厚的不锈钢板,因此装夹比较方便。编程时不考虑放电间隙,并留够装夹位置。

2) 确定装夹位置及走刀路线

为减小材料内部组织及内应力对加工的影响,要选择合适的走刀路线,如图 4.3.28 所示。其中 O 点为起刀点,走刀路线可以是 OA—AB—BC—CD—DE—EF—FA—AO,也可以是 OA—AF—FE—ED—DC—CB—BA—AO。按 OA—AB—BC—CD—DE—EF—FA—AO 路线走刀。

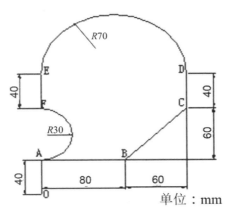

图 4.3.28 零件形状轮廓

3) 编程

该图形可用手工编程,也可用自动编程,编制程序如下。

走直线 OA:B0 B40000 B40000 GY L2

走直线 AB:B80000 B0 B80000 GX L1

走直线 BC:B60000 B60000 B60000 GX L1

走直线 CD：B0 B40000 B40000 GY L2

走圆弧 DE：B70000 B0 B140000 GY NR1

走直线 EF：B0 B40000 B40000 GY L4

走圆弧 FA：B0 B30000 B60000 GX SR2

走直线 AO：B0 B40000 B40000 GY L4

4) 调试机床

调试机床应校正铝丝的垂直度(用垂直校正仪或校正模块)，检查工作液循环系统及运丝机构是否正常。

5) 装夹及加工

(1) 将坯料放在工作台上，保证有足够的装夹余量。然后距离金属钼丝右侧 2～4mm，非常接近但不接触，固定夹紧，并向远离钼丝方向轻拨铁片进行检查。

(2) 调整图形位置，将机床坐标系与图形坐标系重合，注意别碰断电极丝，准备切割。

(3) 确认操作台面板上的"保护"键的灯熄灭，"刹车"键的灯亮起。按下"运丝"键，然后开启"高频"键，通高频电路。

(4) 选择合适的电参数，进行切割，逆时针、缓慢、匀速地进给，当碰触出电火花即停下，按下操作面板上的"水泵"键，并开启"切割"键，此时加工程序自动运行。

(5) 加工完成后，检查钼丝是否卡在工件中。若卡丝则通知实验老师取出，若没有则小心取出工件。

(6) 冷却液选择油基型乳化液，型号为 DK-2 型。

加工时注意电流表、电压表数值应稳定，进给速度应均匀。如中途出现任何问题，单击屏幕上的"暂停切割"键，通知实验老师处理。

4.4 逆向工程与 3D 打印技术

4.4.1 逆向工程技术

1. 逆向工程技术概述

逆向工程是近年来发展起来的消化、吸收先进技术的一系列分析方法以及应用技术的组合，其主要目的是改善技术水平，提高生产效率，增强经济竞争力。世界各国在经济技术发展中，应用逆向工程来消化吸收先进技术经验。据统计，各国 70%以上的技术源于国外，逆向工程作为掌握新技术的一种手段，可使产品研制周期缩短 40%以上，可以极大地提高生产率。综上所述，研究逆向工程技术，对我国国民经济的发展和科学技术水平的提高，具有重大意义。20 世纪 90 年代初，逆向工程的技术开始引起各国工业界和学术界的高度重视，特别是随着现代计算机技术及测量技术的发展，利用 CAD/CAM 技术、先进制造技术来实现产品实物的逆向工程，已成为 CAD/CAM 领域的一个研究热点，成为逆向工程技术应用的主要内容。

逆向工程以产品设计方法学为指导，以现代设计理论、方法和技术为基础，运用各领域专业人员的工程设计经验、知识和创新思维，通过对已有产品进行数字化测量、曲面拟合重构产品的 CAD 模型，在探寻和了解原设计意图的基础上，掌握产品设计的关键技术，实现对产品的修改和再设计，达到设计创新、产品更新及新产品开发的目的。

　　逆向工程(Reverse Engineering，RE)也称反求工程、反向工程等，是相对于传统正向工程而言的。它起源于精密测量和质量检验，是设计下游向设计上游反馈信息的回路。传统的产品开发过程遵从正向设计的思想进行，即从市场需求中抽象出产品的概念描述，据此建立产品的CAD 模型，然后对其进行数控编程和数控加工，最后得到产品的实物原型。概括地讲，正向设计工程是由概念到 CAD 模型再到实物模型的开发过程；而逆向工程则是由实物模型到 CAD 模型的过程。在很多场合产品开发是从已有的实物模型着手，如产品的泥塑和成型件或者是缺少CAD 模型的产品零件。逆向工程是对实物模型进行三维数字化测量并构造实物的 CAD 模型，然后利用各种成熟的 CAD/CAE/CAM 技术进行再创新的过程。正向工程与逆向工程的流程图如图 4.4.1 所示。

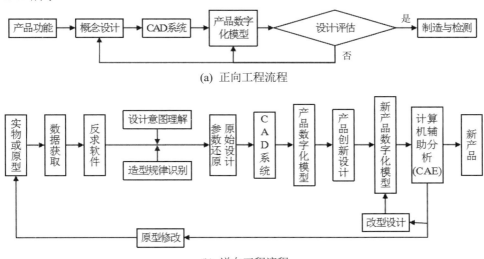

(a) 正向工程流程

(b) 逆向工程流程

图 4.4.1　正向工程与逆向工程

　　逆向工程的重大意义在于，逆向工程不是简单地把原有物体还原，它还要在还原的基础上进行二次创新，所以逆向工程作为一种新的创新技术现已广泛应用于工业领域并取得了重大的经济和社会效益。

　　我国是最大的发展中国家，消化、吸收国外先进产品技术并进行改进是重要的产品设计。逆向工程技术为产品的改进设计提供了方便、快捷的工具，它借助先进的技术开发手段，在已有产品基础上设计新产品，缩短开发周期，可以使企业适应小批量品种的生产要求，从而使企业在激烈的市场竞争中处于有利的地位。逆向工程技术的应用对我国企业缩短与发达国家的技术差距具有特别重要的意义。

　　逆向工程的过程大致分为：首先由数据采集设备获取样件表面(有时需要内腔)的数据，其次导入专门的数据处理软件或带有数据处理能力的三维 CAD 软件进行处理，然后进行曲面和三维实体重构，在计算机上复现实物样件的几何形状，并在此基础上进行修改或创新设计，最后对再设计的对象进行实物制造。其中从数据采集到 CAD 模型的建立是反求工程中的关键技术。由此可见，逆向工程系统主要由三部分组成：产品实物几何外形的数字化、数据处理与 CAD模型重建、产品模型与模具的成型制造。组成系统的主要软硬件如下。

1) 数据采集系统

数据获取是逆向工程系统的首要环节。根据测量方式的不同，数据采集系统可以分为接触式测量系统与非接触式测量系统两大类。接触式测量系统的典型代表是三坐标测量机，非接触式测量主要包括各种基于光学的测量系统等。

2) 数据处理与模型重建系统

数据处理与模型重建软件主要包括两类：一是集成了专用逆向模块的正向 CAD/CAM 软件，如包含 Pro/Scan-tools 模块的 Pro/E、集成快速曲面建模等模块的 CATIA 及包含 Point cloudy 功能的 UG 等；二是专用的逆向工程软件，典型的如 Imageware、Geomagic Studio、PolyWorks、CopyCAD、ICEM Surf 和 RE-SOFT 等。

3) 成型制造系统

成型制造系统主要包括用于制造原型和模具的 CNC 加工设备，以及生成模型样件的各种快速成型设备。根据不同的快速成型原理，包括光固化成型、选择性激光烧结、熔融沉积制造、分层实体制造、三维打印等，以及基于数控雕刻技术的减式快速成型系统。

4) 逆向工程技术在模具行业中的应用

逆向工程的应用领域主要是飞机、汽车、玩具和家电等行业。近年来，随着生物、材料技术的发展，逆向工程技术也开始应用在人工生物骨骼等医学领域。但是其最主要的应用领域还是在模具行业。模具制造过程中经常需要反复试冲和修改模具型面。若测量符合要求的模具并要反向求出其数字化模型，在重复制造该模具时就可运用这一备用数字模型生成加工程序，可以大大提高模具的生产效率，降低模具的制造成本。

逆向工程技术在我国，特别是以生产各种汽车，玩具配套件的地区、企业，有着十分广阔的应用前景。这些地区、企业经常需要根据客户提供的样件制造出模具或直接加工出产品。测量设备和 CAD/CAM 系统软件产品是必不可少的。

2. 3DSS 系列三维扫描仪的使用

这一小节主要介绍 3DSS 系列三维激光扫描仪及其操作方法。

1) 设备结构简介

3DSS 系列三维激光扫描仪是上海数造机电科技股份有限公司研发生产的三维数字化设备，该产品分成单目和双目两大类。3DSS(Three Dimentional Sensing System)是一种对实物进行坐标扫描的数字化建模设备，可对物体进行高速高密度扫描，在很短的时间内把整个空间曲面的三维点云同时计算出来并输出，供进一步处理用。3DSS 系列三维激光扫描仪是一种非接触式扫描设备，能对任何材料的物体表面进行数字化扫描，如扫描工件、模型、模具和雕塑等，可用于逆向工程、工业设计、检测、三维动画以及文物数字化等领域。如果把逐点扫描称为第一代扫描技术，激光线扫描称为第二代扫描技术，则 3DSS 可称为第三代扫描技术。

3DSS 系统包含硬件和软件。硬件包括电脑、摄像头、数字光栅发生器和三脚架。软件的操作系统是 Windows 2000/XP，软件对摄像头和光栅发生器进行实时采集和控制，对采集的图像进行软件处理，生成三维点云，并能进行三维显示，输出各种格式(ASC、WRL、IGS、STL 等)的点云文件，可用 Surfacer、Geomagic 等软件进行进一步处理。扫描仪外形及各部分名称如图 4.4.2 和图 4.4.3 所示。

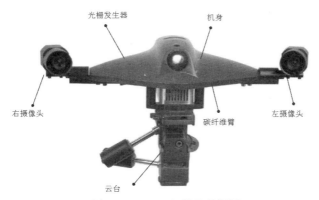

图 4.4.2　3DSS 扫描仪前视图

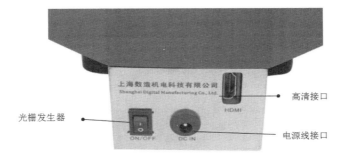

图 4.4.3　3DSS 扫描仪后视图

2) 如何连接和安装系统

连好显示器、鼠标和键盘等，把扫描仪安装到三脚架上。先把六边形卡盘用随机配的内六角螺钉固定到扫描仪圆柱形支架端部。注意：螺钉要拧紧，六角卡盘的边应与机身面板平行，这样扫描仪才不会歪。然后在三脚架稳定撑开放置的情况下，把卡盘卡入三脚架云台的卡座内并锁紧。确认安装稳定后方可松手，防止跌落。3DSS 扫描仪的线路连接如图 4.4.4 所示。

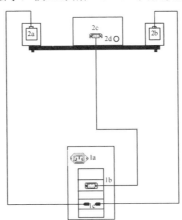

1a:PC 电源插座　1b:显卡 VGA(或 HDMI)接口　lc:USB 接口　2a:左 CCD 插口
2b:右 CCD 插口　2c:光栅发生器 VGA 插口　2d:光栅发生器电源线插口
图 4.4.4　3DSS 扫描仪线路连接示意图

如图 4.4.5 所示是扫描控制软件的主界面,客户区被固定分成四个区域,其中第一象限是扫描点云显示区;第二象限是参考点管理区;第三象限是左摄像头图像显示区;第四象限是右摄像头图像显示区。

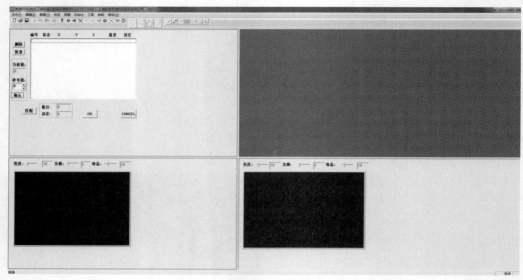

图 4.4.5　扫描控制软件的主界面

3) 系统基本操作

(1) 开机

连接好所有电缆插头,打开镜头盖,按如下步骤开机。

① 打开计算机,启动 Windows。

② 按下光栅发生器电源按钮,点亮投影光栅灯泡。

③ 双击 3DSS 软件快捷方式,启动扫描软件。

注意: 若 CCD 连接电缆没插好,会提示 No Camera。

(2) 直接控制。

单击主菜单"初始化"下的"直接控制"命令,进入"条纹控制"对话框,如图 4.4.6 所示。通过上面的按钮,可以对光栅投影器进行相应的操作。"开灯""关灯"按钮可以打开或关闭投影灯;其余的按钮"十字""Gray5""白"等依次是不同模式,扫描时会自动投影到物体上。在此可单击任意一个按钮来投影其中的一个,供检查或实验用。

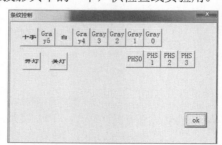

图 4.4.6　"条纹控制"对话框

(3) 打开摄像功能。

单击"主菜单"→"工具"→"CCD 控制"→"拍摄"，即可开启实时摄像功能。在左右摄像头对应的视图窗口内，动态显示各自的拍摄内容。

(4) 关闭摄像功能。

单击"CCD 控制"→"取消拍摄"，即可关闭摄像功能。

(5) 打开投影。

单击"直接控制"→"开灯"，即可打开投影。

(6) 关闭投影。

单击"直接控制"→"关灯"，即可关闭投影(只是关闭投影输出，灯泡并未关闭)。

(7) 投影十字线。

单击"直接控制"→"开灯"，或直接单击工具条中的"＋"图标，即可投影中间带十字、四角有边框的矩形光窗，如图 4.4.7 所示(本书黑白印刷，未显示出彩色效果)。在投影光窗口中，中间是一个红色的十字架，四个角有红色的边框标志。如果十字线不在中间，或四个边框标志不全，则显示设置有问题。

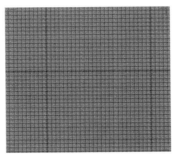

图 4.4.7　投影十字效果

(8) 调节 CCD 参数。

在左右两个 CCD 视图区内分别有电子亮度、电子光圈和电子增益三个拉动杆，在摄像功能打开的情况下，可调节相应的参数，调节效果会立即在窗口中显示出来。可根据环境、灯泡亮度和扫描材质调节这三个参数。注意：两个 CCD 应尽量调节成一样的参数。调到最佳值后，可在"参数"→"CCD 参数"中进行设置，作为下次启动软件时两个 CCD 的统一默认参数。扫描时，根据待测物体材质的不同，可以调整增益，使亮度适宜。亮度适宜的标准是动态图像窗口中刚刚出现一点红色，红色图像太多表示图像太亮，会使扫描结果变差，此时应该调低增益；图像太暗也不利于扫描，应调高增益。电子光圈(默认 15)不宜随便调节，否则可能使图像出现滚动的横条纹，导致扫描结果大为劣化。

(9) 确认左右摄像头的位置。

不要颠倒左右摄像头的位置。一种辨别方法是：让扫描仪的镜头对着 3DSS 控制软件运行的计算机屏幕，打开镜头盖，启动摄像功能，左下窗口应为左摄像头的显示区域(图 4.4.8)，可用手在镜头前晃动帮助辨别。另一种辨别方法是：让一个物体由远及近朝镜头移动，观察屏幕中视频窗口中相应的两个图像，如果两个图像相互接近，则安装正确；如果发现不正确，则要互换两个摄像头数据线 USB 插头在电脑侧的位置。在扫描前应确认左右摄像头是否插反。

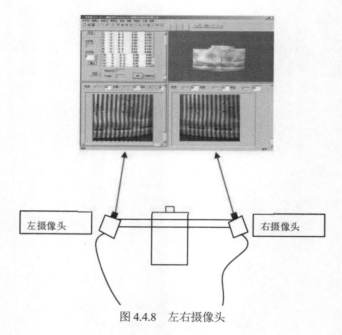

图 4.4.8 左右摄像头

(10) 调整摄像头。

不同扫描范围的结构参数 3DSS 可以灵活调成多种扫描范围，如标准型(400mm×300mm)、精密型(120mm×100mm)以及 800mm×600mm、200mm×150mm 等。

标准型：基距=500mm，扫描标准距离≈1000mm，镜头焦距=16mm。

精密型：基距≈250mm，扫描距离≈500mm，镜头焦距=25mm。

800mm×600mm：基距=500mm，扫描标准距离≈1600mm，镜头焦距=12mm。

200mm×150mm：基距=250mm，扫描标准距离≈500mm，镜头焦距=16mm。

安装摄像头时，要调整的是角度 α。调整时，把标定板放在摄像头前的扫描距离处，并把十字线投影到标定板的中心，仔细调整两个摄像头的角度，观察屏幕图像，令十字线处于左右图像窗口的中心，此时标定板的图像位于两个窗口的中间位置。设备安装好后，该角度一般就不要调整了。扫描时，要保证扫描距离基本在规定的范围内。这个距离也不是固定的，根据实际情况而变，一般而言，扫描较小物体时，若想让点距小一些，可适当减少扫描距离，如 700mm；扫描较大物体时，如果一次要获得较大的扫描范围，而点距不是很重要，可以适当增加扫描距离，如 1200mm，但不宜超过太多。

(11) 调整光栅发生器。

光栅发生器有聚焦环及变焦杆两个调节部件。这两个紧邻的部件靠近投影镜头，聚焦环靠前，用于调整投影出的光栅清晰度；变焦杆靠后，上面有一个短拨杆，用于调整投影窗口的大小。投影镜头的变焦杆通常要调整到使投影的画面达到最小的位置，然后调整投影焦距，在无法聚焦的情况下，可适当调整一下变焦杆。把十字线投影到位于扫描距离位置的白色物体上(可以放一张白纸)，调节投影镜头的聚焦环，使投影的十字线图案达到最清晰。在扫描过程中，光栅投影器的镜头是可以调整的，不会影响扫描精度。

注意：十字线模糊会使投影出的光栅边界不清晰，扫描时会使点云出现周期性的条状空缺。

所以在扫描前应确认十字线是清晰的。

(12) 调整摄像头镜头。

摄像头镜头如图 4.4.9 所示。

图 4.4.9　摄像头外形图

调整前，启动 3DSS 软件，按如下数据设置默认 CCD 参数：①亮度：10；②光圈：15；③增益：10；④灯泡电流：通常为 100%。使用精密型时，由于投影距离近，亮度过高，可设置为 70% 左右。

关闭并重新启动 3DSS 软件，启动摄像功能，观察图像。CCD 摄像头镜头的聚焦必须调整得非常清晰。调整聚焦时，较大的光圈有利于观察聚焦程度，因此应先把摄像头镜头的光圈调得比较大，并且不要开投影光，只利用环境光照明(因为如果此时打开投影光，图像会过亮，无法观察)，在标准扫描距离处放一张报纸，松开焦距锁紧螺钉，转动调整圈，观察屏幕上的图像，使图像中的文字调到最清楚，然后紧固锁紧螺钉。焦距调好后，再把光圈调到合适的值。通常在标准扫描距离处先放一个喷有白色显像剂的物体(因为这是扫描时最常见的颜色)，然后打开投影灯，并投影出十字线，观察图像，调整光圈，直至图像上最亮处的红色刚好消失。调好一个镜头后，再调另外一个镜头，两个镜头的光圈(包括软件光圈)必须调整得非常接近。

最后确认如下内容。

① 环境光：首先把房间里的灯都关闭，因为采用交流电的光源都是闪烁的，会影响扫描效果。然后确认环境光是否比较亮，如果仍然较亮，则应想办法屏蔽环境光。

② 打开光栅发生器灯泡，打出十字线，将白光照射在待测物体上，确认十字线是否清晰；观察屏幕图像中的待测物体上是否有红色出现，若有，则需要调整增益，直至红色刚好消失，当然，某些反光点或非扫描区域的过量红色可以不理会；如果图像较暗，则应调高增益，使图像亮度适中。

③ 太暗、反光或透明的材质必须在表面喷涂显像剂。

(13) 如何标定摄像头。

借助于标定装置，利用软件算法计算出摄像头的所有内外部结构参数，才能正确计算描点的坐标。该算法采用平面模板五步法进行标定，所谓五步法就是依次采集 5 个不同方位的标定板的模板图像，进行标定计算。不同的扫描范围要用不同的标定板进行标定。以下情况下，摄像头需要标定：

● 摄像头重新安装后。

- 任意一个摄像头镜头调整后。
- 扫描时参考点扫描不出来时。
- 扫描大型物体时反复搬动扫描仪后。
- 室温显著变化后(比如超过 10℃)。
- 怀疑摄像头有变动时。

注意：摄影镜头调过后不需要重新标定。

当然如果不怕麻烦，每次进行扫描前可以重新标定，标定功能通过菜单项"标定"→"标准法"进入。

① 标定板。标定板是一块印有白色点阵的平板，如图 4.4.10 所示。扫描范围不同，点的大小和点距也不同，其中有 5 个大点，这是标识方向的，有两个紧邻的大点必须总在上方。标定时，标定板不能侧放或颠倒。标定板需要保持干净，不能污损，圆点的边界不能缺损。通常标定板的参数会标在标定板后面。

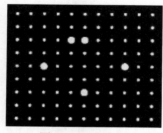

图 4.4.10　标定板

② 标定参数。单击"参数设置"→"参考点参数"，打开参考点参数设置对话框。"横向大点距离"表示的是 5 个大点中，横向的两个点之间的精确距离；"纵向大点距离"是其中纵向的两个大点之间的精确距离。这两个参数通常会标记在标定板的背面。标定前，要根据采用的标定板的实际尺寸设置标定的参数，不正确的参数会导致扫描误差。

③ 标定方法。标定前，必须确认摄像头的镜头已经调好并紧固。一般情况下，标定时要打开投影灯泡，计算机会自动打白光到标定板上，投影光的窗口要覆盖所有的白点。打开摄像功能，观察屏幕上的图像，如果太暗，要增加增益，先使最亮点的图像变成红色，然后略微减少图像亮度，使红色刚好消失。要注意的是，标定板及背景要干净，不可有多余的圆形图案出现，可用一块干净的黑布做背景。根据摄像头的姿态，通常采用两种标定方法：水平前倾和垂直向下。其区别在于摄像头的姿态不同，标定板的摆放方法也有所不同。选用标定方法的原则是：扫描用什么姿态，则标定用什么姿态。

水平前倾标定法：当扫描的物体位于摄像头的前方时，如扫描汽车油泥模型的侧面，摄像头处于前倾或水平方向，为了保证扫描精度，标定时摄像头前倾，标定板正对摄像头。用辅助工具实现标定板的摆放，如可借助椅子或装标定板的工具箱。摆放时要观察两个图像窗口，尽量使左右图像对称，图像尽量居于窗口的中央位置，点阵尽量平行于窗口。

垂直向下标定法：当扫描的物体位于摄像头的下方时，摄像头处于大致垂直朝下的方向，为保证扫描精度，标定时摄像头也要向下，此时标定板可放在地板上标定，并可采用图 4.4.11 所示的 5 个摆放位置。具体做法是摄像头的位置不动，找一块高度合适的方块来垫高标定板的四个边。注意图中五个大点的方向。倾斜的角度与水平前倾标定法中的角度大致相同，在标定点能匹配识别出来的前提下，角度应尽量大一些。

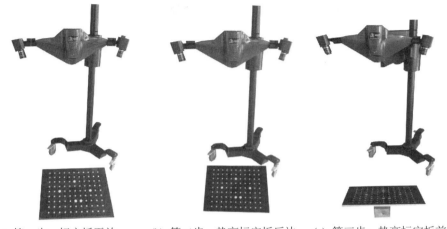

(a) 第一步：标定板平放　　(b) 第二步：垫高标定板后边　　(c) 第三步：垫高标定板前边

(d) 第四步：垫高标定板左边　　(e) 第五步：垫高标定板右边

图 4.4.11　垂直向下标定法

④ 标定操作步骤。

单击菜单"标定"+"标准法"命令，弹出标定"Wizard"界面。

单击"下一步"，进入"STEP1"对话框，如图 4.4.12 所示。

页面中有两个并排的小窗口，分别用于显示左、右摄像头的模板匹配效果，匹配出的点都显示在上面。标定时，并不要求所有的点都找到，但为了保证标定效果，每次缺失的点应少于 5 个。刚进入此界面时，不会进行匹配，先观察屏幕摄像机显示窗口，观看左、右摄像头是否覆盖标定板，如果没有，可调整标定板或三脚架，使之覆盖。还要看亮度是否合适，如果不合适，则要调整软件增益或投影灯亮度。然后单击"模板匹配"按钮，计算机开始匹配，并把结果显示在标定的 Wizard 界面上。

如果绝大部分的点都能匹配并显示出来，就单击"下一步"按钮，进入第二步。如果对结果不满意，重新调整后再匹配，直到满意为止。

依次进入第三步、第四步和第五步。

第五步的界面稍有不同，多了"标定计算""接收标定结果"按钮，如图 4.4.13 所示。

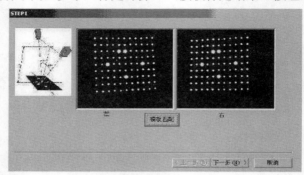

图 4.4.12　STEP1 对话框

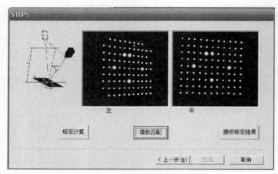

图 4.4.13　STEP5 对话框

在这一步中，成功进行模板匹配后，就可以单击"标定计算"按钮，计算机即开始进行计算，在数秒内完成标定运算，然后会在屏幕上显示出极差来。极差越小，表示标定结果越准确。极差小于 2 就可以接受。如果极差太大，则要重新进行标定。

注意：*如果某一步有较多的点匹配不出来，则把倾斜角度减小些再匹配。并不是所有的点都要匹配出来。倾斜角过小不利于获得好的标定效果。*

如果标定误差符合要求，则单击"接收标定结果"按钮，新的标定结果就会起作用。单击此按钮后，下面的"完成"按钮自动激活。

标定结束，单击"完成"按钮。

取消标定。若标定结果不理想，则单击"取消"按钮，退出标定程序。在标定中的任何一步，都可单击"取消"按钮，退出标定程序。

标定结果以文件"par.txt"的形式保存在\cali 子目录中，这个参数将影响后续的扫描，直到重新标定后，新的参数文件覆盖此文件为止。

(14) 扫描前置处理。

① 表面处理。物体的表面质量对扫描结果影响很大，如果扫描结果不理想，可考虑对物体做表面处理。虽然并不是所有的物体都需要做表面处理，但下面几种表面必须处理。

- 黑色表面。
- 透明表面。

- 反光面。

物体最理想的表面状况是亚光白色。通常的处理方法是在物体表面喷一薄层白色显像剂，这种物质跟油漆不一样，很容易清除，便于扫描完成后还物体以本来面目。喷涂显像剂时要注意如下几点：

- 该操作会造成误差。
- 不要喷得太厚，不要追求表面颜色的均匀而多喷，只要薄薄一层就可以。
- 不要喷到皮肤上，不要吸入人体内。
- 贵重物体最好先试喷一小块，确认不会对表面造成破坏后再喷。
- 喷涂现场注意通风，禁止吸烟。

实验表明，一般情况下人的皮肤可以不经过处理就能扫描出来，但摄像头软件的增益要调高。对于颜色较深的皮肤，可以适当打一点白色粉底，但千万不要喷显像剂。

② 利用参考点转换坐标。要完整地扫描一个物体，要进行多次、多视角扫描，不能让物体超过扫描范围。在扫描范围内的物体(例如一个瓶子)也需要在不同的视角下进行多次扫描，才能获得整体外形的点云。这时需要进行多视角拼合运算，把不同视角下测得的点云转换到统一的坐标系下。参考点是用来协助坐标转换的，它实际上是一些贴在物体表面的圆点，即黑底白点。为了可靠地识别参考点，参考点需要大小一定，但参考点(黑点)贴在物体表面会使表面的点云出现空洞，所以要尽量小。参考点的大小跟扫描范围有关，其关系见表 4.4.1。

表 4.4.1　不同扫描范围下的参考点大小

扫描范围	参考点直径
200mm×150mm	3mm
400mm×300mm	5mm
800mm×600mm	8mm

以上是用随机扫描软件进行拼合的情况，当采用专业软件(如 Geomagic)进行拼合时，由于参考点匹配是靠人工交互进行的，所以可以采用较小的参考点，甚至可以利用表面的一些自有特征来进行拼合。

参考点可以用打印机直接打印出来，也可以用亚光不干胶纸打印。用不干胶纸打印的参考点，可以直接贴上去；用打印纸打印的参考点，只能用胶水粘贴。但对于喷了显像剂的物体，不要直接粘贴(会贴不牢)，应该用湿布或纸把要贴参考点的地方擦一下。

关于参考点，应注意如下事项：

- 相邻两次扫描之间，至少要有 3 个重合的参考点才能进行拼合。
- 参考点贴在扫描的相邻重叠区域。
- 参考点的排列应避免在一条直线上。
- 参考点之间的距离应该互不相同，不要贴成规则点阵的形状。
- 高低应尽量错开。

参考点应贴在有效位置，即那些至少从两个角度扫描时都能扫描到的公共位置，有些死角里的参考点是没有任何用处的。

③ 扫描策略。物体大小不同，扫描的要求不同，采用的拼接方法不同，则扫描方法也不相

同，应该灵活运用。例如，小物体和大物体的扫描方法就不同，小物体的概念是相对的，是指尺寸小于单次扫描范围的物体。一个电话机听筒对于标准型扫描仪来说是小物体，但对于精密型扫描仪而言就不是小物体；汽车车身就属于大物体。在实践中，灵活运用各种扫描方法。

不粘贴参考点的扫描方法。如果对一个物体需要的部分在一个视角就可以全部扫描到，则不用拼接；或者操作者习惯利用 Surfacer 或 Geomagic 等软件进行手动拼接，而物体上有明显的特征可供利用，那么可以不用粘贴参考点，直接扫描并保存扫描结果。但如果物体上无明显特征，还是应该在物体上粘贴参考点。

借助参考板的多视角自动拼接扫描。如果只需要扫描一个物体的顶面和侧面，底面不需要扫描，则可以借助一个参考板进行扫描。如图 4.4.14 所示，找一块参考板，最好是黑色的，在参考板上粘贴一些参考点。

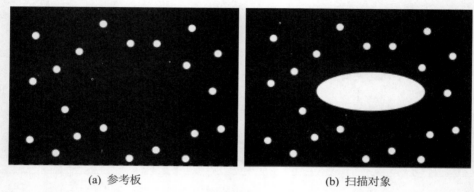

(a) 参考板　　　　　　　　　　　　　(b) 扫描对象

图 4.4.14　借助参考板的多视角扫描

扫描时，先不要把扫描对象放到参考板上，第一步先对参考板上的参考点进行扫描，争取把所有参考点都能扫描出来，然后把待测物体固定在参考板上(可使用橡皮泥、热胶枪)，依次转动参考板或移动扫描仪，通过 4～6 次扫描就可扫完扫描对象除底部外的所有部分，并利用参考板上的参考点自动拼合起来，而待测物体上并没有参考点，因而也没有空洞。类似瓶子、玩偶等均可采用这种策略扫描。某些情况下，需要扫描物体的整体，不但需要顶部和侧面的点云，还需要底面的点云，这时要把上述的扫描方法稍做改变，不但在参考板上要贴点，物体的侧面和底面也要贴足够的参考点。基本方法是：第一步，采用上面的方法得到顶部和侧面的拼合点云，至少有一幅要能取得侧面上的较完整的参考点；第二步，把待测物体从参考板上取下来，底面朝上，继续扫描，依靠侧面上的参考点把底面的点云自动拼接到上面几步扫描到的点云坐标系中。

注意，扫描过程中，为了较好地取得侧面的点云和参考点，应调整扫描仪和参考板的相对角度。

物体本身粘贴参考点的多视角自动拼接扫描。在没有参考板或不适合用参考板的情况下(例如物体尺寸较大)，可采用在物体本身粘贴参考点的方法，电话机听筒就可以采取这种方法。在物体的各个表面粘贴足够数量的参考点，扫描时应注意合适地摆放物体，使每次扫描时能把相邻两次扫描部分的参考点都识别出米，要保证当前扫描的区域至少与已扫描过的某一幅中有 3 个或更多的公共参考点，这样才能顺利过渡。

对于汽车门板、仪表板等大型物体，可根据单幅扫描范围把待测物体预先规划成多个扫描区间，要保证相邻区间有足够的重叠部分(大概为重叠扫描范围的 1/3)。一般从中间开始扫描，向四周扩散，在每个区域的重叠部分粘贴上足够的参考点。

④ 壳体的正反面扫描。在逆向工程中，经常要求对壳体类零件进行正反面扫描，这时应根据零件的大小采取正确的扫描策略。

小物体的正反面扫描方法。对于鼠标类小型壳体，可利用借助参数的方法扫描得到正反两面各一幅点云(KZ 与 KF)作为后续拼接的框架。然后单独对正反面分别进行多角度扫描，获得正反面各自的完整点云(PZ 和 PF)。在逆向软件中，固定 KZ 与 KF，令 PZ 与 KZ 对齐，PF 与 KF 对齐，PZ 与 KF 对齐，对齐后的 PZ 和 PF 合并后即得到完整的点云。

大物体的正反面扫描方法。对于车门等物体的正反面扫描，采用参考球法比较简单。扫描前在物体的侧边粘贴半径相同的若干个参考球(3 个以上)，分别用自动拼接法扫描得到正反面点云，最后利用参考球法把正反面的点云再对齐到一起。

(15) 坐标系。

3DSS 系列三维扫描仪的坐标系是以第一次扫描时的左摄像头坐标系为全局坐标系的，多视角扫描中的后续各幅的点云坐标均要转换到这一全局坐标系中。所谓摄像头坐标系，准确定义和理解起来比较复杂，可理解为中心在左镜头中心，XY 轴平行于左 CCD 芯片图像坐标，Z 轴是左 CCD 的光轴并指向被测物体，所以扫描点云的 Z 坐标值都是正值，围绕扫描距离变化。

(16) 参数设置。

单击"参数"→"扫描参数"命令，进入"参数设置"对话框(图 4.4.15)，可设置扫描参数。

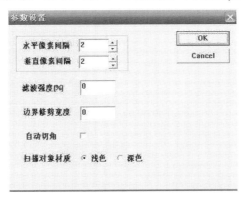

图 4.4.15　"参数设置"对话框

① "水平像素间隔"和"垂直像素间隔"。在 3DSS 系列三维扫描仪中，在两个摄像头都能看到的空间内，每一个像素都能计算出一个空间点。但有时并不需要每个像素都进行计算，这时可以隔几个像素取一个点，以减少点云的数据计算量，利于提高后续处理的速度。与此有关的扫描参数是横向和垂直像素间隔。例如，横向设为 2 时，表示横向隔 1 个像素计算一个坐标。扫描汽车车身时，水平和垂直间隔都可设为 4；扫描有细节的小物体时，可设为 1；车门、内饰等较光顺的零部件时，设为 2。

② "滤波强度"。此选项能对扫描点云进行平滑处理。当该参数为 0 时，测得的数据中物体表面细节较清楚。当该参数为 30%以上时，细节较模糊，但是点云非常光顺，通常不要超过 30%。

③ "边界修剪宽度"。此选项是用来自动进行边界删除的参数。通常在点云不连续的边界

处(不一定是物体的边界,常常是由于物体上的特征高低不一、互相遮挡造成的不连续),由于种种原因,扫描的点云会有误差,通过设置此参数可以自动裁掉一定宽度的边界。在某些场合,例如要精确扫描物体轮廓的情况下,不进行边界删除,此选项设为0。

④ "自动切角"。通常扫描区域是一个矩形的区域(图 4.4.16),但是由于镜头的畸变,即便进行了矫正,在四个角上仍可能会存在变形,从而造成较大误差,使多块点云合并时在边角部位容易生成双重面。勾选"自动切角"选项后,一部分角上的点云将自动删除掉,从而减少了后续手工点云裁剪的工作量。

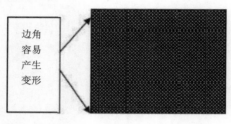

(a) 未勾选"自动切角"的点云　　　　(b) 勾选"自动切角"的点云

图 4.4.16　自动切角示意图

⑤ "扫描对象材质"。此参数可以让扫描软件适应不同材质的对象。例如,对于喷了白色显像剂的物体,可选"浅色";对于油泥模型、人的面部等,选择"深色",可以对一些深色物体不经表面喷涂就直接扫描出来,但此时背景杂点会相应增多。

(17) CCD 参数设置。

CCD 参数主要有三个,分别是电子软件光圈、电子软件亮度和电子件增益,是左、右摄像头的默认参数,软件启动时有效。灯泡亮度、材质、环境和扫描物体的远近不同时,这些参数会有所变化,可根据经验设置。一般设定灯泡电流后,先在摄像头视图内通过拉杆调整预览,合适后再在此设定,重新启动软件后生效。CCD 参数也是扫描参考点时采用的默认参数,所以这几个参数应该根据参考点的亮度来设置。其中,亮度设为 10%,光圈永远设为 15%,增益在出厂时设为 10%,随着灯泡的老化,亮度会降低,可以逐步提高增益参数。单击"参数"→"CCD参数"命令,弹出"CCD 参数"对话框,如图 4.4.17 所示。综合型设备使用 25mm 镜头时,由于工作距离较近,投影亮度较亮,灯泡电流可设为 70%左右。

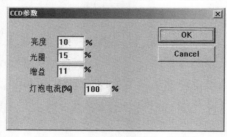

图 4.4.17　"CCD 参数"对话框

4. 扫描项目

1) 建立新扫描工程

开始一个新扫描之前,必须建立一个新项目,单击"测量"→"新项目"命令,弹出文件对话框，选择适当的子目录后，在文件名文本框中输入合适的项目名称(例如可用日期加编号组成，也可直接用待扫描物体的名称来标识)，然后单击"保存"按钮，系统会自动在所选的目录中建立一个子目录，目录名就是刚才在文件名文本框中输入的字符串。如果输入的字符串与目录中的子目录名重名，则系统会进入这个子目录，继续等待输入。出现这种情况时，可换一个新名称，或把该目录删除。

2) 打开项目

对于一个已存在的扫描项目，可以用打开项目的功能。一般在以下情况中会用到此功能。

(1) 扫描参数修改后，要重新离线计算点云数据。

(2) 扫描过程中突然停电或死机，数据没来得及保存。方法是在启动扫描软件前，拔掉数据线，单击"测量"→"打开项目"命令，弹出"建立新工程"对话框，选择需要的子目录，单击后进入该目录，然后双击该目录中与目录重名的"*.prt"文件，即工程文件。最后，可以执行扫描功能、拼合功能，只不过没有视频显示功能，所有操作都是基于已保存的顺序图像文件，计算出的点云文件可重新保存。

3) 点云文件的自动管理规则

扫描进行时，应及时把点云文件保存到硬盘中。单击"文件"→"Export"→".asc"，从弹出的对话框中输入点云名称，如"test"。系统会按顺序把每个视角的扫描点云分别保存成一个文件，文件名是刚输入的字符串后面加编号。

4) 点云的显示

扫描时，扫描点云连同坐标系会显示在屏幕的扫描点云显示区。点云是着色显示，彩色扫描时，点云显示成真彩色。可以对点云进行平移、旋转及缩放等操作，也可改变当前幅点云的显示颜色和单点显示的大小。

在刚扫描出点云且未自动拼接之前，属于点云预览状态，此时，点云以三角面的形式显示，因为有法向量和光照，看得比较清楚，便于操作者判断点云是否有问题(比如是否有非正常起伏)；同时，预览状态点云独占三维显示窗口，平移、旋转等操作是独立的，对其余已经扫描拼接出的点云显示没有影响。

5. 点云输出

点云文件有多种格式可供选择，如 ASC 格式(标准点云格式，后缀为 asc)、VRML2.0 格式(后缀为 wrl)、STL 和 IGS 等。ASC 格式只包含点的 X、Y、Z 三维坐标信息。VRML2.0 格式除了 X、Y、Z 三维坐标信息外，还包含每点的颜色信息。彩色扫描时通常保存成 WRL 文件格式。STL 是二进制格式的三角网格，但目前只能对单次扫描的点云生成三角网格并保存成独立的 STL 文件。IGS 格式的文件仍然是点云，并不是曲面。

1) 输出所有点云

利用 3DSS 自动拼接功能可对一个物体从多个角度扫描，多次扫描的结果可用"保存所有点云"功能输出，每幅点云分别保存成独立的文件，以利于进一步处理。单击"文件"→"Export all"，弹出一个文件保存窗口，选择所需的文件格式，输入点云文件名称，3DSS 在名称后自动添加当前幅的序号，序号从零开始，一直连续编号到当前幅。

2) 输出当前点云

此功能仅输出当前幅的扫描结果。单击"文件"→"Export Active"，弹出一个文件保存窗口，选择文件格式，输入点云文件名称，3DSS 会在名称后自动加当前幅的序号，不必输入序号。

　　3) 合并点云并输出

　　此功能可把所有幅的点云自动删除重叠部分后合并成一个点云文件输出。单击"文件"→"Merge & Export"，弹出一个文件保存窗口，选择文件格式，输入点云文件名称。由于保存文件数据量较大，并且运算量也较大，所以操作时间较长，需要耐心等候。

　　4) 参考点输出

　　每次扫描的参考点可独立输出一个文件。有两种文件格式，一种是带编号的 NXYZ 格式(后缀为 txt)，每一行四个 ASC 数字，即编号 n 及 X、Y、Z 三个坐标值；另一种是不带编号的 XYZ 格式(后缀为 ref)，每一行只有 X、Y、Z 三个坐标值，这些参考点文件合并后可作为扫描的整体框架用。

　　6. 扫描

　　扫描区域的选择。用选择性扫描的功能可以减少扫描冗余点和杂点。方法是先单击图标⬚，然后在左摄像头图像显示区中用鼠标定义要扫描的区域，单击鼠标左键，依次定义多边形区域的顶点，双击封闭区域；在定义的过程中，单击鼠标右键，取消该多边形区域的定义，可以定义多个多边形区域。如果要取消所有的区域，则重新单击图标⬚。子区域可以重叠，并不会因此而产生重叠的点云。多边形区域界线以反色线条显示。注意：单击⬚后，左右视频显示窗口中的图像就会定格，直到单击图标▦或图标▶，所以，在定义扫描区域之前，要调好摄像头的增益，使图像的亮度合适，调整好并固定扫描头的位置。如果不定义扫描区域，默认的扫描范围是整个视场。

　　1) 单视扫描

　　对于某些小范围局部扫描的场合，可以用单视扫描。直接用 Geomagic 软件进行拼合、配准时，不要使用参考点自动拼合功能，可采用单视扫描。单视扫描的过程如下：

　　(1) 启动扫描软件。

　　(2) 激活摄像功能。

　　(3) 建立一个新的扫描项目。

　　(4) 检查扫描参数。

　　(5) 打开投影灯，摄像头对准待扫描区域，观察左、右视频区，调整三脚架或物体，使投影光基本垂直于物体表面，物体到摄像头的距离近似等于设定的扫描距离。

　　(6) 观察采集的图像亮度是否合适，不合适则调整相应参数。

　　(7) 如有必要可定义扫描区域。

　　(8) 单击"测量"→"测量"命令或图标，开始扫描，摄像头会依次投影数幅结构光到物体上，并自动计算出扫描点云，点云结果显示在屏幕的扫描点云显示区，检查点云有无缺陷。

　　(9) 观察点云质量，若不满意则分析原因并重新扫描。

　　(10) 输出点云。可用"输出所有点云"或"输出当前幅点云"功能。在进行单视扫描时，这两个功能是一样的。

　　(11) 对于采用 Geomagic 拼合的多幅扫描，尤其需要重新建立新项目，可以从第(5)步开始继续下一个区域的扫描。

注意：每次扫描后要保存扫描点云。

2) 多视扫描

多视扫描是指扫描软件利用参考点进行自动拼合的多视角多次扫描。

(1) 参考点的管理。参考点管理区内显示的内容是当前幅和参考幅扫描得到的信息，其余幅中的参考点不会在窗口内显示出来。所谓当前幅就是正在进行的这一幅扫描，参考幅是当前幅要与之拼合的那一幅扫描，大多数是上一幅扫描，也可是别的某幅，可通过界面选择。参考点信息的"编号"表示该参考点在所在的幅中的编号；"状态"是指该点的状态，如果是"Y"，则表示此参考点参加拼合，如果是"N"，则表示该参考点不参加拼合运算；"像素"表示该参考点外圆在图像中的半径值，以像素为单位；"误差"表示其椭圆拟合误差，误差越大表示它偏离椭圆的程度越大，太大就可能不是一个椭圆，而可能是一个方形。

单击"删除"按钮，把当前参考点设为"N"；单击"恢复"按钮，又可把状态重新设置为"Y"。可根据参考点半径和误差值判断是不是一个合格的参考点，如果不是，则删除。参考点测量后，软件会自动根据参考点的误差做取舍，参考点误差表示与椭圆接近的程度，它与匹配误差的含义不同。对那些误差超过平均值 2 倍的参考点，其状态自动设置为"N"，即删除状态。当参考点较少时，如只有 3 个点，可以恢复其状态。

通过定义参考点视图上位于"参考幅"旁的加减计数器可改变参考幅。

单击"匹配"按钮，软件自动进行匹配计算。如果匹配数目大于或等于 3，且匹配误差较小(通常要小于 0.1mm)，则表示当前幅和参考幅成功匹配，单击"OK"按钮确定；如果匹配数目小于 3，则没有匹配成功。有时虽然匹配数目大于 3，但匹配误差较大，也是不成功的。随着软件的升级(3DSS Version 10 以后)，软件会自动寻找参考幅，无需手动指定，所以通常可以不再关注它，让它保持为 0 即可。只有在自动匹配结果不理想时，即匹配到一个邻近的重合参考点较少的幅，而又明确知道哪一幅是最好的参考幅(如当前幅的上一幅)，此时，可人工指定参考幅，软件会优先与指定的那一幅进行匹配。

单击"参数设置"→"参考点参数"命令，可弹出参考点参数设置对话框。为了区分真实的参考点、零件上的圆孔特征以及其他干扰，只有符合参考点直径、白色和圆形这三个条件的参考点才能被检测出来。

① 参考点直径。这是白色参考圆的真实直径，例如 5mm。一个物体上只能粘贴相同直径的参考点。

② 参考点像素识别范围。扫描参考点时，软件先从分析二维图片开始，事先根据图中的圆形图案的半径范围挑选出候选的参考圆。这里的半径是以像素为单位的。中间值通常是参考圆的真实半径除以扫描点距，例如 2.5mm/0.3mm=7，最小值(低限)可以设置为中间值的 60%，最大值可设置为中间值的 130%。也可事先设置一个较大范围，如(1，100)扫描后在参考点列表中观察真实参考点的半径，再据此设置合适的范围。

③ 最小相似距离。这是用来进行参考点匹配拼接的参数，一般设置为 0.05mm 或 0.1mm，不要超过 0.25mm。

(2) 参考点的显示。参考点扫描出来后，在尚未做匹配之前，与点云一起显示在点云显示窗口中，并且此时只有当前视被显示出来。在列表中被选中的参考点以蓝色小球显示，其余以黄色小球显示，小球直径是与真实直径对应的，每一个参考点都可被删除或恢复。通常只删除明显错误或误差偏大的参考点。匹配成功之后，单击参考点列表窗口上的"OK"按钮后，参考点显示成红色小球。

(3) 多视扫描步骤。

① 启动扫描软件，激活摄像功能。

② 建立一个新的扫描项目，设置扫描参数。

③ 打开投影灯，摄像头对准待扫描区域，观察左、右视频区，调整三脚架或物体，使摄像头基本垂直于物体表面，物体到摄像头的距离约等于设定的扫描距离。

④ 观察采集的图像亮度是否合适，不合适则调整相应的增益参数。如有必要，可定义扫描区域。

⑤ 扫描第一幅点云，单击"测量"→"测量"命令，软件自动先扫描参考点，再进行点云扫描。在右上角的点云显示窗口中观察可视区内的参考点和点云是否都被扫描出来，点云是否完好，若不满意，分析原因后重新扫描；若满意，则单击参考点管理窗口中的"OK"按钮，使参考点固定并显示为红色。

注意： 第一幅不要进行匹配。

⑥ 单击 ▶ 按钮，把当前幅编号加1(单击 ◀ 按钮可以把当前幅编号减1)。不要连续单击 ▶ 按钮，中间不能有未经成功匹配的幅。如果编号加多了，可单击 ◀ 按钮(注意不要忘记这一步)。如有必要，可定义扫描区域。

⑦ 单击"测量"→"测量"命令或图标 ▨▨ 加以纠正。进行参考点和点云扫描。扫描结束后，在点云显示窗口中只显示当前幅的结果，其余的点云和参考点暂时隐藏，以便观察扫描结果。

⑧ 单击"匹配"按钮，进行匹配。如果匹配成功(即匹配点数大于等于3，匹配误差小于0.1mm)，单击"OK"按钮。单击"OK"按钮后，点云显示窗口中会显示出所有幅的点云，可从点云的相互位置关系进一步判断拼接是否正确。如果匹配不成功，有两种情况。其一是匹配点数大于等于3，但匹配误差较大(通常会是一个超过1的较大的数)；这时可以减小参考点参数里的最小相似距离，如由0.15改为0.05，或者在参考点列表中删除第一个参考点，再单击"匹配"按钮，问题即可解决。其二是匹配点数小于3，这往往是重叠区域不够造成的，要调整扫描区域，使之与已经扫描过的区域有足够的重叠参考点，再重复步骤⑥，重新扫描参考点和点云。

注意： 匹配误差较大时，不能进行下一步。

⑨ 转步骤⑥扫描下一个区域，直到所有区域扫描完毕。

⑩ 输出点云。用"输出所有点云功能"可输出所有幅的扫描结果。如输入文件名car，而当前幅序号是10，则保存的文件是car0.asc、car1.asc、...、car10.asc。也可用"输出当前幅点云"功能。通常在使用"Export all"功能保存了前面的幅后又扫描了新的点云，此时，若继续用"Export all"功能，则要花相当长的时间重新保存前面已经保存过的点云，而用"Export active"功能只保存新扫描的点云。

3) 自动拼接注意事项

(1) 扫描新点云时，要单击按钮增加序号。每次只能增加1；若没有增加就扫描，则会覆盖掉刚刚扫描的结果。

(2) 只有匹配成功后才能继续下面的扫描。若匹配不成功，要找到问题所在。

(3) 要注意经常保存扫描的结果，防止意外发生。

(4) 扫描新的区域时，要与已扫描过的某一幅至少有 3 个以上的重合参考点。

7. 3DSS Photo 扫描软件的使用

本扫描软件是与标准的 3DSS 扫描软件同等重要的专用扫描软件，软件安装完成后，在安装目录里除标配的扫描软件(如 3DSSSTD.exe)外，还有一个可执行文件(如 3DSSSTDphoto.exe)，可以直接运行或创建快捷方式运行。3DSS Photo 的界面与操作方法和标准扫描软件大部分是相同的。

该软件目前支持两种文件格式，都是 ASCII 码文件。

(1) 3DSS 框架文件后缀为 txt，每行四个数字，分别是标号和 XYZ 三个坐标值，以空格隔开，其中标号是整数，可以从任何数开始，也不一定顺序编号，XYZ 是小数。

(2) ATOS 参考点格式文件后缀为 ref，与 ATOS 的 TRITOP 测量得到的参考点框架文件完全兼容。扫描方法与多视扫描步骤基本相同。

8. 点云数据处理流程

1) 扫描及处理的原则

(1) 投影光线基本垂直于要扫描的部分。与投影光线垂直部分的点云是最准确的，在点云编辑过程中应尽量保留。

(2) 每次扫描的作用要明确，以利于点云编辑时有目的地取舍。

(3) 遵循先拼接、后裁剪、再合并，最后均匀采样的步骤。

(4) 点云合并前应保存文件，合并后再保存成另一个文件。

2) 点云的编辑与合并

(1) 分别调入每幅点云，进行去杂点和去除不好区域的点云操作，并在工具菜单里修改单位为 millimeters，可分别保存成 mi.wrp 文件。

(2) 点云对齐(注册)，可以两两注册。手动注册时，先用 n 点法初拼。用扫描软件的自动拼接功能时，通常不需要手动注册，事后补扫某些区域除外。再用全局注册(global - register)进行精确调整。可把某几块点云固定位置，用 pin(钉住)操作固定住。

(3) 全局注册后(global register)，要依据粘贴的参考点的点云，检查点云是否发生错位现象。如有错位，则要重新处理点云。错位通常发生在平面或柱面区域。

(4) 对于 mi(i =0，1，2，3...)，在菜单里选取最佳数据。

(5) 用菜单里的"修剪"命令(从对象中删除已选点之外的所有点)，然后用"联合点对象"命令将分块点云合并为一个点云。

(6) 用统一采样(单击 points→uniform sample 命令)功能进行均匀采样，点距应比希望的最小点距略小，采用标准型，1×1 时可选 0.3mm，2×2 时可选 0.6mm。

(7) 如果点云关键部分有空洞，应该补扫。

(8) 用选择体外孤点[单击 edit (编辑)→select(选择)→outliers(体外孤点)]命令功能选择并删除跳点，可反复进行 2～3 次。

(9) 用封装(wrap)功能进行三角化。一般情况下，"噪声降低"(noise reduce)参数可选medium(中等)。对于某些要求锐边的场合，可选 none；但选 none 时，三角化的结果会较粗糙，此时可单击 polygon(多边形)→reduce spikes(删除钉状物)命令进行去毛刺。某些部位点云重合得不好，会比较毛糙，同样可单击 polygon(多边形)→reduce spikes (删除钉状物)命令加以改善。

(10) 如有必要，进行补孔操作。补孔时，遵循先删空边界再补的顺序。

(11) 如有必要，可对锐边做锐化操作。

(12) 如有必要，可用 decimate polygons(简化多边形)功能减少三角形数量打开高级选项，选择曲率优先。

3) 对齐坐标系

(1) 在点云中选择某些基准上的点云，建立基准点、线、面。

(2) 使基准点、线、面与全局坐标系对齐，用 tools(工具)→Alignment to World(对齐到全局)命令。

(3) 手动微调点云坐标，用 tools(工具)→Move(移动)→Exact Position(精确位置)命令。

4) 输出

根据用户要求输出不同的文件格式。

(1) 二进制 STL 文件：Save As→Binary STL。

(2) igs 点云文件：选择点云 Save As→igs。

4.4.2 3D 打印技术概述

观看视频

1. 3D 打印技术简介

1) 3D 打印技术的起源

在将来，机器可以制造机器。3D 打印机是新一代的智能机器，它们能设计、制造、修理、回收其他机器，甚至能够调整和改进其他机器，包括它们自己。

3D 打印技术，又称为增材制造(Additive Manufacturing，AM)，也称为增量制造。3D 打印(Rapid Prototyping，RP)技术是通过 CAD 设计数据采用材料逐层累加的方法制造实体零件的技术，相对于传统的材料去除(切削加工)技术，是一种"自下而上"材料累加的制造方法。3D 打印涉及的技术集成了 CAD 建模、测量、接口软件、数控、精密机械、激光、材料等多种学科。美国材料与试验协会(ASTM) 2009 年成立的 3D 打印技术委员会(F42 委员会)对 3D 打印有明确的概念定义。3D 打印是一种与传统的材料加工方法截然相反，基于三维 CAD 模型数据，通过增加材料逐层制造三维物理实体模型的方法。3D 打印技术内容涵盖了产品生命周期前端的"快速原型"(Rapid Prototyping)和全生产周期的"快速制造"(Rapid Manufacturing)相关的所有打印工艺、技术、设备类别和应用。

3D 打印制造技术的核心思想起源于 19 世纪末的美国，到 20 世纪 80 年代后期，3D 打印技术发展成熟并被广泛应用。1892 年，美国登记了一项采用层叠方法制作三维地图模型的专利技术。1979 年，日本东京大学生产技术研究所的中川威雄教授发明了叠层模型造型法。1980 年，日本人小玉秀男又提出了光造型法。虽然日本人研究出 3D 打印的一些方法，但是此后 20 多年的时间里，将这些科学方法转化为实际应用的都是美国人。

1983 年，美国人查尔斯·赫尔(Charles Hull)发明了立体平板印刷技术(Stereo Lithography

Appearance)，简称 SLA。它的原理是采用光照的办法催化光敏树脂，然后成型制造。后人把赫尔称为"3D 打印之父"，如图 4.4.18 所示。

图 4.4.18　查尔斯·赫尔

赫尔也是最早从事商业性 3D 打印制造技术的企业家。1986 年，赫尔离开了原来工作的紫外光产品公司，成立了一家名为"3D 系统"的公司，开始专注发展 3D 打印技术。这是世界上第一家生产 3D 打印设备的公司，而它所采用的技术当时被称为"立体光刻"，是将液态光敏树脂在光聚合原理下实现的。1988 年，赫尔生产出世界上首台以立体光刻技术为基础的 3D 打印机，SLA-250，这种机器体型非常庞大。

1988 年，美国人斯科特·克朗普(Scott Crump)博士发明了一种新的 3D 打印技术——熔融沉积成型技术。该技术适用于产品的概念建模及形状和功能测试，不适合制造大型零件。1989 年，美国人德卡德发明了选择性激光烧结技术，这种技术的特点是选材范围广泛，如尼龙、蜡、ABS、金属和陶瓷粉末都可以作为加工的原材料。1992 年，美国人赫利塞思发明了层片叠加制造技术。

1993 年美国麻省理工学院教授伊曼纽尔·萨克斯博士(Emanuel Sachs)发明了三维印刷技术(Three-dimension Printing)，简称 3DP。它的原理是利用黏结剂将金属、陶瓷等粉末粘在一起成型。麻省理工学院两年后把这项技术授权给了一家公司进行商业应用，这家公司后来开发出可以彩色打印的 3D 打印机。

在 1995 年之前，还没有"3D 打印"这个名词，被学术界所接受的名称是"快速成型"。1995 年，美国麻省理工学院的两名四年级学生吉姆和蒂姆，他们的毕业论文研究题目是《便捷的快速成型技术》。两人经过多次讨论和探索，最后想到利用当时已经普及的喷墨打印技术，两人将打印机墨盒里的墨水换成胶水，用喷射出来的胶水粘粉末床上的粉末，结果打印出一些立体物品。他们兴奋地将这种打印方法称作 3D 打印(3D Printing)，他们将使用的改装打印机命名为 3D 打印机。此后，"3D 打印"一词慢慢流行，许多快速成型技术都称作 3D 打印技术。

2005 年，美国的 Z 公司推出了世界上第一台彩色 3D 打印机，标志着 3D 打印技术开始从单色迈向多色时代。2007 年英国巴斯大学机械工程系的艾德里安·鲍耶(Adrian Bowyer)博士在一个基于熔融沉积技术的开源 3D 打印项目中，成功开发出世界首台可自我复制的 3D 打印机，代号达尔文(如图 4.4.19)。由于是开源的技术，任何使用者都可以改造这项技术，于是许多人参与改进。随着此项技术的不断进化，3D 打印机变得越来越便宜、轻便，甚至小到可以摆放在桌面上，从此 3D 打印机开始进入普通人的生活。全球最大的桌面级 3D 打印机生产商 MakerBot 就是得益于此项技术而迅猛发展起来的。

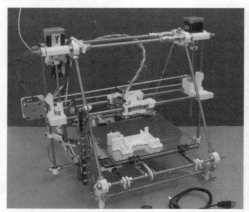

图 4.4.19　代号"达尔文"的 3D 打印机

2008 年以色列一家名为 Object Geometries 的公司推出一款革命性的快速成型设备，它是有史以来第一台能够同时使用不同打印原料的 3D 打印机，开创了混合材料打印的先河。

2010 年，美国的生物技术公司 Organovo 研制出了全球首台 3D 生物打印机，这种打印机能够使用人体脂肪或骨髓组织制作出新的人体组织(如图 4.4.20)，使得 3D 打印人体器官成为可能。

图 4.4.20　全球首台 3D 生物打印机

2011 年，荷兰医生给一名 83 岁的女士安装了一块用 3D 打印的金属下颌骨，这是全球首例此类型的手术。这种由比利时哈瑟尔特大学医学院的研究人员制造的金属下颌骨，完全符合病人的身体情况，缩短了手术时间和住院时间，减少了医疗费用。这一例医疗案例标志着 3D 打印移植开始进入临床应用。

2012 年，英国《经济学人》杂志发表专题文章称 3D 打印将是第三次工业革命。这篇文章引发了人类对于 3D 打印的全新认识，3D 打印这个词开始在社会大众中普遍传播开来。

2013 年，位于美国得克萨斯州奥斯汀市的 3D 打印公司"固体概念"(Solid Concepts)制造出一支 3D 打印金属手枪。

2014 年 7 月，美国南达科他州一家名为 Flexible Robotic Environment(FRE) 的公司公布最新

开发出一种全功能制造设备，这种设备兼具 3D 打印(增材制造)、车床(减材制造，包括车铣、激光扫描、超声波检具、等离子焊接、研磨/抛光/钻孔)及 3D 扫描功能。

2014 年 8 月，荷兰一名 22 岁的工程师创客 Yvo de Haas 推出了一款桌面级 3D 打印机，名为 Plan B，技术细节完全开源，自己组装费用仅需 1000 欧元。

2014 年 10 月，由三名创客成立的 Sintratec 公司，推出了一款 SLS 工艺的 3D 打印机，售价仅为 3999 欧元。

2) 国内外发展现状

(1) 国外 3D 打印发展情况

美国和欧洲在 3D 打印技术的研发及应用推广方面处于领先地位。美国是全球 3D 打印技术创新和应用的领导者，欧洲也十分重视 3D 打印技术的研发和应用。除欧美外，其他国家也在不断加强 3D 打印技术的研发及应用。澳大利亚在 2013 年制定了金属 3D 打印技术路线。南非正在扶持大型激光 3D 打印机的开发，着力推动 3D 打印技术的应用推广。

据美国消费者电子协会最新发布的年度报告显示，随着汽车、航空航天、工业和医疗保健等领域市场需求的增加，3D 打印服务的社会需求量将逐年增长。

3D 打印技术在国外发展较快，目前已能在 0.01mm 的单层厚度上实现 600 dpi 的精细分辨率。目前国际上较先进的产品可以实现每小时 25mm 厚度的垂直速率，并支持 24 位色彩的彩色打印。截至 2012 年底，3D 打印成型公司 Stratasys 的产品已经可以支持 123 种不同材料的 3D 打印。

美国的 Z 公司与日本的 Riken 学院于 2000 年联合研制出基于喷墨打印技术的能够制作彩色原型器件的 3D 打印机。2000 年底以色列的 Object Geometries 公司推出了基于结合 3D 喷墨墨水与光固化工艺的二维打印机 Quadra。在全球 3D 打印机行业中，美国的 3D Systems 和 Stratasy 两家公司的产品占据了绝大多数的市场份额。此外，在此领域具有较强技术实力和特色的企业还有美国的 Fab@Home 和 Shapeways 等。

在欧美发达国家，3D 打印技术已经初步形成了成功的商业模式。如在消费电子业、航空业和汽车制造业等领域，3D 打印技术可以较低的成本、较高的效率生产小批量的定制部件，完成复杂而精细的造型。3D 打印技术在个性化消费品领域的应用非常广泛。如纽约一家创意消费品公司 Quirky 通过在线征集用户的设计方案，以 3D 打印技术制成实物产品并通过电子市场销售，每年能够推出 60 种创新产品，年收入 100 万美元。

自 20 世纪 90 年代以来，国内多所高校开展了 3D 打印技术的自主研发。清华大学在现代成型学理论、分层实体制造、熔融沉积制造工艺等方面都有一定的科研优势。

华中科技大学在分层实体制造工艺方面建立优势，并已推出了 HRP 系列成型机和成型材料。西安交通大学自主研制了 3D 打印机喷头，并开发了光固化成型系统及相应的成型材料，成型精度达到 0.2mm。中国科技大学自行研制了八喷头组合喷射装置，有望在微制造、光电器件领域得到应用。但总体而言，国内 3D 打印技术研发水平与国外相比还有较大差距。我国港台地区很多高校和企业都有自己的 3D 打印设备，快速成型技术应用更为广泛，但并非自主研发。

(2) 国内 3D 打印技术及其未来发展趋势。

3D 打印技术在国内掀起了一股技术创新热，针对产品的 3D 效果展示和 3D 可视化呈现在国内获得了广泛应用。许多传统制造企业在研发过程中，使用基于各类引擎的 3D 可视化技术设计和展示产品，3D 可视化技术已经成为国内行业发展的趋势。中国 3D 打印服务市场快速增长，已经先后有几家企业利用 3D 打印制造技术生产设备并提供相关服务。用发展的眼光看，3D 打印技术首先影响的是模具行业。模具行业风景独好，一方面是对技术要求高，另一方面是市场需求大，在产品大规模生产之前，必须进行多次打样和修改。3D 打印机的出现，其实是消灭了模具反复打造的流程，让设计者直接根据图形数据打印零件，极大地缩短产品的研发周期，大幅减少成本投入。

(3) 3D 打印机的分类。

3D 打印机主要分为工业级和桌面级两种。相比桌面级的 3D 打印机，工业级打印机有精度更高、体积更大、价格更高等特点。目前，工业级 3D 打印机做得比较好的有两家企业，分别是德国的 EOS 品牌与美国的 3D Systems 品牌。前者采用选择性激光烧结技术，主打金属与尼龙材料，打印出来的产品无论强度还是硬度都非常好，当然价格也高。美国的 3D Systems 品牌是行业先锋。早期通过不断收购使该公司产品线非常齐全，包括紫外光固化技术、粉末烧结技术和熔融成型技术的产品。

(4) 工业级 3D 打印机。

ABS：是指丙烯腈-丁二烯-苯乙烯共聚物。英文名 Acrylonitrile Butadiene Styrene Copolymers，简称 ABS。ABS 是一种强度高、韧性好、易于加工成型的热塑型高分子。

工业级的成型技术多为光固化立体成型(SLA)、选区激光烧结(SLS)，材料不是以丝状供料。SLS 技术选材较为广泛，如尼龙、蜡、ABS、树脂裹覆砂(覆膜砂)、聚碳酸酯、金属和陶瓷粉末等都可以作为烧结对象，它是通过低熔点金属熔化把高熔点的金属粉末或非金属粉末粘在一起的液相烧结方法。SLA 技术材料多为树脂类，主要是液态的光敏树脂，不存在颗粒的东西，因此可以做得很精细，相对 SLS 的材料要贵得多，目前多用于打印薄壁、精度较高的零件。适用于制作中、小工件，能直接得到塑料产品。

工业级 3D 打印机的常见款式如图 4.4.21 所示。

金属 3D 打印机 M290　　　　　尼龙 3D 打印机　　　　　生物 3D 打印机

图 4.4.21　工业级 3D 打印机

光固化 3D 打印机

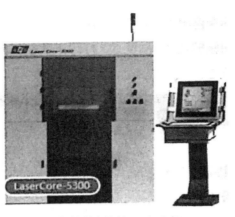

选择性激光烧结 3D 打印机

工业级 3D 打印机 Object 500

光固化 3D 打印机

高精度 DLP 光固化 3D 打印机

高精度 DLP 光固化树脂 3D 打印机

图 4.4.21(续)

(5) 桌面级 3D 打印机。

聚碳酸酯：简称 PC，是分子链中含有碳酸酯基的高分子聚合物，根据酯基的结构可以分为脂肪族、芳香族、脂肪-芳香族等多种类型。

桌面级 3D 打印机采用的成型技术多为熔融沉积制造，使用材料为蜡、ABS、PC、尼龙等，以丝状供料。

Makerbot 公司作为当今个人级 3D 打印设备的领先企业，采用的技术是根据计算机中的空间扫描图，在塑料薄层上喷涂原材料，层层粘连堆积，形成成型精度很高的三维模型。Makerbot 公司主要生产的 3D 打印机产品如图 4.4.22 所示。2012 年 9 月 19 日，美国 Makerbot 公司推出 Makerbot Replicator 2，2013 年 CES 大会(国际电子消费展)发布 Makerbot Replicator 2X，在 2014 年 1 月 6 日，Makerbot 公司在 CES 大会(国际电子消费展)上发布了第五代新产品，一共三款打印机，包括 Makerbot Replicator、Makerbot Replicator Mini 和 Makerbot Replicator Z18。目前 Makerbot 公司的桌面级产品在市场上的销量遥遥领先其他公司的产品。

Makerbot Replicator Mini　　　　　Makerbot Replicator Z18

Makerbot Replicator　　　　　Makerbot Replicator 2

图 4.4.22　Makerbot 公司生产的 3D 打印机

在基于 FDM 工艺的产品中，3D Systems 公司推出了个人家用的 3D 打印机 Cube 系列，其以简易性和高可靠性著称，使用的打印材料为 ABS 和 PLA，可以打印的制件尺寸为 285.4mm× 230mm×270.41mm，具有 Wi-Fi 技术，可以方便地在计算机与打印机之间进行无线通信，进行数据文件的转换。

美国上市公司 3D Systems 于 2014 年 1 月发布的 Cube Pro 系列 3D 打印产品，如图 4.4.23 所示。Cube Pro 分为单喷头、双喷头和三喷头三种不同型号，各有 23 种不同颜色的 PLA 和 ABS 材料供用户选择，两种打印材料可以同时打印。Cube Pro 的特点是具有大尺寸的内置打印平台，在超高精度的设定下，可达到 75μm 的最小层厚。Cube Pro 三头打印机，可以同时打印三种颜色，三种颜色和三种材料可以同时使用，使得打印出的模型更具表现力。超过 20 种颜色组合的选择，可使颜色组合的设计更加独特。

图 4.4.23　Cube Pro 系列 3D 打印机

国内的科研技术人员自 20 世纪 90 年代初期才开始进入 3D 打印技术的研究中。北京太尔时代科技有限公司研制的打印机 Up Plus2 具有自动修复模型、提前估计打印时间和耗费等功能，成型平台尺寸为 140mm×140mm×135mm。基于其良好的性能，被美国 MAKE 杂志评为性价比最高的个人级 3D 打印机。北京太尔时代科技有限公司研发的产品如图 4.4.24 所示。

UP Plus2 3D 打印机　　　　　　　BOX 3D 打印机

图 4.4.24　北京太尔开发的桌面式 3D 打印机

2. 3D 打印技术的原理及工艺

1) 3D 打印技术的基本原理

3D 打印技术主要应用离散、堆积原理。任何产品都可以看成许多等厚度的二维平面轮廓沿某一坐标方向叠加而成。3D 打印技术的成型过程是：先由 CAD 软件设计出所需产品的计算机三维 CAD 模型，表面三角化处理，存储成 STL 文件格式，然后根据其工艺要求，按一定厚度进行分层切片，把原来的三维 CAD 模型切分成二维平面几何信息，即截面轮廓信息，再将分层后的数据进行一定的处理，加入加工参数并生成数控代码。在计算机控制下，数控系统以平面加工方式有顺序地连续加工，从而形成各截面轮廓再逐步叠加，并使它们自动组合成立体原型，经过后续处理最终得到所需要的成型的零件(图 4.4.25)。

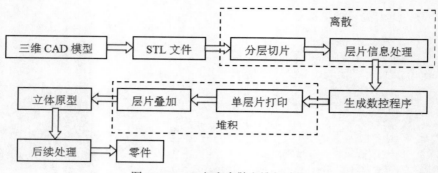

图 4.4.25　3D 打印离散和堆积过程

与先进制造技术相比，3D 打印技术具有如下特点。

(1) 数字制造。

借助 CAD 等软件将产品结构数字化，驱动机器设备加工制造成器件，数字化文件还可借助网络进行传递，实现异地分散化制造的生产模式。

(2) 分层制造。

分层制造即把三维结构的物体先分解成二维层状结构，逐层累加形成三维物体。因此，原理上 3D 打印技术可以制造出任何复杂的结构，而且制造过程更柔性化。

(3) 堆积制造。

"从下而上"的堆积方式对于实现非匀质材料、功能梯度的器件更有优势，同时材料利用率大幅度提高。

(4) 直接制造。

任何高性能难成型的部件均可通过"打印"方式一次性直接制造出来，不需要通过组装拼接等复杂过程来实现，因此，可制造出传统工艺方法难以加工，甚至无法加工的结构。同时大大缩短了复杂零部件的制造周期和成本，同时允许设计人员设计出更复杂的零件而不受制造方法的限制。

(5) 快速制造。

3D 打印制造工艺流程短、全自动、可实现现场制造，因此，制造更快速、更高效。不需要刀具、模具。所需工装、夹具大幅度减少，因此，零部件生产准备周期大幅度缩短，整体制造周期短。

3D 打印技术的应用特点如下。

● 适合复杂结构的快速打印。

3D 打印技术可制造传统方法难以加工(如自由曲面叶片、复杂内流道等)，甚至是无法加工(如立体栅格结构、内空结构等)的复杂结构，在航空航天、汽车、模具及生物医疗等领域具有广阔的应用前景。

● 适合产品的个性化定制。

传统大规模、批量的生产需要做大量的工艺技术准备，以及大量的工装、设备和刀具等，3D 打印在快速生产和灵活性方面极具优势，适合珠宝、人体器官、文化创意等个性化定制生产，小批量生产以及产品定型之前的验证性制造，可大大降低个性化、定制生产和创新设计的制造成本。

● 适合高附加值产品制造

3D 打印技术诞生只有 20 多年，相比传统制造技术还很不成熟。现有的 3D 打印工艺加工速率较低、设备尺寸受限、材料种类有限，主要应用于成型单件、小批量和常规尺寸制造，在大规模制造、大尺寸和微纳尺寸等方面不具备效率优势。因此，3D 打印技术主要应用于航空航天等高附加值产品大规模生产前的设计验证以及生物医疗等个性化产品制造。

2) 3D 打印技术的基本工艺

3D 打印技术是一种采用逐点或逐层成型方法制造物理模型、模具和零件的先进制造技术，是综合材料科学、CAD/CAM、数控和激光等先进技术于一体的新型制造技术。3D 打印技术是基于离散、堆积的成型思想，将计算机上构建的零件三维 CAD 模型沿高度方向分层切片，得到每层截面信息，然后输出到 3D 打印设备上逐层扫描填充，再沿高度方向粘连叠加，逐步形成三维实体零件。与传统机械加工中"减材料"的工艺相比，3D 打印技术能从 CAD 模型生产出零件原型，缩短了新产品设计和开发周期，是制造技术领域的一次重大突破。目前，3D 打印工艺技术已有十多种，按照成型材料的不同，可分为金属材料 3D 打印工艺技术和非金属材料 3D 打印工艺技术两大类，其中典型的 3D 打印工艺技术见表 4.4.2 所示。

观看视频

观看视频

表 4.4.2　3D 打印工艺技术及其应用领域

类别	工艺技术名称	使用材料	工艺特点	应用领域
金属材料 3D 打印工艺技术	激光选区熔化 (SLM)	金属或合金粉末	可直接制造高性能复杂金属零件	复杂小型金属精密零件、金属牙冠、医用植入物等
	激光近净成型 (LENS)	金属粉末	成型效率高、可直接成型金属零件	飞机大型复杂金属构件等
	电子束选区熔化 (EBSM)	金属粉末	可成型难熔材料	航空航天复杂金属构件、医用植入物等
	电子束熔丝沉积 (EBDM)	金属丝材	成型速度快、精度不高	航空航天大型金属构件等
非金属材料 3D 打印工艺技术	光固化成型 (SLA)	液态树脂	精度高、表面质量好	工业产品设计开发、创新创意产品生产、精密铸造用蜡模等
	熔融沉积成型 (FDM)	低熔点丝状材料	零件强度高、系统成本低	工业产品设计开发、创新创意产品生产等
	激光选区烧结 (SLS)	高分子、金属、陶瓷、砂等粉末材料	成型材料广泛、应用范围广等	航空航天领域、工程塑料零部件、汽车家电等领域、铸造用砂芯、医用手术导板与骨科植入物等
	三维立体打印 (3DP)	光敏树脂、黏结剂	喷黏结剂时强度不高、喷头易堵塞	工业产品设计开发、铸造用砂芯、医疗植入物、医疗模型、创新创意产品、建筑等

3) 3D 打印的工艺过程

3D 打印的工艺过程一般包括产品的前处理(三维模型的构建、三维模型的近似处理、三维模型的切片处理)、分层叠层成型和产品的后处理,如图 4.4.26 所示。

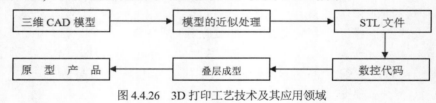

图 4.4.26　3D 打印工艺技术及其应用领域

(1) 数据处理。

3D 打印制造过程中的数据处理过程如图 4.4.27 所示。

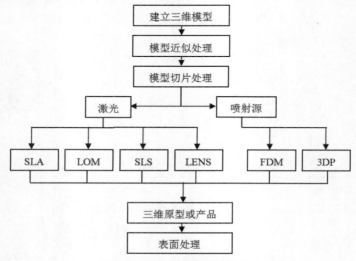

图 4.4.27　3D 打印中的数据处理

① 三维模型的构建。

观看视频

由于 RP 系统由产品的三维 CAD 模型直接数字化驱动,因此首先需要建立产品的三维 CAD 模型,然后才能进行切片处理。建立产品数字化模型的方法主要有两种:一是应用 CAD 软件(如 Pro/E、Solidworks、I-DEAS、MDT、AutoCAD 等),根据产品的要求设计三维 CAD 模型,或将已有产品的工程图转换为三维模型,如 Pro/E 的 AutobuildZ;二是对已有的产品实体进行三坐标测量、激光扫描或 CT 断层扫描得到其点云数据,基于反求工程实现三维 CAD 模型的构建。

② 模型的近似处理。

③ 三维模型的切片处理。

3D 打印是对模型进行叠层成型,成型前必须根据加工模型的特征选择合理的成型方向,沿成型高度方向以一定的间隔进行切片处理,以便提取截面的轮廓。间隔的大小根据被成型件的精度和生产率进行选定。应用专业的切片处理软件,能自动提取模型的截面轮廓。

(2) 截面轮廓的制造。

根据切片处理得到的截面轮廓,在计算机的控制下,3D 打印系统中的成型头(激光头或喷头)在 x-y 平面内将自动按截面轮廓信息做扫描运动,得到各层截面轮廓。每一层截面轮廓成型后,3D 打印系统将下一层材料送至成型的轮廓面上,然后进行新一层截面轮廓的成型,从而将一层层的截面轮廓逐步叠合在一起，并将各层粘合，最终得到原型产品。

4.4.3 熔融沉积成型 3D 打印机基本操作及其方法

以下 3 台 3D 打印机为北京太尔时代科技有限公司生产的熔融沉积成型 3D 打印机，如图 4.4.28 所示。

(a)UP Plus2 　　　　　　(b)UP BOX+ 　　　　　　(c)UP 300

图 4.4.28 熔融沉积成型 3D 打印机

1. UP BOX+3D 打印机的结构及常用按键

下面以 UP BOX+为例，介绍其结构及常用按键，具体如图 4.4.29、图 4.4.30、图 4.4.31 所示。其打印头的结构如图 4.4.32、图 4.4.33 所示。

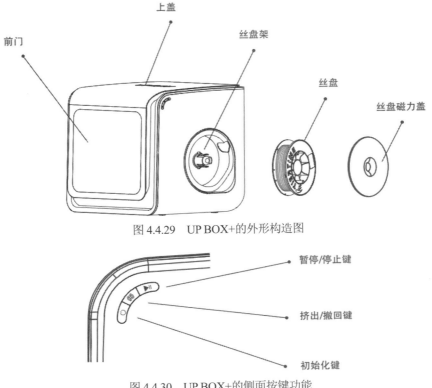

图 4.4.29 UP BOX+的外形构造图

图 4.4.30 UP BOX+的侧面按键功能

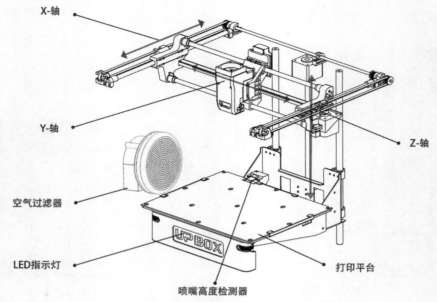

图 4.4.31　UP BOX+的内部构造图

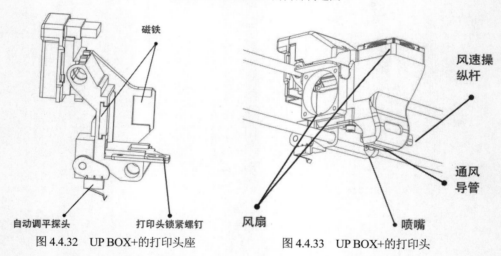

图 4.4.32　UP BOX+的打印头座　　　图 4.4.33　UP BOX+的打印头

2. UP BOX+ 3D 打印机的操作流程

观看视频

UP BOX+3D 打印机的打印精度可达 0.1mm，成型尺寸也增至 255mm×205mm×205mm，可以制作体积较大且非常精致的作品。其封闭式的机身设计方便零件成型，减少了打印过程中的翘边和裂纹等情况出现，小巧的机体放在桌子上也不会占用很多空间，配合高质量的线性导轨，精度和可靠性可以和工业机相媲美。它具有平台自动调平和自动设置喷头高度的功能，使打印机的校准变得轻松简单，确保了打印效果和可靠性。该机型完美支持 PLA 和 ABS 打印材料，配合 UP Studio 软件独具匠心的支持生成功能，无论多么复杂的模型，在 UP BOX+面前都可迎刃而解。

1) 打印前的准备工作

(1) 安装多孔板。多孔板也称为工作台板，如图 4.4.34 所示。

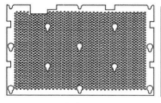

(a) 安装多孔板

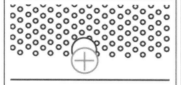

(b) 多孔板已扣紧

(c) 多孔板未扣紧

图 4.4.34　多孔板的安装

把多孔板放在打印平台上，确保加热板上的螺钉已经进入多孔板的孔洞中。

在右下角和左下角用手把加热板和多孔板压紧，然后将多孔板向前推，使其锁紧在加热板上。

确保所有孔洞都已妥善紧固，此时多孔板应放平。

在打印平台和多孔板冷却后，安装或拆卸多孔板。

(2) 安装丝盘。

(3) 安装 UP Studio 软件。

(4) 3D 打印机开机初始化。

打印机每次打开时都需要初始化。在初始化期间，打印头和打印平台缓慢移动，并会触碰到 X、Y、Z 轴的限位开关。这一步非常重要，因为打印机需要找到每个轴的起点。只有在初始化完成后，软件其他的选项才会亮起供选择使用。

(5) 自动平台校准。

单击"校准"→"自动水平校准"，校准探头将被放下，并开始探测平台上的 9 个位置。在探测平台之后，调平数据将会被更新，并储存在机器内，调平抬头也将会自动缩回。

注意： 在喷嘴未加热时进行步骤(5)，在校准前，清除喷嘴上残留的塑料，确保校准时多孔板已正确安装。

(6) 自动喷嘴对高。

单击"校准"→"喷嘴对高"可以启动该功能。

一般情况下，可以使用校准卡来确定正确的平台高度，尝试移动校准卡，并感觉到其移动过程中受到一点点阻力，具体如图 4.4.35～图 4.4.37 所示。

(7) 准备打印。

确保打印机打开并已连接到计算机。单击软件界面上的"维护"按钮，弹出"维护界面"对话框。

从材料下拉列表框中选择"ABS"或所用材料，并输入丝材重量。

单击"挤出"按钮，打印头将开始加热，在大约 5 min 之后，打印头的温度将达到熔点(对于 ABS 而言，温度为 260℃)。在打印机发出蜂鸣后，打印头开始挤出丝材。

(8) LED 呼吸灯和前门检查。

平台过高，喷嘴将校准卡钉在平台上，应将平台下降一点

图 4.4.35　平台过高调整

当移动校准卡时可以感受到一定的阻力，平台高度合适

图 4.4.36　平台高度合适

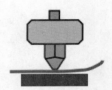

平台过低，当移动校准卡时无阻力，应略微升高平台

图 4.4.37　平台过低调整

2) 打印操作

(1) 通过 UP Studio 软件导入模型，调整打印的方位以及模型比例大小，选择默认的打印层厚、填充密度等参数，进行打印预览。

(2) 打印参数设置。

通过 UP Studio 软件或其他专业的切片软件对模型进行切片，设置合适的层片厚度。总体来说，层片厚度越小，打印件的精度就越高；反之，则精度越低。其他参数设置，例如，填充密度、密闭层数、密闭角度、支撑层数与角度等，当需要做调整时则对每个参数进行调整。

(3) 修复模型。

通过打印机软件对有缺陷的模型进行修复，单击"更多"→"修复"。

3) 模型打印后的处理

模型打印完成后，先把工作台连同模型从打印机上取下来。戴上隔热手套取下工作台板，然后用铲刀铲下模型，去除模型内部及外部的辅助支撑(可借助电动工具和手动修模工具完成)。

4) 3D 打印加工的模型实物

在实际加工中，3D 打印可以使绝大多数的设计图转变为实物，下面将呈现利用桌面式 3D 打印制作出来的一些作品，例如"工具箱""鲁班锁""像素人""哑铃"等。具体如图 4.4.38～图 4.4.41 所示。

观看视频

图 4.4.38　工具箱

图 4.4.39　鲁班锁

图 4.4.40　像素人

图 4.4.41　哑铃

4.5　激光加工

4.5.1　概述

1. 激光

从激光最初的中文名叫做"镭射"，是它的英文名称 LASER 的音译，取自英文 Light

Amplification by Stimulated Emission of Radiation 的单词首字母组成的缩写词，中文意思是"通过受激发射光扩大"，完全表达了制造激光的主要过程，即是在某种状态下，能出现一个弱光激发出一个强光的现象，这就叫做"受激发射的光放大"，从而简称激光。

1) 激光的发展历程

激光的原理在 1917 年被爱因斯坦发现，但直到 1960 年激光才被科学家梅曼首次成功制造，并诞生第一台激光器。1961 年，中国第一台激光器诞生于王大珩领导的长春光机所，同年，激光首次在外科手术中用于杀灭视网膜肿瘤。1964 年按照我国著名科学家钱学森建议将"受激发射光"改称"激光"。2013 年，南非科学与工业研究委员会国家激光中心研究人员开发出世界首个数字激光器，开辟了激光应用的新前景。目前，半导体激光器、先进光纤激光器及激光增材技术是激光应用发展的重点方向。

2) 激光的产生条件

(1) 有提供放大作用的增益介质作为激光工作介质，其激活粒子(原子、分子或离子)有适于产生受激发射的能级结构。

(2) 有外界激励能源，将下能级的粒子抽运到上能级，使激光上下能级之间产生粒子数反转。

(3) 有光学谐振腔，增长激活介质的工作长度，控制光束的传播方向，选择被放大的受激发射光频率以提高单色性。

3) 激光的特点及应用

激光是一种在激光器中受激发射产生的光源，它不仅具有普通光的反射、折射、衍射等共性，还具有极高的亮度和能量密度、极好的单色性、方向性和相干性。激光的亮度要比太阳表面亮度高二百多亿倍，其单色性(光的频率单一)比激光出现前最好的氢灯高上万倍。故在利用激光进行加工时，具有加工精度高、加工速度快、安全可靠、材料适应范围广等优势，因而又被称为"最快的刀""最准的尺""最亮的光"。

激光技术自诞生来就受到各界的青睐，近年来随着超快光学、光纤激光器及大功率激光器的迅速发展，激光技术在输出功率、加工效率、精度和质量等方面都得到了完善和提升，进一步加深了激光技术在材料加工、光电检测、高速通信、生物医疗、国防工业等众多领域的发展，促进了相关产业的技术革新和产业升级。激光技术本质上是融合光学、机械学、电子学、计算机学等学科为一体的高新技术，因其具备高单色性、相关性及平行性等独特优势，且有极好的空间和时间控制性能，其应用领域范围不断扩展。

2. 激光加工

激光加工技术是 20 世纪 60 年代后出现的一门尖端科学，是利用激光束与物质相互作用的特性对材料(包括金属与非金属)进行切割、焊接、表面处理、打孔及微加工等的一门加工技术。根据光与物质相互作用的机理，激光加工大致可分为激光热处理和光化学反应加工两大类。激光热处理是指利用激光对材料的快速加热作用而对身体进行的各种处理；光化学反应处理是指用高强度、高亮度的激光控制作用于身体并引起光化学反应的过程，也称为冷加工。对冷热金属材料和非金属材料的切割、钻孔和扫掠，如热处理金属材料的焊接、表面强化、还原非常有利。

1) 激光加工的特点

(1) 能量密度高，适用性广。几乎能加工所有的材料，如各种金属材料和陶瓷、石英、金刚石、橡胶等非金属材料。如果是反射率或投射率高的工件进行打毛或色化处理后，仍可加工。

(2) 加工速度快，效率高。且热影响区小，热变形也小。

(3) 加工不需要刀具，属于非接触加工。无机械加工变形，也无工具损耗等问题。

(4) 激光束传递方便。能透过空气、惰性气体或透明体对工件进行加工。因此，可通过由玻璃等制成的窗口对被封闭零件进行加工，或在真空环境下也可加工。

(5) 易于控制。便于与机器人、自动检测、计算机数字控制等先进技术相结合，实现自动化加工。

2) 激光加工的应用

(1) 激光焊接。

激光焊接不需要助焊剂或者填料，可以将两部分金属或非金属焊接在一起。由于激光焊接是非接触式焊接，它能够穿过材料内部进行焊接，焊接效果优于其他焊接方式。由于其聚焦点小，焊接的材料之间连接度更好，不会损伤材料甚至引起工件变形。经过不断的发展，激光焊接已从传统的军事国防领域扩大到民用领域，广泛应用在汽车、钢铁、仪器制造、医学等领域。

激光焊接主要有两种表现形式，即深熔焊和传导焊接。深熔焊广泛应用于机械设备制造行业。在使用中，一般在电焊前必须将激光功率调整到相应的水平。在相应的功率标准下，激光输出功率输入远远超过热传输率。此时，激光对准金属材料产品的表面，会使材料表面汽化，产生相应的小孔。此时，激光将继续向下移动小孔径。在这个过程中，金属工件的金属部分会不断熔化，产生相应的熔融金属。此时，焊接过程完成。传导焊接又称热传导焊接技术，属于传统的激光焊接技术。在应用中，激光直接照射在金属工件的表面上以提高其温度。这时，由于导热的原理，表面温度会逐渐向内部渗透和扩散。当表面和内部温度升高到一定的熔点水平时，会出现熔池，此时焊接完成。传导焊接的使用比较普遍，因为它适用于熔深浅、宽度要求小的常规焊接。

此外，与传统焊接技术相比，激光焊接技术具有人工成本低、焊接质量好等优点。因此，在现代金属加工技术的焊接工作中使用激光焊接技术是有利的。从目前的发展状况看，激光焊接技术已经不断渗透到汽车行业，为行业发展提供了必要的技术支持。目前，激光焊接技术可以满足汽车传动系统中 70% 的零部件的焊接要求。与其他焊接工艺相比，激光焊接不仅可以增加零件的使用寿命，还可以降低使用成本，体现了独特的应用价值。简单地说，焊接和冲压装配散布用于平面工件。通过焊接和组装，可以减少工件的数量，也可以提高零部件的性能，减轻重量，进而提高整车的整体性能。以雅阁为例，门体采用 1.4mm 钢板和 0.7mm 钢板密封焊接而成，门体重量减轻 40%。此外，激光焊接技术具有很强的耐用性，广泛应用于刀具、制造刀具和量具。图 4.5.1 显示了利用激光焊接来加工汽车框架。

图 4.5.1　利用激光焊接加工汽车框架

(2) 激光打孔

激光打孔是利用材料的蒸发现象以去除材料为目的的激光加工，目前已广泛应用于金刚石拉丝模、钟表仪器的宝石轴承、陶瓷、玻璃等非金属材料，以及硬质合金、不锈钢等金属材料的小孔加工等方面。为保证加工精度，必须采用最佳的能量密度和照射时间，使加工部分快速蒸发，并防止加工区外的材料由于传热而温度上升以致熔化。因此，打孔宜采用脉冲激光，经过多次重复照射后完成孔的加工，这样既有利于提高孔的几何形状精度，又不使孔周围的材料受到热影响。激光打孔的最大优点是效率高，如在宝石轴承上打 $\phi 0.12 \sim 0.18mm$，深 $0.6 \sim 1.2mm$ 的小孔，每分钟可加工几十个，一般 0.1s 左右就可打一个孔。激光打孔能加工的最小孔径在 0.01mm 左右，表面粗糙度可达 Ra0.162μm 至 Ra0.08μm。值得注意的是激光打孔以后，被蚀除的材料要重新凝固，除大部分飞溅出来变为小颗粒外，还有一部分附在孔壁，甚至有的还要附到聚焦的物镜及工件表面。为此，大多数激光加工机都采取了吹气或吸气措施，以排除蚀除产物，有的还在聚焦的物镜上装有一块透明的保护膜，以避免损坏聚焦物镜。图 4.5.2 显示了激光打孔加工钣金件。

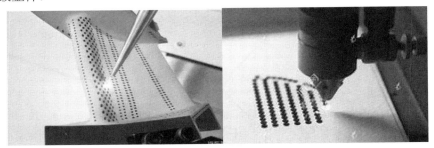

图 4.5.2　激光打孔加工钣金件

(3) 激光打标。

激光打标是利用高能量密度的激光对工件进行局部照射，使表层材料汽化或发生颜色变化的化学反应，从而留下永久性标记的一种打标方法。利用激光打标技术在材料表面能够刻出各种文字、符号和图形等，文字的大小能从毫米达到微米数量级。近年来，激光系统不断改进密度，大大加深了激光打标符号的深度，提高了标签质量。激光打标出的文字(符号)具有永久性，对公司产品或个人作品的防伪和鉴别具有重大意义和价值,因此也越来越受到社会各界的关注。

随着计算机技术以及其他相关技术的不断发展，激光打标的应用领域也越来越广泛，如：数码相机拍摄出的照片、计算机编辑或生成的图形文件都可以很方便地通过激光打标直接标刻出来；各种曲线图片、防伪条形码甚至任务头像都可以标记到传统工艺无法处理的材料表面。激光打标最大的特点是非接触加工，可在任何异形表面标刻，工件不会变形和产生内应力，适于金属、塑料、玻璃、陶瓷、木材、皮革等材料的标记。图4.5.3显示了产品表面的各类标签。

图4.5.3 激光打标在产品表面加工的各类标签

(4) 激光增材制造技术。

激光增材制造(LAM)技术以激光为能量源，将复杂的 CAD 数字模型快速而精密地制造成三维实体零件，实现真正的"自由制造"。与其他增材制造技术相比，激光的能量密度高，激光增材制造技术不受零件材料和结构的限制，可用于难加工材料、复杂结构及薄壁零件的加工制造，在航空航天领域的高性能复杂构件和生物制造领域的多孔复杂结构制造中优势显著。目前，激光增材制造技术已经成功制造出高致密度金属构件，包括钛合金、高温合金、铝合金、不锈钢以及非晶合金材料等，针对高性能材料(如梯度合金、记忆合金以及高熵合金)的研究也在进行中。激光增材制造技术按照其成型原理分类，具有代表性的有激光选区熔化(SLM)技术和激光金属直接成型(LMDF)技术。

(5) 激光切割。

激光切割是利用高能量密度的激光束加热工件，使工件材料在极短时间内达到熔点或沸点，通过辅助气体吹走切割缝内的熔渣，达到切割的目的。激光切割精度高、切缝窄，切口宽度通常可达 0.10～0.20mm，其切割面光滑，不会产生毛刺；激光切割速度 10m/min，其最大定位速度能够达到 70m/min，相比线切割速度快得多。激光切割属于非接触式切割，切割时不会与工件材料表面发生接触，不会损坏工件。激光加工的柔性较好，可对任意图形进行加工。与传统切割技术相比，激光切割过程噪声较小，且能节省 15%～30%的原材料。随着激光技术的日臻成熟，超快激光可实现微米级加工精度，表面粗糙度可达到或优于 Ra0.4μm。此外，激光切割通用性也越来越强，可用于对各种各样的脆性材料进行精准切割。既可以切割金属，也可以切割非金属；既可以切割无机物，也可以切割皮革之类的有机物。它可以代替锯切割木材，代替剪子切割布料、纸张，还能切割无法进行机械接触的工件(如从电子管外部切割内部的灯丝)。由于激光对被切割材料几乎不产生机械冲击和压力，故也适于切割玻璃、陶瓷和半导体等既硬又脆的材料。此外，激光切割加工后工件热影响和材料变形小，切割后的工件可直接使用，无需二次加工。

相比于传统切割技术，激光切割过程噪声较小，且能节省 15%～30%的原材料，再加上激光光斑小、切缝窄，且便于自动控制，所以更适于对细小部件做各种精密切割。同时，激光切割技术与机器人、计算机软硬件联系越来越紧密，逐渐向智能制造发展，能实现多坐标联动，完成复杂工件的精准高效切割。图 4.5.4 所示为激光切割在材料加工领域的应用。目前，在切割金属薄板方面，光纤激光器的应用最为广泛，其切割效率和切割质量均有显著优势。

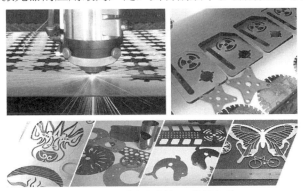

图 4.5.4　激光切割加工的零部件

除上述激光加工应用外，激光加工技术的应用还有激光清洗、激光热处理、激光表面改性等，激光加工技术有着传统加工技术无法比拟的应用优势，同时其符合当前生态文明建设实现绿色与可持续发展的要求，具有巨大的发展潜力和广阔的市场。

3. 激光器

激光器是激光加工设备中的核心组成部分，一种能发射激光的装置。

1) 激光器的组成

激光器根据激光的产生条件，一般由工作介质、激励能源、光学谐振腔三个部分组成。各部分作用如下。

(1) 工作介质：具有亚稳态能级结构，用来实现粒子数反转并产生光的受激发射放大作用的物质体系，有时也称为激光增益介质。

(2) 激励能源：给工作介质提供能量，即是将原子由低能级激发到高能级的外界能量。常见的激励方式有光学激励、电激励、化学激励和核能激励等。

(3) 光学谐振腔：提供光学反馈能力，使受激发射光子在腔内多次往返以形成相关的持续振荡。并对腔内往返振荡光束的方向和频率进行限制，以保证输出激光具有一定的方向性和单色性。

2) 激光器的分类

(1) 根据工作介质物态分类：一是固体(晶体和玻璃)激光器；二是气体激光器，进一步分为原子气体激光器、离子气体激光器、分子气体激光器、准分子气体激光器等；三是液体激光器，这类激光器所采用的工作介质主要包括两类，一类是有机荧光染料溶液，另一类是含有稀土金属离子的无机化合物溶液；四是半导体激光器；五是自由电子激光器。

(2) 根据激励方式分类：主要有光泵式激光器、电激励式激光器、化学激光器、核泵浦激光器等。

(3) 根据运转方式分类：主要有连续激光器、单次脉冲激光器、重复脉冲激光器、调激光器、锁模激光器、单模和稳频激光器、可调谐激光器等。

由于连续和脉冲方式工作的大功率脉冲钇铝石榴石和二氧化碳激光器的发展，给激光切割创造了良好的条件，使其应用更为广泛。同时，结合本校实际情况，激光加工实训课程所用设备为二氧化碳激光雕刻切割一体机，故本章将着重介绍以二氧化碳激光器作为工作光源的 CO_2 激光雕切(雕刻&切割)加工。

4.5.2　激光雕切加工

1. 设备介绍

观看视频

CO_2 激光雕切加工实训采用的是 TY-CN-120 型激光雕刻切割一体机，以下简称"CO_2 激光雕切一体机"。它主要由操作面板、电控柜、激光器、工件操作平台、恒温冷水机、负压吸尘风机等系统组成。

1) 机器外观

机器外观如图 4.5.5 所示。

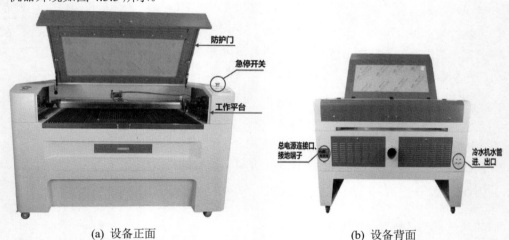

(a) 设备正面　　　　　　　　　　(b) 设备背面

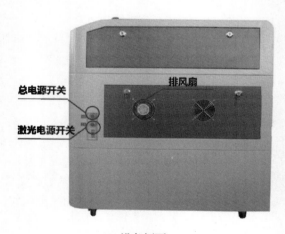

(c) 设备侧面

图 4.5.5　CO_2 激光雕切一体机的结构外观

2) 工作平台

工作平台如图 4.5.6 所示。

图 4.5.6 CO2 激光雕切一体机的工作平台

3) 操作面板(主控板)

操作面板如图 4.5.7 所示。

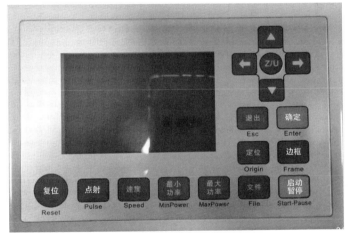

图 4.5.7 CO_2 激光雕切一体机的操作面板

4) CO_2 激光器

CO_2 激光器如图 4.5.8 所示。

图 4.5.8 CO_2 激光雕切一体机的激光器

5) 恒温冷水机(冷却水箱)

恒温冷水机如图 4.5.9 所示。

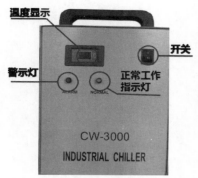

图 4.5.9　CO_2 激光雕切一体机的恒温冷水机

6) 负压吸尘风机

负压吸尘风机如图 4.5.10 所示。

图 4.5.10　CO_2 激光雕切一体机的负压吸尘风机

7) 电控系统

电控系统如图 4.5.11 所示。

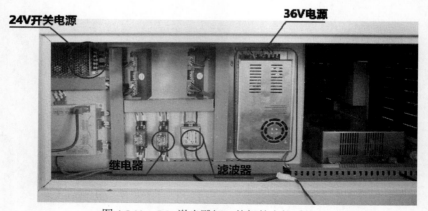

图 4.5.11　CO_2 激光雕切一体机的电控系统

2. 加工原理与技术参数

1) 加工原理

由激光器发光原理可知，只要工作物质的长度足够长，无论多小的初始自发辐射，都一定可以被放大。但实际中，工作物质由于其特性不可能特别长，在现实中激光器发出激光束的原理是在光源进、出口两端各放一块反射镜，使得发出的光束来回反射，多次通过工作物质的光被不断放大达到使用的要求。在光源系统中为了充分利用光能，放大系统往往置于聚光腔体中，防止光源发出的光散射。激光作为光的一种，与自然界可见光一样，都是由激发态的原子在高能级和低能级之间跃迁产生的光子形成的。但是激光和可见光的不同之处在于，可见光是由光源中原子自始至终自发发射产生的。而激光则仅在开始的时间内依赖于自发发射，然后完全受激发射出光子。正是因为激光器发出的几乎所有的光都是由受激发射形成的，这使得激光发出的光子具有相同频率、相同波长和完全相同的传播。

本机采用的是封离式(指工作介质被封离在放电管内)二氧化碳激光器做工作光源，由计算机控制的二维工作平台，能按预先设定的图形轨迹做各种精确运动。

其工作原理是以数控技术为基础，激光为加工媒介；当激光电源产生瞬间高压(约 2 万伏特)激发激光器内部的二氧化碳气体时，激发的粒子流将在激光管内的谐振腔产生振荡，并输出连续激光；计算机雕刻切割程序则一方面控制工作台做相应运动，另一方面控制激光输出，输出的激光经反射、聚焦后，在非金属材料表面形成高密度光斑，使加工材料表面瞬间汽化，然后由一定气压吹离汽化后的等离子物，形成切缝，从而实现激光切割的目的。

其激光光路系统如图 4.5.12 所示。

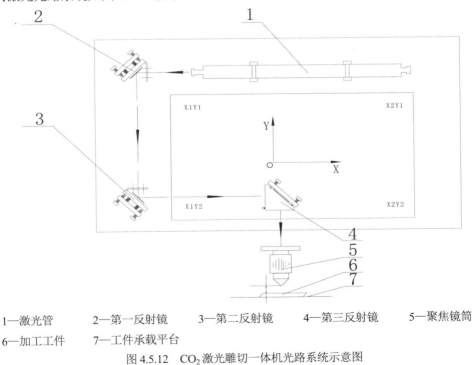

1—激光管　　2—第一反射镜　　3—第二反射镜　　4—第三反射镜　　5—聚焦镜筒
6—加工工件　　7—工件承载平台

图 4.5.12　CO_2 激光雕切一体机光路系统示意图

2) 技术参数

可参见表 4.5.1。

表 4.5.1 关键技术参数表

序号	关键参数	参数详情		
1	激光波长	10.64μm	切割速度	≤38000mm/min
2	激光器	封离式 CO_2 激光器	(根据材料厚度切割速度相应减慢)	
3	工作幅面	1300mm×900mm	激光最大输出功率	100 W
4	切割厚度	≤20mm(视切割材料而定)	激光能量调节	0～100%手动/自动(软件设定)
5	切割线宽	≤0.5mm	冷却方式	循环水冷
6	冷却水温	5～30℃	使用电源	220V/50Hz/2kW

3. 加工方式与常用材料

1) 加工方式

CO_2 激光雕切一体机常用加工方式有以下三种。

(1) 点阵雕刻。

点阵雕刻像高精度点阵印刷。激光头摆动,每次雕刻由一系列点组成的线,然后激光头移动同时雕刻多条线。最后,形成整个板的图像或文字。扫描图形、文本和矢量化可以用点阵雕刻。

(2) 矢量雕刻。

矢量雕刻是在图像和文本的外部轮廓上进行的。矢量雕刻图案通常用于木材、丙烯酸、纸张和其他材料的切割,也用于标记各种材料的表面。

(3) 位图雕刻。

先在图片处理软件上将我们需要雕刻的图形进行挂网处理并转化为单色 BMP 格式,而后在激光雕切一体机配套的上位机中打开该图形文件。然后根据所加工的材料设置合适的参数,再单击"运行",激光雕切一体机就会根据图形文件产生的点阵效果进行雕刻。

2) 常用材料

CO_2 激光雕切一体机常用的加工材料有:橡胶板、有机板、塑料板、亚克力板、双色板、胶合板、木板、大理石、瓷砖、防火板、绝缘板、纸板、皮革、人造革、织物、砂布、砂纸等非金属材料。

4.5.3 激光雕切加工操作说明

本节以 CO_2 激光雕切一体机为例,介绍激光雕切加工的基本操作步骤。

1. 注意事项

(1) 依据加工材料及加工方式(切割或雕刻)来设置适当的工作参数,包括加工速度、激光输出功率、封口重叠长度(切割)、步距(雕刻)、空程速度等,以达到最佳加工效果。

(2) 设备工作时输出为 4 类激光,此类激光为人肉眼所不能看见的。因此,在机器工作时,应保证整个光路无任何物体遮挡，更应防止人体任何部位或有高反射率的材料插入光路，以免造成不必要的损失或伤害。

(3) 加工材料一定要摆放平整，使聚焦镜在加工范围始终与加工材料之间保持同样的距离(焦距调整至规定高度)，以保证最佳的加工效果。

(4) 加工区域里不得摆放有碍激光刀头运行的物体，免得步进电机受阻失步而造成加工次品。

(5) 整个加工过程一定要确保循环冷却水工作，同时应每隔一段时间(如每小时)观察冷却水的温度和清洁情况，及时换水。

(6) 在加工过程中，一定要保持抽风、排烟通畅。加工时所产生的烟雾对光学镜片表面和运动机构均会造成伤害，影响整机的使用寿命。

(7) 加工时应注意设备与计算机之间的信号线一定要连接牢固，不能带电插拔接头，以免损坏运动控制卡。

2. 开机流程

图 4.5.13 显示了 CO_2 激光雕切一体机开机流程图。

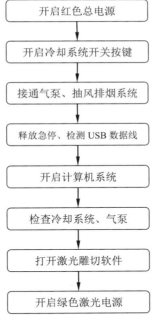

图 4.5.13　CO_2 激光雕切一体机的开机流程图

3. 操作说明

1) 操作面板

CO_2 激光雕切一体机上操作面板(实物如图 4.5.14)上共有 16 个功能键和液晶显示屏。

其中 16 个功能键分别为："复位""点射""速度""最小功率""最大功率""文件""启动暂停""定位""边框""退出""确定""上""下""左""右""Z/U"。液晶显示屏上显示文档名或系统工作参数：系统切割速度、工作光强以及系统工作状态(初始化、等待、工作、暂停等)。

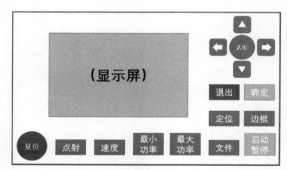

图 4.5.14　操作面板示意图

各功能键的作用如下。

(1)　"复位"：让激光头回到机械原点，此键只有在系统处于等待或暂停状态下有效；其他状态下无效。

(2)　"点射"：启动设备后，每按下此键一次，激光管发光一次。按住"点射"键不放，激光管最长出光 0.5s。此键只有在系统处于等待或暂停状态下有效；其他状态下无效。

(3)　"速度"：设置系统切割速度，在 0%～100%可选。此键在系统处于等待或暂停状态时有效，其他状态均无效。100%速度对应于机器参数中的极限速度。

(4)　"最小功率"：设置最小功率，在 0%～100%可选。此键在系统处于等待或暂停状态时有效，其他状态均无效。

(5)　"最大功率"：设置最大功率，在 0%～100%可选。此键在系统处于等待或暂停状态时有效，其他状态均无效。

(6)　"文件"：查看和操作面板中载入运行的文件。

(7)　"开始/暂停"：在工作和暂停之间，切换系统状态。当系统处于工作状态时，按下此键，系统进入暂停状态，若再次按下此键，系统又重新回到工作状态。此键在工作或暂停状态下有效，其他状态下均无效。

(8)　"定位"：此键用来定义(改变)切割原点。在切割前，若要修改切割原点，用方向键将激光头移到切割的起始位置。若短按此键，则确定激光头当前所在位置为切割原点；若长按此键 3s 以上，则确定切割原点，并且系统自检，画出自检图形。此键在系统等待状态下有效，其他状态下无效。

(9)　"边框"：激光头沿边线运动。

(10)　"退出"：取消操作。在设置切割参数时，取消所做修改；在选择作业文档时，取消选择；系统在暂停状态下，按下此键，可使系统回到等待状态。其他状态下，"退出"键无效。

(11)　"确定"：确定操作。只有在设置切割速度和工作光强或选择作业文档时有效；其他状态下无效。

(12)　"方向键"(上、下、左、右)：用于调整激光头的位置，选择作业文档，改变切割速度，最小、最大光强的值。

(13)　"Z/U"：调节 X 及 Y 方向的运动。

2) 激光雕切系统

激光雕切系统(即 RDWorksV8)通过计算机实现对激光数控机床的有效控制，根据实际的不同要求完成加工任务。可支持文本文件、矢量图(格式有 dxf、ai、plt 等)、位图(格式有 bmp、jpg、gif 等)三大类型文件。

启动软件后，就可看到如图 4.5.15 所示的操作界面。熟悉此操作界面，是使用 RDCAM 软件进行激光雕切加工的基础。

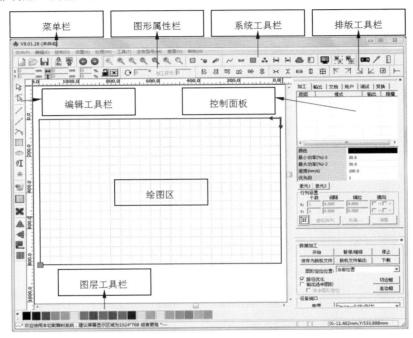

图 4.5.15 RDWorksV8 操作界面

(1) 菜单栏：RDWorksV8 软件的主要功能都可以通过执行菜单栏中的命令选项来完成，执行菜单命令是最基本的操作方式，菜单栏中包括文件、编辑、绘制、设置、处理、查看和帮助共 7 个功能各异的菜单。

(2) 图形属性栏：可对图形的基本属性进行操作，包含图形位置、尺寸、缩放等。

(3) 系统工具栏：在系统工具栏中放置了一些最常用的功能选项，并通过命令按钮的形式体现出来，这些功能选项大多数是从菜单栏中挑选出来的。

(4) 排版工具栏：使选择的多个对象对齐，完善页面的排版。

(5) 控制面板：主要实现一些常用的操作和设置。

(6) 绘图区：显示待加工图形以及简单图形绘制。

(7) 图层工具栏：修改被选择对象的颜色。

(8) 编辑工具栏：系统默认时位于工作区的左边，在编辑工具栏上放置了常用的编辑工具，从而使操作更加灵活方便。

3) 工艺流程

绘图文件输入激光雕刻切割系统中进行图形二次编辑、参数设置等步骤得到加工文件，后将加工文件导入 CO_2 激光雕切一体机进行加工。加工工艺流程如图 4.5.16 所示。

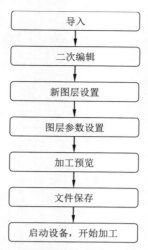

图 4.5.16　CO_2 激光雕切一体机的加工工艺流程

"导入"：实训时，常利用 AutoCAD 进行绘图设计，CO_2 激光雕切一体机的允许加工范围是 1300mm×900mm，但为节省材料以及缩短加工用时，书签件尺寸一般参考值为 50mm×50mm，折叠件尺寸一般参考值为 200mm×200mm，拼接件尺寸一般为 500mm×250mm。设计完成后将设计图纸转换为 DXF 文件并导入 RDWorksV8 中。

观看视频

"二次编辑"：对待加工文件或图片进行二次编辑与修饰排版，主要包括删减图像重合线，检查扫面图形是否封闭，删除多余线条、重叠线条，插入边框、文字等。

"新图层设置"：针对不同的加工工艺对加工对象进行图层设置。其设置方法是在图层工具栏中挑选任意颜色，并单击工具按钮来改变被选取对象的颜色，处于按下状态的颜色按钮即为当前图层颜色，不同颜色代表不同图层，对象的颜色仅为对象轮廓的颜色。

"图层参数设置"：按照加工工艺对图层进行工艺参数设定。其设置方法是在图层列表(见图 4.5.17)内双击要编辑的图层，即会弹出图层参数设置界面(见图 4.5.18)。图层参数共有两部分，一部分是公用图层参数，即无论图层的加工类型如何，均有效的图层参数，公用参数设置直接决定能否加工成功；另一部分是专有图层参数，即图层的加工类型变化所对应的参数也会发生变化，专有图层参数一般为默认参数，不做修改。在激光雕切实训中，常用材料加工参数见表 4.5.2。

图层	模式	速度	最小功率	最大功率	输出
	激光切割	100.0	30.0	30.0	是
	激光切割	100.0	30.0	30.0	是
	激光切割	100.0	30.0	30.0	是
	激光切割	100.0	30.0	30.0	是

上移　　下移

图 4.5.17　图层列表显示界面

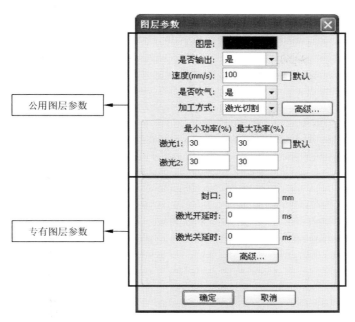

图 4.5.18 "图层参数"设置界面

"加工预览"：在"编辑"菜单中，选择加工预览功能，对待加工图形的切割顺序以及方式进行观察及判断合理与否。

表 4.5.2 CO_2 激光雕切实训常用材料加工参数

序号	材料类型	激光切割		激光扫描	
		速度/(mm/s)	功率/%	速度/(mm/s)	功率/%
1	亚克力板 (厚度为 3mm)	10	40	100	20
2	牛皮纸 (厚度为 0.5mm)	980	8	180	12
3	皮革	100	20	300	13

"文件保存"：编辑完毕后，对待加工图形进行保存。应注意的是 RDWorksV8 软件保存的是 rld 格式，可保存加工图形的信息，以及各图层的图层加工参数。若把导入的图形数据保存为 rld 文件，可便于此图形以后的输出加工。

"启动设备，开始加工"：各项参数调试完毕无误后，开始加工。

4) 加工步骤

第 1 步：打开 rld 文件，再次检查文件：①尺寸是否符合要求；②图层参数、图层顺序是否正确。

第 2 步：插气泵、排风、总电源插头。

第 3 步：先开红色总电源按钮。

第 4 步：打开防护门。防护门注意事项：①开启过程中不允许剧烈晃动；②侧边围观学生

观看视频

要远离；③单人、双手操作。

第5步：打开急停，等待激光头复位、回位。

第6步：放置材料(材料不能放在纵杆、排风口上)。

第7步：调整激光头位置(设备操作面板上"上下左右"方向键控制)。

第8步："走边框"(在 RDWorksV8 软件上，单击"走边框"按钮，速度设置为50，等待激光头沿着图形边框空运行一次，观察材料与作品大小是否相配)。

第9步：正式加工。关闭防护门→检查气泵(插头、接线管、黑色小把手)→检查水箱(插头、指示灯、温度)→按下激光开关(绿色按钮)→单击"开始"。

第10步：加工完成。嘀嘀声后结束加工→关闭激光开关→打开防护门→取出作品→清理加工碎屑→关急停、关电源、拔插头。

4.5.4 激光加工作品

实训时，根据实训时长不同一般设置书签(剪纸)件、折叠件、拼接件等教学任务，本节主要进行学生激光加工作品展示。

1. 书签(剪纸)件

图 4.5.19 显示了典型作品。

a. "冰墩墩"书签件(材料：木板)   b. "党史"主题剪纸件(材料：纸张)

c. "中国建筑"主题书签件(材料：牛皮纸)

图 4.5.19　书签(剪纸)件典型作品

2. 折叠件

图 4.5.20 显示了折叠件典型作品。

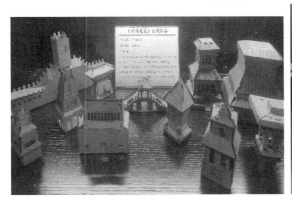

图 4.5.20　折叠件典型作品

3. 拼接件

图 4.5.21 显示了拼接件典型作品。

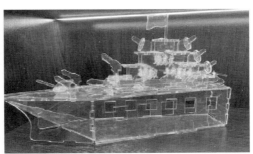

图 4.5.21　拼接件典型作品

第 5 章
电工电子工程训练

5.1 概述

5.1.1 安全用电常识

电能是一种方便的能源，它的广泛应用形成了人类近代史上第二次技术革命，有力地推动了人类社会的发展，给人类创造了巨大财富，改善了人类的生活。但如果在生产和生活中不注意安全用电，可能会带来灾害。例如：触电可造成人身伤亡，设备漏电产生的电火花可能酿成火灾、爆炸等。因此，我们不仅要掌握电的基本规律，还必须了解供电、安全用电的基本知识。同时，在用电过程中必须牢记"安全第一"的宗旨，做到安全、合理地用电，避免用电事故的发生。安全用电包括人身安全和设备安全两部分。

1. 电流对人身伤害

人身安全是指防止人身接触带电物体受到电击或电弧灼伤而导致生命危险。人体对电流的反应是非常敏感的。电流对人体的伤害程度与通过人体电流的大小、频率、持续时间，通过人体的路径以及人体电阻的大小等诸多因素有关。

1) 电流大小

通过人体的电流越大，人体的生理反应就越明显，感应就越强烈，引起心室颤动所需的时间就越短，致命的可能性就越大。根据通过人体电流的大小和人体所呈现的生理反应，触电电流大致可分为以下 3 种：

(1) 感觉电流。能引起人感觉到的最小电流值称为感觉电流。一般情况下，交流为 1 mA，直流为 5 mA；男为 1.1 mA，女为 0.7 mA。

(2) 摆脱电流。人体触电后能自主摆脱电源的最大电流称为摆脱电流。一般情况下，交流为 10 mA，直流为 50 mA；男为 16 mA，女为 10.5 mA，儿童摆脱电流要比成人小。

(3) 致命电流。在较短的时间内危及生命的电流称为致命电流。如 100 mA 的电流通过人体 1s，足以致命。因此，一般情况下致命电流为 50 mA。

根据触电者所处的环境对人的影响，对人体的允许电流做出以下的规定：在摆脱电流范围内，人若被电击后一般都能自主摆脱带电体，从而解除触电危险，因此，通常便把摆脱电流看成人体允许电流。在有防止触电保护装置的情况下，人体允许通过的电流一般可按 30mA 考虑；在高空作业、水中作业等可能因电击导致摔死、淹死的场合，则应按不引起痉挛的 5mA 考虑。

2）电流频率

同一电压下电流频率不同，引起的触电伤害程度就不同。频率为 50～60 Hz 的工频电流造成的触电伤害最为严重。低于或高于上述频率范围时，危险性相应减小或增大。2000 Hz 以上死亡危险性降低，造成的触电伤害主要是灼伤。25 Hz 以下，人体可以耐受较大的电流。

3）通电时间

相同频率的同值电流通过人体，时间愈长造成的触电伤害程度愈严重。电流持续通过人体的时间，一般不得超过心脏搏动周期。一般认为，人体经受电击时的允许能量极限为 50 mA·s，即 $Q = I \cdot t = 50$ mA·s。

4）电流路径

触电时受到的伤害程度与电流通过人体的途径关系很大。电流通过中枢神经，会引起中枢神经强烈失调而导致死亡；电流通过头部，会使人立即昏迷；电流通过脊髓，会造成人体瘫痪；电流通过胸腔，会引起心脏机能紊乱，发生心室颤动，破坏心脏正常的泵血功能，使血液循环中断而致人死亡。可见，电流通过接近心脏的部位最为危险，例如，触电时，电流如果从一手进入，从另一手流出，或从一手进入，从一足流出，因电流都经过心脏地区，会造成致命危险；如果从一足流入，从另一足流出，则造成的触电伤害程度较轻。

5）人体电阻

在带电体电压一定的情况下，触电时通过人体的电流大小取决于人体电阻的数值。人体电阻实际上是一种阻抗，包括皮肤电阻、内部组织电阻及不同组织之间的电阻。人体电阻不是一个固定值，它随着人体的生理、物理状况而变化。皮肤潮湿、出汗、损伤或带有导电性粉尘，会使人体电阻显著减小；通过人体的电流愈大，持续时间愈长，会增加人体发热出汗，降低人体电阻；触电电压增高，人体表皮角质层有电解和类似介质击穿的现象发生，会使人体电阻急剧下降。人体电阻的变化范围很大，从几百欧到几万欧，在安全用电计算中，一般取值为 800～1000 Ω。

6）电压

当人体电阻一定时，电压愈高，通过人体的电流愈大，触电伤害危险性就增加。从安全用电方面考虑，一般把 250 V 以上的电压称为高压，把 250 V 以下的电压称为低压。40 V 以下的电压，由于其引起触电伤害的危险性很小，被称为安全电压，我国通常采用 36 V、24 V 和 12 V 为安全电压。但是，安全电压并不能经常保证绝对安全，当其他因素发生最不利的影响时(如人体电阻很小)，即使是安全电压也会引起触电伤害事故。

7）人的精神状态

人的生理和精神上的好坏对触电后果也有影响，心脏病、内分泌失调病、肺病等患者触电时比较危险，酒醉、疲劳过度、出汗过多等也往往可以促成触电事故的发生和增加伤害程度。

2. 设备安全

设备安全是指防止用电事故所引起的设备损坏、起火或爆炸等危险。在电气工程中，除了要十分注意保护人身安全外，还要注意保护设备安全。主要有以下几个方面。

1) 防雷保护

雷电产生的高电位冲击波，其电压幅值可达 109 V，电流可达 105 A，对电力系统危害极大。雷电还可通过低压配电线路和金属管道侵入变电所、配电所和用户，危及设备和人身安全。

目前，防止雷电的有效措施是使用避雷针把雷电引入大地，以保护电气设备、人身以及建筑物等的安全。因此，避雷针要安装在高于保护物的位置，且与大地直接相连。

2) 电气设备的防火

电气设备失火通常是由电气线路或设备老化、带故障运行或长时间过载等不合理用电引起的。因此，应在线路中采用过载保护措施，防止电气设备和线路过载运行；注意大型电气设备运行时的升温；使用电热器具及照明设备时，要注意环境条件及通风散热，周围不可存放可燃、易燃材料物品。

此外，两种绝缘物质相互摩擦会产生静电。绝缘的胶体与粉尘在金属、非金属容器或管道中流动时，也会因摩擦使液体和容器或管道壳内带电，电荷的积累会使液体与容器产生高电位，形成火花放电，引起电气火灾。因此，应将容器或管道可靠接地，将静电引入大地。

3) 电气设备的防爆

在有爆炸危险的场所，使用的电气设备应具有防爆性能；在要求防爆的场合，电气设备应有可靠的过载保护措施，并且绝对禁止使用可能产生火花或明火的电气设备，如电焊、电热丝等加热设备。

3. 触电及触电急救

1) 触电伤害的类别

外部电流流经人体，造成人体器官组织损伤乃至死亡，称为触电。人体触电后受到的伤害可分为电击和电伤两类。在触电事故中电击和电伤会同时发生，对于一般人，当工频交流电流超过 50mA 时，就会有致命危险。频率在 20～300 Hz 的交流电对人体的危害要比高频电流、直流电流及静电大。

(1) 电击。

电流通过人体对内部器官造成的综合性伤害，称为电击。电击一般是由于电流刺激人体神经系统而引起的，开始是触电部分的肌肉发生痉挛，如不能立即摆脱电源，随之便会引起呼吸困难、心脏麻痹，以致死亡。电击是最危险的触电伤害，在触电事故中发生的也最多。

(2) 电伤。

电流通过人体对局部皮肤造成的伤害，称为电伤。电伤又可分为下述三类：

① 灼伤。灼伤是由于电流的热效应而引起的，如带负电荷拉开刀闸，就会发生电弧，烧伤皮肤。

② 烙印。烙印是由于电流的化学效应和机械效应而引起的，通常只在人体和带电体有良好接触的情况下才会发生。在皮肤表面留有圆形或椭圆形的肿块痕迹，并且硬化。

③ 皮肤金属化。皮肤金属化是在电流的作用下，使熔化和蒸发的金属微粒渗入皮肤表层形成的。皮肤的伤害部分形成粗糙的坚硬表面，日久会逐渐脱落。

另外，电焊作业中由于电弧强光的辐射作用而造成的眼睛伤害，虽然不是触电引起的，通常也称为电伤。

2) 触电事故产生的原因

触电事故产生的原因很多，大部分是人体直接接触带电体，或设备发生故障，或人体过于靠近带电体等引起，主要有以下几种。

(1) 线路架设不合格。

采用一线一地制的违章线路架设，当接地零线被拔出、线路发生短路或接地不良时均会引起触电；室内导线破旧、绝缘损坏或架设不合格时，容易造成触电或短路引起火灾；无线电设备的天线、广播线或通信线与电力线距离过近或同杆架设时，如发生断线或碰线，电力线电压就会传到这些设备上而引起触电；电气工作台布线不合理，使绝缘线被磨坏或被烙铁烫坏而引起触电等。

(2) 用电设备不合格。

用电设备的绝缘损坏造成漏电，而外壳无保护接地线或保护接地线接触不良而引起触电；开关和插座的外壳破损或导线绝缘老化，失去保护作用，一旦触及就会引起触电；线路或用电器具接线错误，致使外壳带电而引起触电等。

(3) 电工操作不规范。

电工操作时，带电操作、冒险修理或盲目修理，且未采取切实的安全措施，均会引起触电；使用不合格的安全工具进行操作，如使用绝缘层损坏的工具、用竹竿代替高压绝缘棒、用普通胶鞋代替绝缘靴等均会引起触电；停电检修线路时，闸刀开关上未挂警告牌，其他人员误合开关而造成触电等。

(4) 缺乏安全用电知识。

在室内违规乱拉电线，乱接用电器而造成触电；未切断电源就去移动灯具或电器，因电器漏电而造成触电；更换保险丝时，随意加大规格或用铜丝代替熔丝而失去保险作用，造成触电或引起火灾；用湿布擦拭或用水冲刷电线或电器，引起绝缘性能降低而造成触电等。

(5) 日常生活中的意外事故。

孩子放风筝时，线搅在电线上；闪电、打雷时，在山坡或树下躲雨，易遭受雷击；雨天年久失修的电线易漏电；雨中奔走视物不清时，易误触被暴风雨刮落、打断的电线；外力(如雷电、大风)的破坏等原因，电气设备、避雷针的接地点或者断落的电线断头着地点的附近，有大量的扩散电流向大地流入，使周围地面上布有不同电位，当人的脚与脚之间同时踩在不同电位的地表两点时，引起跨步电压触电；用鸟枪打停在电线上的鸟雀时，不慎打断电线等。

3) 触电的形式

(1) 单相触电。

人站在地面或其他接地体上，身体某一部位触及三相供电系统的任何一相所引起的触电，称为单相触电。根据三相电源的中性点是否接地，单相触电又分为两种情况。

① 中性点接地的单相触电。

触电情形如图 5.1.1(a)所示，此时人体承受的是相电压 220V。设中性点接地电阻为 R_0，人体电阻为 R_r，相电压为 U，则通过人体的电流 I 为：

$$I = \frac{U}{R_0 + R_r}$$

② 中性点不接地的单相触电。

触电情形如图 5.1.1(b)所示，此时人体承受的是线电压 380 V，比相电压大。

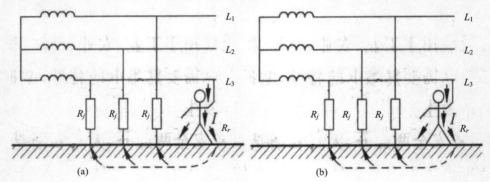

图 5.1.1　单相触电

设线路绝缘电阻为 R_j，则通过人体的电流 I 为：

$$I = \frac{\sqrt{3}U}{R_r + \dfrac{R_j}{3}}$$

在触电事故中，单相触电发生的较多，一般都是由于电气设备的某相导线或绕组绝缘破损使设备外壳带电而引起的。单相电动工具(如手电钻)的把柄带电时，也会使工人发生单相触电事故。

(2) 两相触电。

人体的两个部位同时触及三相供电系统的任何两相所引起的触电，称为两相触电。两相触电时，不论三相电源系统的中性点是否接地，人体承受的都是线电压，如图 5.1.2 所示，此时通过人体的电流 I 为：　$I = \dfrac{\sqrt{3}U}{R_r}$

可见，两相触电最为危险，经常造成死亡。不过，两相触电的情况在一般生产活动中并不多见。

(3) 跨步电压触电

当高压线断落触地，或电气设备壳体漏电入地，都会发生高压电流向大地。电流以入地处为中心，同时向四周扩散，在地面上形成电位梯度。入地处的电位最高，自入地点沿辐射线向外电位依次降低。

据测定，假设入地处的电位为 100%。则自入地处向外 1m 距离内电位降落为 68%，2～10 m 距离内电位降落为 24%，10～20m 距离内电位降落为 8%，在距离入地处 20 m 的圆周地面上电位为 0。在此圆周内，沿任一半径，在地面上每一跨步距离上的电位差，称为跨步电压。人的两足由于承受跨步电压而引起电流通过人体发生触电的现象，称为跨步电压触电，如图 5.1.3 所示。

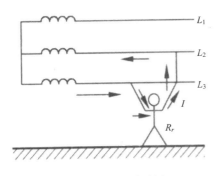

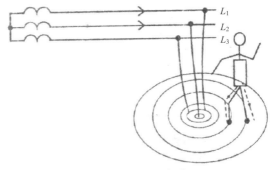

图 5.1.2　两相触电　　　　　　　　　　　　图 5.1.3　跨步电压触电

跨步电压与跨步距离的大小有关：一般成人的跨步距离为 0.8 m，大牲畜跨步距离为 1.0～1.4m，所以大牲畜承受的跨步电压较高，容易发生跨步电压触电。另外，同一跨步距离，愈接近入地处，跨步电压愈高。因为愈接近入地处，地面上的电位梯度愈大。

4) 触电急救措施

(1) 脱离电源。

当发现有人触电时，不可惊慌失措，首先必须使触电者尽快脱离电源。根据触电现场的不同情况，通常可以采用以下几种办法。

① 迅速切断电源，再把人从触电处移开。如果电源开关、电源插头就在触电现场，应该立即断开电源开关或拔掉电源插头，若有急停按钮应首先按下急停按钮。如果触电地点远离开关或不具备关闭电源的条件，只要触电者穿的是比较宽松的干燥衣服，救护者可站在干燥木板上，用一只手抓住其衣服将其拉离电源。也可用干燥木棒或竹竿将电源线从触电者身上挑开。

② 如果触电发生在火线和地面之间，一时又不能把触电者拉离电源，可用干燥绳索将其拉离地面，或在地面和人之间塞入一块干燥木板，同样可以切断通过人体的电流，然后关掉闸刀，使触电者脱离带电体。

③ 救护者也可以用手边的绝缘刀、斧、锄或硬木棒，从电线的来电方向将电线砍断或撬断。

④ 如果身边有绝缘导线，可先将一端良好接地，另一端接在触电者手握的相线上，造成该相电流对地短路，使其跳闸或熔断保险处，从而断开电源。

⑤ 在电杆上触电，地面上无法施救时，可以抛扬接地软导线。即将软导线一端接地，另一端抛在触电者接触的架空线上，令其相对地段跳闸断电。

(2) 触电救护。

当伤员脱离电源后，应立即检查伤员全身情况，特别是呼吸和心跳，并根据实际情况采取不同的救护方法。若触电者神志尚清楚，但仍有头晕、心悸、出冷汗、恶心、呕吐等症状，应让其静卧休息，减轻心脏负担；若触电者神志有时清醒，有时昏迷，应让其静卧休息，并松开其身上的紧身衣服，摩擦全身，使之发热，以利于血液循环；如果发现触电者呼吸困难，并不时发生抽搐现象，就要准备进行人工呼吸或胸外心脏挤压。若触电者无知觉，有呼吸、心跳，在请医生的同时，应施行人工呼吸；若触电者呼吸停止，但心跳尚存，应施行人工呼吸；若触电者心跳停止，呼吸尚存，应采取胸外心脏挤压法；若呼吸、心跳均停止，则需要同时采用人工呼吸法和胸外心脏挤压法进行抢救。下面介绍人工呼吸法和胸外心脏挤压法。

① 人工呼吸法。

人工呼吸的方法很多，其中以口对口吹气的人工呼吸法最为简便有效，也最易掌握。具体操作如图 5.1.4 所示。

- 首先把触电者移到空气流通的地方，让其仰卧在平直的木板上，解开衣领并松开上身的紧身衣物，使胸部可以自由扩张。然后把头后仰，撬开嘴，清除口腔中的食物、黏液、血液、假牙等杂物。如果舌根下陷应将其拉出，使呼吸道畅通。
- 抢救者位于触电者的一侧，一只手捏紧触电者的鼻孔，另一只手撬开口腔，深呼吸后，以口对口紧贴触电者的嘴唇吹气，使其胸部膨胀；然后放松触电者的口鼻，使其胸部自然恢复，让其自动呼气，时间约为 3s。如此反复进行，每分钟 14～16 次左右，直到自动呼吸恢复。

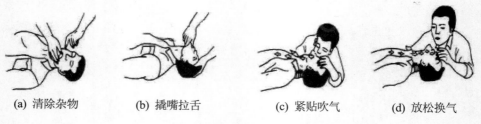

(a) 清除杂物　　　(b) 撬嘴拉舌　　　(c) 紧贴吹气　　　(d) 放松换气

图 5.1.4　口对口人工呼吸法

- 如果触电者口腔有严重外伤或牙关紧闭时，可对其鼻孔吹气(必须堵住口)，即为口对鼻吹气。
- 救护人吹气力量的大小，根据病人的具体情况而定。一般以吹进气后，病人的胸廓稍微隆起为最合适。对体弱者和儿童吹气时，用力应稍轻，以免肺泡破裂。

② 胸外心脏挤压法。

胸外心脏挤压法是帮助触电者恢复心跳的有效方法。这种方法是用人工胸外挤压代替心脏的收缩作用，具体操作如图 5.1.5 所示。

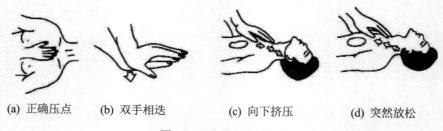

(a) 正确压点　　　(b) 双手相迭　　　(c) 向下挤压　　　(d) 突然放松

图 5.1.5　胸外心脏挤压法

- 先将患者衣扣和腰带松开，呈仰卧位，背部垫高，头偏向一侧，呼吸道保持通畅。
- 急救者蹲于患者一侧或跪于患者大腿两侧，面向患者头部，双手相叠，掌根横放于挤压点。找到挤压点的方法是：救护者伸开手掌，中指尖抵住触电者颈部凹陷的下边缘，手掌的根部就是正确的挤压点。
- 两臂伸直，上身前倾，借助身体重力挤压患者胸部，压出心室的血液，使其流至触电者全身各部位。成人胸部压陷深度为 3～4 cm 左右，儿童用力要轻。

● 挤压后掌根突然抬起，依靠胸廓自身的弹性，使胸腔复位，血液流回心室。重复本步骤和上一步骤，每分钟 60 次左右为宜。

总之，利用胸外心脏挤压法挤压时，定位要准确，压力要适中，切忌用力过猛，造成肋骨骨折、气胸、血胸等。

5.1.2　常用电工工具与仪表仪器

电工工具与仪器仪表是电气安装与维修工作的"武器"，正确使用这些工具、仪表是提高工作效率，以及保证施工质量的重要条件。因此，了解这些工具、仪表的结构及性能，掌握其使用方法，对电工操作人员来说是十分重要的。电工工具与仪器仪表的种类很多，本章只对常用的几种进行介绍。

常用电工工具

常用的电工电子工具有螺丝刀、电工刀、剥线钳、钢丝钳、尖嘴钳、斜口钳、验电笔及电烙铁等，下面介绍这些工具的使用方法及注意事项。

1) 螺丝刀

螺丝刀俗称"起子"，是一种手用工具，其头部形状有"一"字形和"十"字形两种，主要用来旋动头部带"一"字或"十"字的螺钉，柄部由木材或塑料制成，如图 5.1.6 所示。

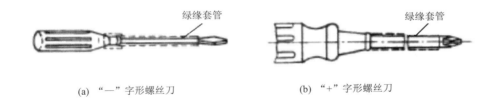

　　绿缘套管　　　　　　　　　　　　　　　　　　　　绿缘套管

(a) "一"字形螺丝刀　　　　　　　　　(b) "+"字形螺丝刀

图 5.1.6　螺丝刀的外形

(1) 一字形螺丝刀：其规格用柄部以外的长度表示，常用的有 100mm、150mm、200mm、300mm、400mm 等。

(2) 十字形螺丝刀：有时也称梅花起子，一般分为 4 种型号。其中：I 号适用于直径为 2～2.5mm 的螺钉；II、III、IV 号分别适用于直径为 3～5mm、6～8mm、10～12mm 的螺钉。

(3) 多用螺丝刀：是一种组合式工具，既可做螺丝刀使用，又可做低压验电笔使用，此外还可用来进行锥、钻、锯、扳等，它的柄部和螺钉旋具是可以拆卸的，并附有规格不同的螺钉旋具、三棱锥体、金力钻头、锯片、锉刀等附件。

使用螺丝刀时应注意以下事项：

① 电工必须使用带绝缘手柄的螺丝刀。

② 使用螺丝刀紧固或拆卸带电的螺钉时,手不得触及螺丝刀的金属杆,以免发生触电事故。

③ 为了防止螺丝刀的金属杆触及皮肤或触及邻近带电体，应在金属杆上套装绝缘管。

④ 使用时应注意选择与螺钉槽相同且大小规格对应的螺丝刀。

⑤ 切勿将螺丝刀当作錾子使用，以免损坏螺丝刀手柄或刀刃。

2) 电工刀

电工刀是电工常用的一种切削工具，如图 5.1.7 所示，主要用来剖切导线、电缆的绝缘层，刮掉元器件引脚上的绝缘层或氧化物，以及切割木桩和割绳索等。普通电工刀由刀片、刀刃、刀把、刀挂等构成，不用时把刀片收缩到刀把内。多用途电工刀还具有锯削、旋具的作用。

使用电工刀时应注意以下事项：

(1) 电工刀的手柄一般不绝缘，严禁用电工刀带电作业，以免触电。

(2) 应将刀口朝外切削，并注意避免伤及手指；切削导线绝缘层时，应使刀面与导线成较小的锐角(大约 15°)，以免割伤导线。

(3) 使用完毕，随即将刀身收进刀柄。

图 5.1.7　电工刀

3) 剥线钳

剥线钳适用于剥削截面积 $6mm^2$ 以下塑料或橡胶绝缘导线的绝缘层，由钳口和手柄两部分组成，外形如图 5.1.8 所示。柄部是绝缘的，耐压 500 V，钳口上面有尺寸为 0.5～3mm 的多个直径切口，用于不同规格导线的剥削。

图 5.1.8　剥线钳

剥线钳使用方法如下：

(1) 根据缆线的粗细型号，选择相应的剥线刀口。

(2) 将准备好的电缆放在剥线工具的刀刃中间，选择好要剥线的长度。

(3) 握住剥线工具手柄，将电缆夹住，缓缓用力使电缆外表皮慢慢剥落。

(4) 松开工具手柄，取出电缆线，这时电缆金属整齐地露出，其余绝缘塑料完好无损。

4) 钢丝钳

钢丝钳是一种夹持或折断金属薄片、切断金属丝的工具。电工用钢丝钳的柄部套有绝缘管(耐压 500 V)，其规格用钢丝钳全长的毫米数表示，常用的有 150mm、175mm、200mm 等。钢丝钳的构造及应用如图 5.1.9 所示。

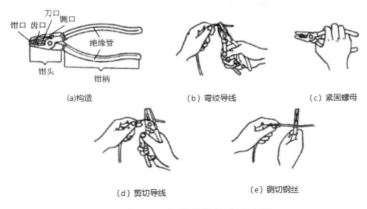

图 5.1.9　钢丝钳的构造及应用

使用钢丝钳应注意以下几点：

(1) 使用前，必须检查绝缘柄的绝缘是否完好，以免带电作业时造成触电事故。

(2) 在带电剪切导线时，不得用刀口同时剪切不同电位的两根线(如：相线与零线、相线与相线等)，以免发生短路事故。

5) 尖嘴钳

尖嘴钳的头部"尖细"，外形如图 5.1.10 所示。尖嘴钳用法与钢丝钳相似，其特点是适用于在狭小的工作空间操作，能夹持较小的螺钉、垫圈、导线及电器元件。在安装控制线路时，尖嘴钳能将单股导线弯成接线端子(线鼻子)，有刀口的尖嘴钳还可剪断导线、剥削绝缘层。电工维修时，应选用带有耐酸塑料管的绝缘手柄、耐压在 500V 以上的尖嘴钳，常用规格有 130mm、160mm、180mm、200mm 四种。

使用尖嘴钳应注意以下几点：

(1) 使用前，必须检查绝缘柄的绝缘是否完好，以免带电作业时造成触电事故。

(2) 使用时注意刃口不要对向自己，使用完应放回原处，放置在儿童不易接触的地方，以免受到伤害。

(3) 钳子使用后应清洁干净，钳轴要经常加油，以防生锈。

6) 斜口钳

斜口钳又称断线钳，其头部扁斜，外形如图 5.1.11 所示。电工用的斜口钳的钳柄采用绝缘柄，耐压等级为 1000 V，主要用于剪切较粗的金属丝、线材及电线电缆等。

图 5.1.10　尖嘴钳

图 5.1.11　斜口钳

7) 验电笔

验电笔又称试电笔，是用来检查导线和电器设备是否带电的工具。验电笔分为高压和低压两种。常用电压验电笔由弹簧、观察孔、笔身、氖管、电阻、笔尖探头等组成，常做成钢笔式或螺丝刀式，外形如图 5.1.12 所示。

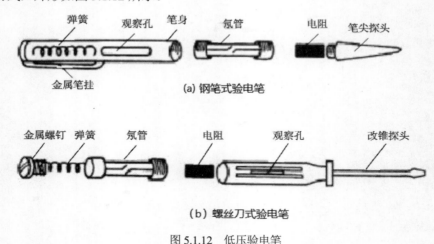

(a) 钢笔式验电笔

（b）螺丝刀式验电笔

图 5.1.12　低压验电笔

验电笔检测电压范围一般为 60～500 V。当用低压验电笔测试带电体时，电流经带电体、验电笔、人体及大地形成通电回路，只要带电体与大地间的电位差超过 60 V，验电笔中的试管就会发光。

使用低压验电笔应注意以下几点：

(1) 使用前，必须在已知部位检查氖管能否正常发光，如果正常发光则可开始使用。

(2) 验电时，应使验电笔逐渐靠近被测物体，直至氖管发亮，不可立即接触被测体。

(3) 验电时，手指必须触及笔尾的金属体，否则带电体也会被误判为非带电体。

(4) 验电时，要防止手指触及笔尖的金属部分，以免造成触电事故。

8) 电烙铁

电烙铁是手工焊接的基本工具，分为外热式电烙铁、内热式电烙铁、恒温式电烙铁、吸锡电烙铁等。

(1) 外热式电烙铁。普通外热式电烙铁由烙铁头、加热体、外壳和手柄组成，其结构如图 5.1.13 所示。加热器套在烙铁头的外部，所以通电后电阻丝发出的大部分热量散发到空间，热效率低，加热速度慢。这种电烙铁体积较大，使用时不灵便，主要用于粗导线、接地线和较大焊件的焊接。

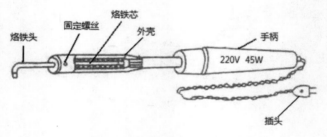

图 5.1.13　外热式电烙铁的结构

(2) 内热式电烙铁。内热式电烙铁的结构如图 5.1.14 所示。其加热器插在烙铁头里面，热量损失较少，具有发热快、耗电少、效率高、体积小、质量轻、便于操作等优点，常用于焊接小型元器件和印制电路板。

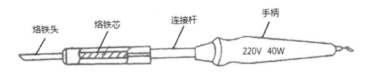

图 5.1.14　内热式电烙铁的结构

(3) 恒温式电烙铁。恒温式电烙铁的结构如图 5.1.15 所示。采用断续加热，耗电少，升温速度快，在焊接过程中焊锡不易氧化，可减少虚焊，提高焊接质量，烙铁头也不会产生过热现象，使用寿命较长。

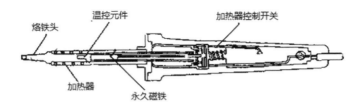

图 5.1.15　恒温式电烙铁的结构

(4) 吸锡电烙铁。吸锡电烙铁的结构如图 5.1.16 所示。这种电烙铁具有吸锡功能，焊点加热后，将压紧的弹簧释放，带动活塞产生吸力，把已经熔化了的焊锡抽到枪中，从而方便地从电路板上取下要更换的元器件，是手工拆焊中十分方便的工具。

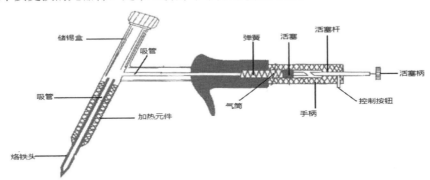

图 5.1.16　吸锡电烙铁的结构

9) 万用表

万用表又称多用表，按其读数方式可分为指针式万用表和数字式万用表两大类。指针式万用表是一种多功能、多量程的测量仪表，主要通过转换其挡位、量变选择开关进行不同电参数的测量，一般可测量直流电流、直流电压、交流电流、交流电压、电阻和音频电平等。由于万用表具有许多优点，所以它是电气工程人员、无线电通信人员在测试维修工作中必备的电工仪表之一。

(1) MF-47 型指针万用表介绍。

MF-47 型是设计新颖的磁电系整流式、便携式、多量程万用电表，可供测量直流电流、交直流电压、直流电阻等，具有 26 个基本量程和电平、电容、电感、晶体管直流参数等 7 个附加参考量程。刻度盘与挡位盘印制成红、绿、黑三色。表盘颜色分别按交流红色、晶体管绿色、其余黑色对应制成，使用时读数便捷。刻度盘共有 6 条刻度，第一条专供测电阻用，第二条供测交直流电压、直流电流之用，第三条供测晶体管放大倍数 β 用，第四条供测量电容用，第五条供测电感用，第六条供测音频电平。刻度盘上装有反光镜，以消除视差。除交直流 2500 V 和直流 10A 分别有单独插座之外，其余各挡只需要转动一个选择开关即可，使用非常方便。MF-47 型指针万用表外形如图 5.1.17 所示(本书是黑白印刷，未显示彩色效果)。

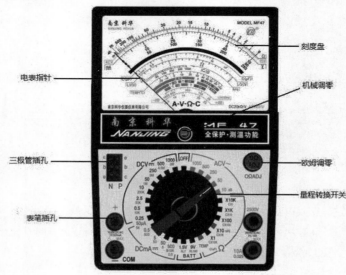

图 5.1.17　MF-47 型指针万用表

① 机械调零：用来保持指针在静止时处在左零位。

② 欧姆调零：用来测量电阻时使指针对准右零位，以保证测量数值准确。

③ 量程转换开关：用来改变测量项目和测量量程。

(2) 指针式万用表的使用注意事项。

① 在使用前应检查指针是否指在机械零位上，如不指在零位，可旋转表盖的调零器使指针指示在零位上。

② 将测试棒红黑插头分别插入"+""-"插座中，如测量交直流 2500 V 或直流 10 A 时，红插头则应分别插到标有"2500 V"或"10 A"的插座中。

③ 转换开关必须拨在需测挡位置，不能拨错。测试前应弄清楚要测什么项目，再拨到对应的挡位上，如果误用电阻挡或电流挡测电压会烧坏表头。测量电流需要将表串接在被测电路中，测量电压需要将表并联在被测电路中。

④ 平时不用万用表应将挡位打到"OFF"挡或交流电压最高挡，如长期不用应取出电池，以防止电液溢出腐蚀而损坏其他零件。

(3) 指针式万用表交直流电流测量。

① 测量电流时应将万用表串联到被测电路中。如果测直流电流，需要保证电流是从红表笔

流入万用表，从黑表笔流出；若测交流电流，则没有正负极之分。

② 如不知被测电流的大小，应选用最大的电流量程挡进行试测，待测到大概范围之后再选择合适的量程，待指针稳定后再读测量值。

(4) 指针式万用表交直流电压测量。

① 测量电压时应将万用表并联到被测电路中。

② 测量交流 10～1000 V 或直流 0.25～1000 V 时，转动开关至所需电压挡。测量交直流 2500 V 时，开关应分别旋转至交流 1000 V 或直流 1000 V 位置上。

(5) 电阻测量。

① 装上电池，转动开关至所需要测量的电阻挡，将测试棒两端短接，调整零欧姆，调整旋钮，使指针对准欧姆"0"位(若不能指示欧姆零位，则说明电池电压不足，应更换电池)，每次更换挡位都需要重新进行欧姆调零。

② 将测试棒跨接于被测电路的两端进行测量，同时应选择合适的电阻挡位，使指针尽量能够指向表刻度盘 1/3～2/3 区域。

③ 电阻不能带电测量。测量电路中的电阻时，应先切断电路电源，如电路中有电容应先行放电。

④ 电阻挡的读数方法。读取测量数值的方法是：指针在"Ω"刻度线的读数乘以所采用量程挡位的倍率，就是被测电阻的电阻值，即：电阻实际值=读数×量程挡位。

10) 数字式万用表

数字式万用表与指针式万用表相比，其准确度、分辨力和测量速度等方面都有着极大的优越性，而且是以数字形式显示读数，使用更方便。从外观上看，数字式万用表的上部是液晶显示屏，在中间部分是功能选择旋钮，下部是表笔插孔，分为"COM"端(公共端)和"+"端、电流插孔、三极管 HFE 参数插孔和电容 CX 插孔。下面就以 UT39C 数字万用表为例来介绍其使用方法。

(1) UT39C 数字万用表介绍。

UT39C 以大规模集成电路、双积分 A/D(模/数)转换器为核心，配以全功能过载保护电路，可用来测量直流和交流电流，测量电压、电阻、电容、二极管、三极管、电路通断等。其外形如图 5.1.18 所示。

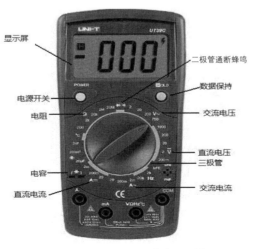

图 5.1.18　UT39C 数字万用表

(2) 数字万用表的特点。

① 9V 电池 6F22，功能选择共有 28 个量程。

② 量程与 LCD 有一定的对应关系：选择一个量程，如果量程是一位数，则 LCD 上显示一位整数，小数点后显示三位小数；如果是两位数，则 LCD 上显示两位整数，小数点后显示两位小数；如果是三位数，则 LCD 上显示三位整数，小数点后显示一位小数；有几个量程，对应的 LCD 没有小数显示。

③ 测试数据显示在 LCD 中。

④ 若过量程，LCD 的第一位显示"1"。

⑤ 最大显示值为 1999。

⑥ 工作温度：−40℃∼1000℃。

⑦ 电池不足指示：LCD 液晶左下方显示电池符号。

(3) 电流的测量。

将黑表笔插进 COM 端，若测量小于 200 mA 的电流，则将红笔插入"200 mA"插孔，若测量大于 200mA 的电流，则将红笔插入 10A 插孔；可参考指针式万用表测电流的方法。

(4) 电压的测量。

将黑表笔插进 COM 端，红表笔插进 V/Ω；可参考指针式万用表测电压的方法。

(5) 电阻的测量。

将表笔插进 COM 端和 V/Ω 端，把旋钮转到 Ω 中所需的量程，用表笔接在电阻两端金属部位，测量中不可以用手同时接触电阻两端，以免将人体电阻并进所测电阻中。读数时，要注意单位：在 200 挡时，单位是 Ω；在 2K∼200K 挡时，单位是 kΩ；在 2 M 挡时，单位是 MΩ。

(6) 二极管的测量。

测量二极管时，表笔位置与电压测量一样，将旋钮旋到二极管挡，用红笔接二极管的正极，黑笔接负极，这时会显示二极管的正向压降。调换表笔，显示 1 则正常。将表笔连接到待测线路的两端，如果两端之间的电阻值低于 70 Ω，内置蜂鸣器发声。

(7) 电容的测量。

选择好合适的电容量程，注意所测电容容量不能超过所选的量程，然后将电容器插入电容测试孔中，再读出对应显示值，其单位为所选挡位的单位。

(8) 三极管放大倍数 β 的测量。

① 将功能开关置于 HFE 挡。

② 先确定晶体管是 NPN 还是 PNP 型，然后将基极 B、发射极 E 和集电极 C 分别插入面板上相应的孔中。

③ 在显示器上读出三极管放大倍数 β 值的大小。

5.2 电工技术实践训练

5.2.1 电动机正反转电路的安装与调试

本节将介绍电动机正反转电路的安装与调试。

1. 元器件介绍

具有双重互锁的电动机正反转电路所需的元器件见表 5.2.1。

表 5.2.1 电器元件明细表

代号	名称	型号	数量	代号	名称	型号	数量
FU1	熔断器	RL1-60/25	3	FR	热继电器	JR16-20/3	1
FU2	熔断器	RL1-15/2	2	SB	按钮盒	LA10-3H	1
KM1、KM2	交流接触器	CJ10-20	2	XT	接线端子排	JX2-1015	1

(1) 熔断器(FU)：是指当电流超过规定值时，以自身产生的热量使熔体熔断，断开电路的一种电器。熔断器广泛应用于高低压配电系统、控制系统以及用电设备中，作为短路和过电流保护。

(2) 交流接触器(KM)：当接触器线圈通电后，线圈电流会产生磁场，产生的磁场使静铁芯产生电磁吸力吸引动铁芯，并带动交流接触器触点动作，使常闭触点断开，常开触点闭合，两者是联动的。当线圈断电时，电磁吸力消失，衔铁在释放弹簧的作用下释放，使触点复原，常开触点断开，常闭触点闭合。交流接触器广泛用于电力的开断和控制电路中，其主触点用来开闭主电路，用辅助触点执行控制指令。

(3) 热继电器(FR)：热继电器是由流入热元件的电流产生热量，使有不同膨胀系数的双金属片发生形变，当形变达到一定距离时，就推动连杆动作，使控制电路断开，从而使接触器失电，主电路断开，实现电动机的过载保护。热继电器作为电动机的过载保护元件，以其体积小，结构简单、成本低等优点在生产中得到广泛应用。

(4) 接线端子排(XT)：承载多个或多组相互绝缘的端子组件并用于固定支持件的绝缘部件。端子排的作用就是将屏内设备和屏外设备的线路相连接，起到信号(电流电压)传输、接线美观、维护方便的作用。

(5) 按钮(SB)：按钮是一种常用的控制电器元件，常用来接通或断开控制电路(其中电流很小)，从而控制电动机或其他电气设备的运行。

2. 双重互锁正反转控制电路工作原理

具有双重互锁的正反转控制电路由按钮互锁和接触器互锁两种互锁组成，其优点是操作方便，工作安全可靠。工作原理图如图 5.2.1 所示。

观看视频

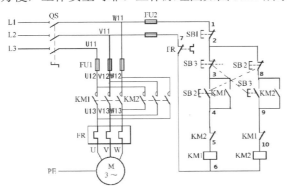

图 5.2.1 双重互锁正反转控制电路工作原理图

工作原理如下。

(1) 先合上开关 QS，接通电源。

(2) 正转控制：按下按钮 SB2→SB2 常闭触点先断开(对 KM2 按钮互锁，切断反转控制电路)、SB2 常开触点后闭合→KM1 线圈通电→KM1 常闭触点先断开(对 KM2 接触器互锁，切断反转控制电路)、KM1 辅常开触点后闭合(实现自锁，保持线圈持续通电)、KM1 主常开触点后闭合→电动机 M 连续正转。

(3) 反转控制：按下按钮 SB3→SB3 常闭触点先断开(对 KM1 按钮互锁，切断正转控制电路)→KM1 线圈失电→KM1 自锁触点复位断开、KM1 主常开触点复位断开(电动机 M 失电停止)、KM1 常闭触点复位闭合(为反转控制做准备)、SB3 常闭触点后闭合→KM2 线圈通电→KM2 常闭触点先断开(对 KM1 接触器互锁，切断正转控制电路)、KM2 辅常开触点后闭合(实现自锁保持线圈持续通电)、KM2 主触点后闭合→电动机 M 连续反转。

(4) 停止：按下按钮 SB1，整个控制电路失电，交流接触器线圈失电使其主常开触点复位断开，电动机 M 失电停止运转。

(5) 热继电器过载保护：电动机在运行过程中，由于过载或其他原因，可能使负载电流超过额定值；经过一定时间，串接在主电路中的热继电器双金属片受热弯曲，使串接在控制线路中热继电器的常闭触头断开，切断控制线路电源，接触器 KM 线圈断电，主常开触点断开，电动机 M 停止运转，实现过载保护。热继电器动作后，经过一段时间冷却，需要手动复位为下一次动作做好准备。

3. 安装工艺

1) 电器元件的布置与固定

(1) 将器件均匀布置在电路板的中央位置。

(2) 按电流方向布置(由上至下，由左至右)。

(3) 同类器件布置在同一水平线上。

(4) 控制同一电机的同类器件应紧靠在横向位置，相应其他器件应布置在相应纵向位置上。

(5) 器件按规范要求固定良好，横平竖直。其布置与固定如图 5.2.2 所示。

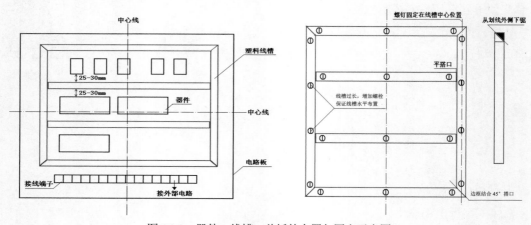

图 5.2.2　器件、线槽、盖板的布置与固定示意图

2) 线槽、盖板的布置与固定

塑料底槽必须横平竖直平整的固定在电路底板上，保证盖板良好的盖上，先做底槽后做盖板，固定螺栓距离的确定以底槽不出现凸凹现象为准。

3）导线的安装与连接

根据安装接线图进行接线，首先选择一根长短合适的导线，两端套上号码管，写上编号，根据导线连接工艺要求进行连线，将号码管编号相同的导线串接在一起(如三个点用两根线连接)，依次连接完所有线路。导线连接工艺要求如下：

(1) 导线与器件连接如图 5.2.3 所示，线路走线必须经过线槽，线路换向需要遵循 90°原则，横平、竖直、转弯成直角。

(2) 导线与平型桩连接如图 5.2.4 所示，导线需要全部压入两片平型垫片之间，羊角圈制作方向应与螺栓旋紧方向一致，垫片不能压住绝缘层，连接必须紧固牢靠，每个线桩最多只能接两根线。

(3) 导线与瓦型桩连接如图 5.2.5 所示，芯线拧成一股，导线裸露部分 1mm 内，不可把绝缘层接到线桩里，否则可能出现接触不良。

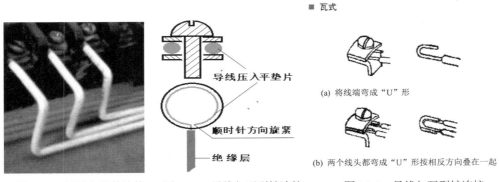

图 5.2.3　导线与器件连接　　图 5.2.4　导线与平型桩连接　　图 5.2.5　导线与瓦型桩连接

4. 调试与排故

在正反转电路的试电操作时，要注意用电安全，遵守安全用电操作规程；单手操作，切忌手触碰元器件金属部位；操作过程中遇到任何故障，先把电源断开，再进行检查。其一般调试步骤如下：

观看视频

(1) 将导线 U11、V11、W11 三相分别插入操作台 L1、L2、L3 三个孔中，合上开关 QS 接通电源。

(2) 按下 SB2 正转按钮，交流接触器 KM1 吸合；松开 SB2 后，KM1 自锁持续吸合，电动机连续正转。

(3) 按下 SB3 反转按钮，交流接触器 KM1 断开，KM2 吸合；松开 SB3 后，KM2 自锁持续吸合，电动机连续反转。

(4) 按下 SB3 停止按钮，交流接触器 KM2 断开，电动机停止转动。

(5) 断开电源，取出导线 U11、V11、W11，整理好桌面及工具。

如果电路试电不成功，可使用电阻测量法按照正反转电路原理图 5.2.1 进行试电前故障检测。其一般检测流程如下：

(1) 测量前，断电源，拧开熔断器 FU2，去除并联支路，选择万用表欧姆挡 2kΩ 挡。

(2) 万用表两表笔分布在 1 和 7 的位置，分别按下 SB2、SB3、KM1、KM2，万用表显示电阻约为 1.8kΩ，则说明正转控制电路、反转控制电路、正转自锁控制电路、反转自锁控制电路无故障。反之，若电阻为无穷大，则说明有断路故障；电阻为 0，则说明有短路故障。可采用电阻分阶测量法或电阻分段测量法进行排故操作。

(3) 测量完后，将 FU2 拧紧，并测量 FU1、FU2 每个熔断器两端电阻是否为 0Ω，至此所有线路测试完成。

① 电阻分阶测量法。测量线路两点之间的阻值并进行比较的一种故障检测方法。以电动机正转控制线路为例，假设控制回路电源正常，断开电源，按下 SB2 按钮，KM1 不吸合，表明控制电路存在断路故障。使用电阻分阶测量法：测量前先断开电源，拧开 FU2，切断并联支路，按下 SB2 不放，将数字万用表转换开关置于 2 kΩ 挡，按图 5.2.6 所示方法进行测量。

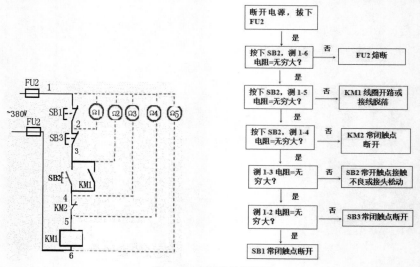

图 5.2.6 电阻分阶测量法

② 电阻分段测量法。测量线路相邻两点之间阻值的一种故障检测方法。以电动机正转控制线路为例，假设控制电路电源正常，按下 SB2 按钮，KM1 不吸合，表明控制电路存在断路故障。电阻分段测量法：测量前先断开电源，拧开 FU2，切断并联支路，将数字式万用表转换开关置于 2kΩ 挡，按图 5.2.7 所示方法进行测量，当测得相邻两点间的阻值为无穷大时，即可视为故障点。

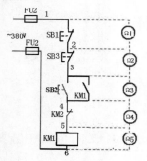

故障现象	测量点	电阻值（Ω）	故障点
电源正常，按下 SB2 按钮，接触器 KM1 不吸合	1-2	无穷大	SB1 常闭触点断开
	2-3	无穷大	SB3 常闭触点断开
	按下 SB2，测 3-4	无穷大	SB2 常开触点未接通
	4-5	无穷大	KM2 常闭触点断开
	5-6	无穷大	KM1 线圈断开

图 5.2.7 电阻分段测量法

5.2.2　X62W 万能铣床电路的安装与调试

本节介绍 X62W 万能铣床电路的安装与调试。

1. 元器件介绍

X62W 万能铣床电路所需要的元器件如表 5.2.2 所示。其中熔断器、交流接触器、热继电器、按钮、接线端子排已经在电动机正反转电路中介绍过，这里只介绍新增的元器件。

表 5.2.2　电器元件明细表

代号	名称	型号	数量	代号	名称	型号	数量
FU1	熔断器	RL1-60/25	3	FR	热继电器	JR16-20/3	3
FU2/FU3	熔断器	RL1-15/2	4	SB1-SB6	按钮盒	LA10-3H	2
KM1-KM6	交流接触器	CJX1-9/22	6	XT	端子排	JX2-1015	2
SQ1-SQ4	行程开关	YBLX-19/111	6	TC	变压器	BK-50	1
SQ6-SQ7	行程开关	YBLX-19/111	1	SA1	组合开关	HZ10-10P/3	1
SA3	组合开关	HZ10-10P/1	1	SA5	倒顺开关	HZ3-132	5

(1) 行程开关(SQ)：行程开关(又称限位开关)，是一种常用的小电流主令电器。利用生产机械运动部件的碰撞使其触头动作来实现接通或分断控制电路，从而达到一定的控制目的。通常，这类开关被用来限制机械运动的位置或行程，使机械运动按一定位置或行程自动停止、反向运动、变速运动或自动往返运动等。

(2) 倒顺开关(SA5)：倒顺开关也叫顺逆开关。它的作用是连通、断开电源或负载，可以使电机正转或反转，主要用于单相、三相电动机正反转。

(3) 组合开关(SA1 或 SA3)：组合开关又叫转换开关，它有单极、双极、三极和多极之分。组合开关是由多组结构相同的触点组件组合而成的控制电器，它由动触片、静触片、转轴、手柄、凸轮、绝缘杆等部件组成。当转动手柄时，每层的动触片随转轴一起转动，使动触片分别和静触片保持接通和分断。为了使组合开关在分断电流时迅速熄弧，在开关的转轴上装有弹簧，能使开关快速闭合和分断。组合开关常用在机床的控制电路中，作为电源的引入开关，或是自我控制小容量电动机的直接启动、反转、调速和停止的控制开关等。

(4) 速度继电器(KS)：速度继电器(转速继电器)又称反接制动继电器。它的主要结构是由转子、定子及触点三部分组成。速度继电器主要用于三相异步电动机反接制动的控制电路中，它的任务是当三相电源的相序改变以后，产生与实际转子转动方向相反的旋转磁场，从而产生制动力矩，使电动机在制动状态下快速降低转速。在电机转速接近零或某一设定值时，立即发出信号，切断电源，使之停车(否则电动机开始反方向启动)。

(5) 牵引电磁铁(YA)：牵引电磁铁主要由线圈、铁芯及衔铁三部分组成。当线圈通电后，铁芯和衔铁磁化，成为极性相反的两块磁铁，它们之间产生电磁吸力。当吸力大于弹簧的反作用力时，衔铁开始向着铁芯方向运动。当线圈中的电流小于某一定值或中断供电时，电磁吸力小于弹簧的反作用力，衔铁将在反作用力的作用下返回原来的释放位置。利用动铁心和静铁心的吸合及复位弹簧的弹力，实现牵引杆的直线往复运动，主要用于机械设备及自动化系列的各种操作机构的远距离控制。

(6) 变压器(TC)：通过电磁感应原理工作。变压器有两组线圈，初级线圈和次级线圈，当初级线圈通上交流电时，变压器铁芯产生交变磁场，次级线圈就产生感应电动势。初、次级线圈的电压比等于它们的匝数比，用于升高或者降低电压。

2. 工作原理

X62W 铣床电路电气原理图如图 5.2.8 所示，整个电路分为主电路、控制电路、辅助电路三部分。机床电源采用三相 380V 交流电源供电，由电源开关 QS 引入，总电源短路保护为熔断器 FU1。

1) 主电路

(1) 主轴电机(M1)正反转运动。

① M1 启动(KM3)其主电路工作电流路径为：电源→QS→FU1→KM3→SA5→FR1→M1。

② M1 正反转(SA5)：SA5 顺铣——正转； SA5 逆铣——反转。

③ M1 反接制动(KM2)：其主电路工作电流路径为：电源→QS→FU1→KM2→R(制动电阻)→SA5→FR1→M1

(2) 进给电机(M2)正反转运动：用于工作台的前后、左右、上下运动。

① M2 正转运动(KM4)用于工作台右、前、下运动，其主电路工作电流路径为：电源→QS→FU1→FU2→KM4→FR2→M2。

② M2 反转运动(KM5)用于工作台左、后、上运动，其主电路工作电流路径为：电源→QS→FU1→FU2→KM5→FR2→M2。

③ M2 快速进给(KM6)运动：其原理是电磁铁 YA 通电，摩擦离合器合上，减少中间传动装置，使工作台按运动方向快速进给。其主电路工作电流路径为：电源→QS→FU1→FU2→KM5/KM4→KM6→YA。

(3) 冷却泵电机(M3)。

M3 正转运动(KM1)提供冷却液，其主电路工作电流路径为：电源→QS→FU1→FU2→KM1→FR3→M3。

2) 控制电路

(1) 主轴(M1)控制。

① 主轴变速冲动(按 SQ7)：SQ7-1 通，SQ7-2 断，KM2 通电。当需要主轴变速冲动(齿轮啮合)时，按下行程开关 SQ7，常开触头 SQ7-1 闭合，使 KM2 线圈通电，电动机 M1 启动，松开 SQ7，主轴变速冲动完成。其控制电路电流路径为：2→FU3→3→SQ7-1→7→KM3→10→KM2 线圈→6→FR1→1。

② 主轴启动(按 SB1 或 SB2)，KM3 通电。当主轴顺铣工作：合上 QS，将 SA5 置于顺铣。按下启动按钮 SB1(SB2)，KM3 线圈通电，KM3 主常开触点闭合，M1 正转。速度继电器 KS 转速达到 n > 120 r/min，KS 常开触点闭合，为反接制动做准备。主轴逆铣工作：只需要将倒顺开关 SA5 置于逆铣位置。其控制电路工作电流路径为：2→FU3→3→SQ7-2→8→SB4→11→SB3→12→KM3→13→KM2→14→KM 线圈→6→FR1→1。

③ 主轴反接制动：当主轴电机 M1 停车时，按下停止按钮 SB3(或 SB4)，KM3 线圈先断电(其所有触头复位，电动机 M1 断电后会进行惯性运转)，KM2 线圈后得电，给电机 M1 一个反作用力，进行反接制动。当转速降至 120r/min 以下时，速度继电器 KS 常开触头断开，接触器

KM2 断电,其所有触头复位,停车反接制动结束,M1 停车。其控制电路工作电流路径为:2 →FU3→3→SQ7-2→8→SB3/SB4→9→KS→7→KM3→10→KM2 线圈→6→FR1→1。

(2) 进给运动(M2):进给分为直线进给和圆工作台运动(SA1 切换)。

① 直线进给(旋转 SA1 让 SA1-1 、SA1-3 闭合,SA1-2 断开)。

- 进给变速冲动(SQ6):按下 SQ6(SQ6-1 闭,SQ6-2 断),KM4 通电,M2 正转。其控制电路工作电流路径为:2→FU3→3→SQ7-2→8→SB4→11→SB3→12→KM3→13→SA1-3 →22→SQ2-2→23→SQ1-2→17→SQ3-2→16→SQ4-2→15→SQ6-1→18→KM4 线圈→20 →KM5→21→FR2→5→FR3→6→FR1→1。

- 右进给:按 SQ1(SQ1-1 闭,SQ1-2 断),KM4 通电,M2 正转。其控制电路工作电流路径为:2→FU3→3→SQ7-2→8→SB4→11→SB3→12→KM3→13→SQ6-2→15→SQ4-2 →16→SQ3-2→17→SA1-1→19→SQ1-1→18→KM4 线圈→20→KM5→21→FR2→5→ FR3→6→FR1→1。

- 左进给:按 SQ2(SQ2-1 闭,SQ2-2 断),KM5 通电,M2 反转。其控制电路工作电流路径为:2→FU3→3→SQ7-2→8→SB4→11→SB3→12→KM3→13→SQ6-2→15→SQ4-2 →16→SQ3-2→17→SA1-1→19→SQ2-1→24→KM5 线圈→25→KM4→21→FR2→5→ FR3→6→FR1→1。

- 前(下)进给:按 SQ3(SQ3-1 闭,SQ3-2 断),KM4 通电,M2 正转。其控制电路工作电流路径为:2→FU3→3→SQ7-2→8→SB4→11→SB3→12→KM3→13→SA1-3→22→ SQ2-2→23→SQ1-2→17→SA1-1→19→SQ3-1→18→KM4 线圈→20→KM5→21→FR2 →5→FR3→6→FR1→1。

- 后(上)进给:按 SQ4(SQ4-1 闭,SQ4-2 断),KM5 通电,M2 反转。其控制电路工作电流路径为:2→FU3→3→SQ7-2→8→SB4→11→SB3→12→KM3→13→SA1-3→22→ SQ2-2→23→SQ1-2→17→SA1-1→19→SQ4-1→24→KM5 线圈→25→KM4→21→FR2 →5→FR3→6→FR1→1。

- 快速进给(SB5 或 SB6):在进给同时并按下 SB5 或 SB6,KM6 通电,电磁铁 YA 吸合。其控制电路工作电流路径为:2→FU3→3→SQ7-2→8→SB4→11→SB3→12→KM3→13 →SA1-3→22→SB5/SB6→26→KM6 线圈→21→FR2→5→FR3→6→FR1→1。

② 圆工作台运动:旋转 SA1(SA1-2 闭合,SA1-1 、SA1-3 断开),KM4 通电,M2 正转。其工作电流路径为:2→FU3→3→SQ7-2→8→SB4→11→SB3→12→KM3→13→SQ6-2→15→ SQ4-2→16→SQ3-2→17→SQ1-2→23→SQ2-2→22→SA1-2→18→KM4 线圈→20→KM5→21→ FR2→5→FR3→6→FR1→1。

(3) 冷却泵运转(M3):旋转 SA3,KM1 通电,M3 正转,其控制电路工作电流路径为:2 →FU3→3→SA3→4→KM1 线圈→5→FR3→6→FR1→1。

3) 辅助电路

照明:旋转 SA4,EL 灯亮。其电流路径:02→FU→31→SA4→32→EL→01。

3. 安装工艺

X62W 万能铣床电路的安装工艺与电动机正反转电路安装工艺类似,这里不再赘述。

4. 调试与排故

X62W 万能铣床电路试电操作时，要注意安全用电，遵守安全操作规程；单手操作，切忌手碰触元器件金属部位；操作过程中遇到任何故障，先把电源断开，再进行检查。其一般试电步骤如下。

(1) 合上开关 QS，将 SA5 旋转至顺铣或倒铣位置，按下 SQ7，KM2 吸合，主轴变速冲动，为主轴启动做准备。

(2) 按下 SB1 或 SB2，KM3 吸合，主轴启动，按下 SB3 或 SB4，KM3 断开，KM2 吸合，主轴反接制动。

(3) 按下 SB1 或 SB2，KM3 吸合，主轴启动，为进给做准备，合上 SA3，KM1 吸合，冷却泵工作。

(4) 将 SA1 旋转至 1、3 通，2 断位置，按下 SQ6，KM4 吸合，进给变速冲动，为进给做准备。

(5) 按下 SQ1，KM4 吸合，右进给；右进给同时按下 SB5 或 SB6，KM6 吸合，快速右进给。

(6) 按下 SQ2，KM5 吸合，左进给；左进给同时按下 SB5 或 SB6，KM6 吸合，快速左进给。

(7) 按下 SQ3，KM4 吸合，前(下)进给；前(下)进给同时按下 SB5 或 SB6，KM6 吸合，快速前(下)进给。

(8) 按下 SQ4，KM5 吸合，后(上)进给；后(上)进给同时按下 SB5 或 SB6，KM6 吸合，快速后(上)进给。

(9) 圆工作台运动：将 SA1 旋转至 1、3 断，2 通位置；KM4 吸合，圆工作台运动。

(10) 按下 SB3 或 SB4，主轴、进给均制动，断开电源 QS，将所有元器件都复位。

若电路试电不成功，可使用电阻分阶测量法，根据 X62W 万能铣床电路原理图(见图 5.2.8)进行故障检测。

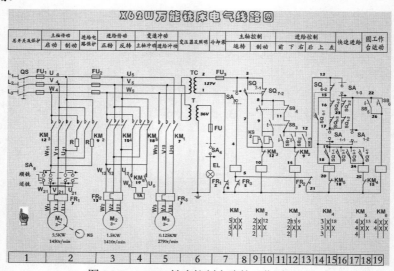

图 5.2.8　X62W 铣床控制电路的工作原理图

其一般检测流程如下。

(1) 测量前：断开电源，所有电器元件复位，万用表欧姆挡选择 2kΩ 挡。

(2) 测主轴控制回路：拧开 FU3，断开并联支路，将两表笔分别放 1、3 处。

① 旋转 SA3，电阻约为 0.2kΩ，冷却泵控制回路正确，SA3 复位。

② 按下 SQ7，电阻约为 0.2kΩ，主轴变速冲动回路正确，松开 SQ7。

③ 按下 SB1 或 SB2，电阻约为 0.2kΩ，主轴启动回路正确，按钮复位；按下 KM3 辅助常开触点，电阻约为 0.2kΩ，主轴 KM3 自锁正确，触点复位。

④ 按下 SB3 或 SB4，电阻约为 0.2kΩ，主轴制动回路正确，按钮复位。

(3) 测进给控制回路：将 KM2 辅助常闭触点 14 断开，将数字式万用表两表笔分别放 6、13 处。

① 将 SA1 旋转至 1、3 通，2 断位置，测直线进给回路。

● 按下 SQ6，电阻约为 0.2kΩ，进给变速冲动回路正确，松开 SQ6。

● 按下 SQ1，电阻约为 0.2kΩ，右进给回路正确，松开 SQ1。

● 按下 SQ2，电阻约为 0.2kΩ，左进给回路正确，松开 SQ2。

● 按下 SQ3，电阻约为 0.2kΩ，前(下)进给回路正确，松开 SQ3。

● 按下 SQ4，电阻约为 0.2kΩ，后(上)进给回路正确，松开 SQ4。

② 将 SA1 旋转至 1、3 断，2 通位置；测圆工作台回路。若电阻约为 0.2 kΩ，则圆工作台回路正确。

③ 测快速进给回路

将 SA1 复位(1、2、3 都断)，万用表两表笔分别放 6、13 处，按下 SB5 或 SB6，电阻约为 0.2kΩ，快速进给回路正确。

(4) 测量完后：将 FU3 拧紧和 KM2 辅助常闭触点 14 接好，并测量 FU1、FU2、FU3，熔断器两端电阻为 0Ω，所有回路测试完成。

5.3　电子技术实践

5.3.1　手工焊接工艺

1. 手工焊接工艺介绍

焊接，也称作熔接，是一种以加热、高温或者高压的方式接合金属或其他热塑性材料(如塑料)的制造工艺及技术。焊接的本质是两种或两种以上同种或异种材料通过原子或分子之间的结合和扩散连接成一体的工艺过程。

手工焊接技术是焊接技术中的一项基本功，它适用于小批量生产和大量维修的需要。如果焊接面上有阻隔浸润的污垢或氧化层，不能生成两种金属材料的合金层，或者温度不够高使焊料没有充分熔化，都不能使焊料浸润。因此，进行锡焊必须具备以下几个条件。

(1) 焊件必须具有良好的可焊性。

所谓可焊性是指在适当温度下，被焊金属材料与焊锡能形成良好结合的合金的性能。不是所有金属都具有好的可焊性，有些金属(如铬、钼、钨等)的可焊性就非常差；有些金属的可焊性比较好，如紫铜。在焊接时，由于高温使金属表面产生氧化膜，影响材料的可焊性。为提高可焊性，可以采用表面镀锡、镀银等措施来防止材料表面的氧化。

(2) 焊件表面必须保持清洁。

为了使焊锡和焊件达到良好的结合，焊接表面一定要保持清洁。即使是可焊性良好的焊件，由于储存或被污染，都可能在焊件表面产生对浸润有害的氧化膜和油污。在焊接前务必把污膜清除干净，否则无法保证焊接质量。金属表面轻度的氧化层可以通过助焊剂来清除；氧化程度严重的金属表面，则应采用机械或化学方法清除，例如进行刮除或酸洗等。

(3) 要使用合适的助焊剂。

助焊剂的作用是清除焊件表面的氧化膜。不同的焊接工艺，应该选择不同的助焊剂，如镍铬合金、不锈钢、铝等材料，没有专用的特殊助焊剂是很难实施锡焊的。在焊接印制电路板等精密电子产品时，为使焊接可靠稳定，通常采用以松香为主的助焊剂。一般是用酒精将松香熔化成松香水使用。

(4) 焊件要加热到适当的温度。

焊接时，热能的作用是熔化焊锡和加热焊接对象，使锡、铅原子获得足够的能量渗透到被焊金属表面的晶格中而形成合金。焊接温度过低，对焊料原子渗透不利，无法形成合金，极易形成虚焊；焊接温度过高，会使焊料处于非共晶状态，加速助焊剂分解和挥发速度，使焊料品质下降，严重时还会导致印制电路板上的焊盘脱落。需要强调的是，不但焊锡要加热到熔化，而且应该同时将焊件加热到能够熔化焊锡的温度。

(5) 合适的焊接时间。

焊接时间是指在焊接全过程中，进行物理和化学变化所需要的时间。它包括被焊金属达到焊接温度的时间、焊锡的熔化时间、助焊剂发挥作用及生成金属合金的时间几个部分。当焊接温度确定后，就应根据被焊件的形状、性质、特点等来确定合适的焊接时间。焊接时间过长，易损坏元器件或焊接部位；过短，则达不到焊接要求。一般每个焊点焊接一次的时间为2～3s，最长不超过5s。

手工焊接所需要用到的基本工具与材料如图5.3.1所示。

电烙铁　　　　　　　烙铁架　　　　　　　焊锡丝　　　　　　　松香

图 5.3.1　手工焊接工具及材料

2. 手工焊接工艺流程

五步法为手工焊接的基本操作工艺流程，其操作步骤如图5.3.2所示。

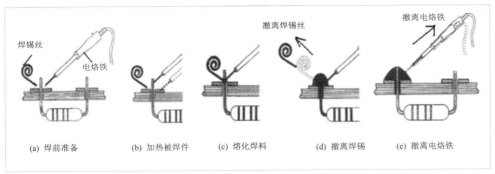

图 5.3.2　焊接五步法

1) 焊前准备

将焊接所需材料、工具准备好，如焊锡丝、松香、电烙铁及其支架等，如图 5.3.1 所示。用焊锡丝给烙铁头镀好锡，放在烙铁架上做准备。同时，焊接前还应对元器件引脚或电路板的焊接部位进行处理，一般有"刮""镀""测"三个步骤。

(1)"刮"：就是在焊接前做好焊接部位的清洁工作。一般采用的工具是小刀和细砂纸，对集成电路的引脚、印制电路板进行清理，去除其上的污垢，清理完后一般还需要往待焊元器件上涂上助焊剂。

(2)"镀"：就是在刮净的元器件部位上镀锡。具体做法是蘸取松香、酒精溶液涂在刮净的元器件焊接部位上，再将带锡的热烙铁头压在其上，并转动元器件，使其均匀地镀上一层很薄的锡层。

(3)"测"：就是利用万用表检测所有镀锡的元器件是否质量可靠，若有质量不可靠或已损坏的元器件，应用同规格的元器件替换。

2) 加热被焊件

将烙铁头接触到焊接部位，使元器件的引脚和印制板上的焊盘受热均匀。同时应注意烙铁头对焊接部位不要施加力量，加热时间不能过长，如图 5.3.2(b)所示。否则，烙铁头产生的高温会损伤元器件，使焊点表面的助焊剂挥发，使塑料、电路板等材质受热变形。

3) 熔化焊料

将烙铁头放到被焊件上，待被焊件加热到一定温度后，将焊锡丝放到被焊件上(注意不要放到烙铁头上)，使焊锡丝熔化并浸湿焊点，如图 5.3.2(c)所示。

4) 撤离焊锡

当焊点上的焊锡丝已将焊点浸湿，要及时撤离焊锡丝，以保证焊点的焊料大小合适，如图 5.3.2(d)所示。

5) 撤离电烙铁

当焊锡丝完全润湿焊点，扩散范围达到要求后，需要立即移开烙铁头。烙铁头的移开方向应与电路板焊接面大致成 45°，移开速度不能太慢，图 5.3.2(e)所示。

烙铁头移开的时机、移开时的角度和方向会对焊点的形成有直接关系。如果烙铁头离开方向与焊接面成 90°时，焊点容易出现拉尖及毛刺现象；如果烙铁头离开方向与焊接面平行，烙铁头会带走大量焊料，造成焊点焊料不足的现象。

上述五步法也可简化为三步法操作，即将上述步骤的 2)和 3)合为一步，同时加热焊件和焊料。步骤 4)和 5)合为一步,当焊锡的扩展范围达到要求后,同时拿开焊锡丝和电烙铁。注意拿开焊锡丝的时机不要迟于电烙铁撤离的时间。

3. 焊接质量检查及焊后处理

焊接完成后,为保证焊接质量,一定要对焊点进行质量检查,避免虚焊的产生。目前主要通过目视检查和手触检查来发现和解决问题。

目视检查的主要内容如下。

(1) 是否有漏焊。漏焊是指应该焊接的焊点没有焊上。

(2) 焊点的光泽好不好。

(3) 焊点的焊料足不足。

(4) 焊点周围是否有残留的助焊剂。

(5) 焊盘与印制导线是否有桥接。

(6) 焊盘有没有脱落。

(7) 焊点有没有裂纹。

(8) 焊点是不是凹凸不平。

(9) 焊点是否有拉尖的现象。

手触检查是指用手触摸被焊元器件时,看元器件是否有松动的感觉和焊接不牢的现象;当用镊子夹住元器件引脚,轻轻拉动时观察有无松动现象;对焊点进行轻微晃动时,观察上面的焊锡是否有脱落现象。

通电检查必须是在外观检查和连接检查无误后才可做的工作,也是检验电路性能的关键步骤。通电检查可以发现许多细微的缺陷,例如肉眼看不见的电路桥接,但对于内部虚焊的隐患就不易察觉。

印制板的焊接工作完成后还应进行以下处理。

(1) 对有缺陷的焊点进行返工,每个焊点返工的次数不超过 3 次,返工后应重新检验。

(2) 剪去多余引脚,要求保留引脚长度为伸出焊点外 1mm,注意不要对焊点施加剪切力以外的其他力。

(3) 对印制板上的大线圈采用尼龙拉扣固定;对于小线圈,则在其与印制板接触面的两端点用热熔胶固定。

(4) 对调试后的印制板上的电位器的可调端均应采用点漆固定的方法,对直径大于 15mm 的电解电容器与印制板的接触面对称的两端点用热熔胶固定。

(5) 用酒精清洗液、软毛刷清洗印制板上多余的松香助焊剂,并用干净的棉布将多余酒精清洗液擦拭干净。

(6) 检查处理后的印制板,应用静电袋包好,不要随意摆放。

5.3.2 SMT 焊接工艺

1. SMT 焊接工艺介绍

表面贴装技术(SMT)是 "Surface Mounted Technology" 的简称,是目前电子组装行业里最流行的一种技术和工艺。SMT 是将电子零件放置于印刷电路板表面,然后使用焊锡连接电子零件的引脚与印刷电路板的焊盘进行金属化而成为一体。而与 SMT 之相对应的,则是通孔插装技术，即 "Through Hole Technology"，简称 THT。通孔插装技术是将电子零件的引脚插入印刷电路板的通孔，然后将焊锡填充其中进行金属化而成为一体。由于印刷电路板有两面，显然，表面贴装可在板子两面同时进行焊接，而通孔插装则不能。

1) SMT 与 THT 工艺比较

SMT 工艺技术的特点可以通过其与传统通孔插装技术(THT)的差别比较体现。从组装工艺技术的角度分析，SMT 和 THT 的根本区别是"贴"和"插"。二者的差别还体现在基板、元器件、组件形态、焊点形态和组装工艺方法等各个方面。

THT 采用有引脚元器件，在印制板上设计好电路连接导线和安装孔，通过把元器件引脚插入 PCB 上预先钻好的通孔中，暂时固定后在基板的另一面采用波峰焊接等软钎焊接技术进行焊接，形成可靠的焊点，建立长期的机械和电气连接，元器件主体和焊点分别分布在基板两侧。采用这种方法，由于元器件有引脚，当电路密集到一定程度后，就无法解决缩小体积的问题了。同时，引脚间相互接近导致的故障、引脚长度引起的干扰也难以排除。

SMT 是指把片状结构的元器件或适于表面组装的小型元器件，按照电路的要求放置在印制板的表面上，用再流焊或波峰焊等焊接工艺装配起来，构成具有一定功能的电子部件的组装技术。在传统的 THT 印制电路板上，元器件和焊点分别位于板的两面；而在 SMT 电路板上，焊点与元器件都处在板的同一面上。因此，在 SMT 印制电路板上，通孔只用来连接电路板两面的导线，孔的数量要少得多，孔的直径也小很多。这样，就能使电路板的装配密度极大提高。SMT 与 THT 的区别见表 5.3.1。

表 5.3.1　SMT 和 THT 的区别

类型	SMT	THT
元器件	SOIC、SOT、LCCC、PLCC、QFP、BGA、CSR，尺寸比 DIP 要小许多	双列直插或 DIP，针阵列 PGA
	片式电阻、电容	有引脚电阻、电容
基板	PCB 板采用 1.27mm 网格或更细设计	PCB 采用 2.54mm 网络设计
	通孔孔径为 0.3～0.5mm，布线密度要高 2 倍以上	通孔孔径为 0.8～0.9mm
焊接方法	再流焊	波峰焊
面积	小	大
组装方法	表面贴装	通孔插入
自动化程度	自动贴片机，比自动插装机效率高	自动插装机

2) SMT 的优点

SMT 与 THT 比较具有以下一些优点。

(1) 组装密度高、电子产品体积小、重量轻。

贴片元件的体积和重量只有传统插装元件的 1/10 左右，一般采用 SMT 之后，电子产品体积缩小 40%～60%，重量减少 60%～80%。

(2) 可靠性高。

由于贴装元器件无引脚或引脚极短、体积小、中心低，直接贴焊在电路板的表面上，抗震能力强，可靠性高，采用了先进的焊接技术使焊点缺陷率大大降低，一般不良焊点率小于十万分之一，比通孔插装组件波峰焊接技术低一个数量级。

(3) 高频特性好，减少了电磁和射频干扰。

无引脚或短引脚元器件，电路寄生参数小、噪声低，特别是减少了印制电路板高频分布参数的影响。安装的印制电路板变小，使信号的传送距离变短，提高了信号的传输速度，改善了高频特性。

(4) 易于实现自动化，提高生产效率。

表面安装技术可以进行计算机控制，整个 SMT 程序都可以自动进行，生产效率高，而且安装的可靠性也大大提高，适于大批量生产。

(5) 降低成本达 30%～50%，节省材料、能源、设备、人力、时间等。

印制电路板使用面积减小；频率特性提高，减少了电路调试费用；片式元器件体积小，重量轻，减少了包装、运输和储存费用；片式元器件发展快，成本迅速下降。

2. SMT 焊接工艺流程

SMT 工艺有两类最基本工艺流程，一类是焊锡膏-再流焊工艺，另一类是贴片胶-波峰焊工艺。在实际生产中，应根据所用元器件和生产装备的类型以及产品的需求，选择单独进行或者重复、混合使用，以满足不同产品生产的需求。

1) 焊锡膏-再流焊工艺

焊锡膏-再流焊工艺如图 5.3.3 所示，该工艺特点是简单、快捷，有利于产品体积的减小，在无铅焊接工艺中更显示出其优越性。

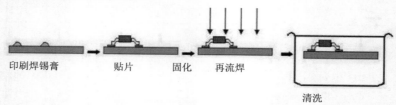

印刷焊锡膏　　　贴片　　　固化　　　再流焊　　　　　　清洗

图 5.3.3　焊锡膏-再流焊工艺

2) 贴片胶-波峰焊工艺

贴片胶-波峰焊工艺如图 5.3.4 所示，该工艺流程的特点是：利用双面板空间，电子产品的体积进一步减小，并部分使用通孔元件，价格更低，但所需设备增多。由于波峰焊过程中缺陷较多，难以实现高密度组装，若将上述两种工艺流程混合使用，则可以演变成多种工艺流程。

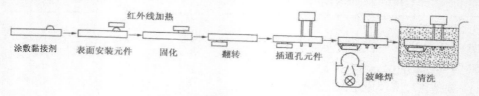

涂敷黏接剂　表面安装元件　固化　翻转　插通孔元件　波峰焊　清洗

图 5.3.4　贴片胶-波峰焊工艺

3) 再流焊与波峰焊两种工艺比较

再流焊与波峰焊相比，具有如下一些特点。

(1) 再流焊不直接把电路板浸在熔融焊料中，因此元器件受到的热冲击小。

(2) 再流焊仅在需要的部位施放焊料。

(3) 再流焊能控制焊料的施放量，有效避免了桥接等缺陷。

(4) 焊料中一般不会混入不纯物，使用焊锡膏时能正确地保持焊料的组成。

(5) 当 SMD 的贴放位置发生偏离时，由于熔融焊料的表面张力作用，只要焊料的施放位置正确，就能自动校正偏离，使元器件固定在正常位置。

3. SMT 生产系统

由表面涂敷设备、贴装机、焊接机、清洗机、测试设备等表面组装设备形成的 SMT 生产系统，习惯上称为 SMT 生产线。

目前，表面组装元器件的品种规格尚不齐全，自此在表面组装组件中有时仍需要采用部分通孔插装元器件。所以，一般所说的表面组装组件往往是插装件和贴装件兼有，全部采用 SMC/SMD 的只是一部分。根据组装对象、组装工艺和组装方式的不同，SMT 的生产线有多种组线方式。下面是 SMT 生产线的一般工艺过程，其中的焊锡膏涂敷方式、焊接方式以及点胶工序根据不同的组线方式而有所不同。

(1) 印刷：其作用是将焊锡膏或贴片胶漏印到 PCB 的焊盘上，为元器件的焊接做准备。所用设备为印刷机，位于 SMT 生产线的最前端。

(2) 点胶：因现在所用的电路板大多是双面贴片，为防止二次回炉时投入面的元器件因焊锡膏再次熔化而脱落，故在投入面加装点胶机，它是将胶水滴到 PCB 的固定位置上，其主要作用是将元器件固定到 PCB 板上。所用设备为点胶机，位于 SMT 生产线的最前端或检测设备的后面。

(3) 贴装：其作用是将表面组装元器件准确安装到 PCB 的固定位置上。所用设备为贴片机，位于 SMT 生产线中印刷机的后面。

(4) 固化：其作用是将贴片胶熔化，从而使表面组装元器件与 PCB 板牢固地粘在一起。所用设备为固化炉，位于 SMT 生产线中贴片机的后面。

(5) 再流焊接：其作用是将焊锡膏熔化，使表面组装元器件与 PCB 板牢固地粘在一起。所用设备为再流焊炉，位于 SMT 生产线中贴片机的后面。

(6) 清洗：其作用是将组装好的 PCB 板上面的对人体有害的焊接残留物(如助焊剂等)除去。所用设备为清洗机，位置可以不固定。

(7) 检测：其作用是对组装好的 PCB 板进行焊接质量和装配质量的检测。所用设备有放大镜、显微镜、在线测试仪(ICT)、飞针测试仪、自动光学检测(AOI)、XRAY 检测系统、功能测试仪等。其位置根据检测的需要，可以配置在生产线合适的地方。

(8) 返修：其作用是对检测出现故障的 PCB 板进行返工。所用工具为烙铁、返修工作站等，配置在生产线中的任意位置。

5.3.3　收音机的安装与调试

1. 元器件介绍

S2108 型六管超外差式收音机所需的元器件清单如表 5.3.2 所示。

表 5.3.2 电器元件明细表

序号	名称型号	数量	序号	名称型号	数量
1	大小拨盘、磁棒支架、机壳、电池正负极片	各1只	8	磁棒线圈 T_1 4 mm×10 mm ×65mm	1套
2	晶体管 VT_1-VT_4、3DG201×4,或 9011、VT_5-VT_6、9013×2	共6只	9	输入变压器(蓝)T_5、输出变压器(红)T_6	各1只
3	$C_{11}C_{12}$ 100μ×2、C6、C9、C10、103×3、C_4 10μ×1、C2、C5、C8、223×3、$C_7$1μ×1、$C_3$682×1	共11只	10	R_1、R_4、R_5 100kΩ×3 R_3 47kΩ×1、R_2 1.5kΩ×1 R_6 510Ω×1、R_7 100Ω×1	共7只
4	$C_{1a}C_{1b}$ 双联 CBM-223P	1只	11	BL 扬声器 0.25W 8Ω	1只
5	电位器 WH12-5kΩRP_3	1只	12	中周 T_2 红、T_3 白、T_4 黑(或绿)	共3只
6	VD IN 4148	1只	13	印刷电路板及图纸	各1张
7	导线、螺钉若干		14	RP_1、RP_2、RP_4 为固定电阻,阻值为 120kΩ,RP_5 为 1kΩ	共4只

1) 电阻

首先根据色环读数法对电阻进行读数,然后用万用表欧姆挡对色环读数电阻阻值进行校对。

2) 电解电容

正负极判别:通过引脚长短,引脚长的是正极,短的是负极,同时引脚上面标有"——"图示为负极。漏电性能好坏判别:用指针式万用表选择 R×100 或 R×1K(根据具体情况选择)挡位,用红、黑两笔测量电解电容两引脚,指针偏转;交换两表笔,若此时指针偏转角度大于上次角度,则判断电解电容是好的。

3) 瓷片电容

标称值判别。

(1) 直接标称法。如果数字是 0.001,那它代表的是 0.001μF,如果是 10 n,就是 10nF,同样 100 p 就是 100 pF。

(2) 不标单位的直接表示法。用 1~3 位数字表示,容量单位为 pF。

4) 中周与变压器

中周是超外差式收音机的特有元件,六管机中使用中周为一套3只,通常,不同用途的中周依靠顶部磁帽的颜色来区分。T2 是中波本机振荡线圈,用红色标记。T3 为第一中周,用黄色或白色标记。T4 为第二中周,用黑色或绿色标记。超外差式收音机有两个变压器:输入变压器 T5(绿)和输出变压器 T6(红)。通过测量中周和变压器 5 个引脚间的电阻值和标称值进行对比来判断它们的好坏。

5) 三极管

超外差式收音机有 6 个三极管 VT1~ VT6。VT1~VT4 采用 9018、9011NPN 等高频小功率管,β 值从小到大。VT5、VT6 采用 9013NPN 型三极管,β 值从小到大。三极管极性判别方法:三极管引脚朝下,将数字面正对自己,从左至右,依次是 E、B、C 三极。

6) 磁性天线

六管机的磁性天线采用 4mm×9.5mm×66mm 的中波扁磁棒，初级用 $\phi0.12$ 的漆包线绕 105T，次级用同号线绕 10T。其阻值 R12 为 10Ω 左右，R34 为 1Ω 左右。测量时应刮去绝缘漆后挂锡，把周围松香去除后用万用表测量。

7) 二极管

二极管具有单向导电特性。超外差式收音机中的二极管 VD 采用 1N4148 型硅开关二极管，不能用 2AP9 之类的锗管代用。判定其好坏用万用表的欧姆挡根据二极管的单向导电性能进行判断：正向电阻为 0，反向电阻为无穷大时，则表示二极管工作正常。

8) 喇叭

测试喇叭的好坏用指针式万用表 R×1 欧姆挡，测得电阻约为 8Ω 左右，然后将万用表的两个表笔触碰喇叭两端的连接点，发出滋滋响声，证明是喇叭可正常工作。

9) 开关电位器

超外差式收音机的开关电位器由 5 个引脚组成，两边引脚是开关引脚，中间三个引脚是电位器引脚。好坏判别：将开关电位器断开，用万用表欧姆挡测试开关两引脚阻值应为无穷大，然后将开关电位器闭合，再次用万用表欧姆挡测试开关两引脚阻值应为 0，同时电位器引脚间的阻值会随着电位器旋钮的调节在一定的阻值范围内变化，这样则表明开关电位器工作正常。

2. 工作原理

S2108 型六管超外差式收音机工作原理图如图 5.3.5 所示，工作原理如下：超外差式收音机首先用接收天线将广播电台播发出的高频调幅波，经过输入电路接收下来，通过变频级把外来的高频调幅波信号频率变换成一个介于低频与高频之间的固定频率，即 465kHz，然后由中频放大级将变频后的中频信号进行放大，再经检波级检出音频信号；为了获得足够大的输出音量，需要经前置放大级和低频功率放大级加以放大来推动扬声器。混频器输出的携音频包络的中频信号由中频放大电路进行一级、两级甚至三级中频放大，从而使得到达二极管检波器的中频信号振幅足够大。二极管将中频信号振幅的包络检波出来，这个包络就是我们需要的音频信号。音频信号最后交给低放级放大到我们需要的电平强度，然后推动扬声器发出足够的音量。

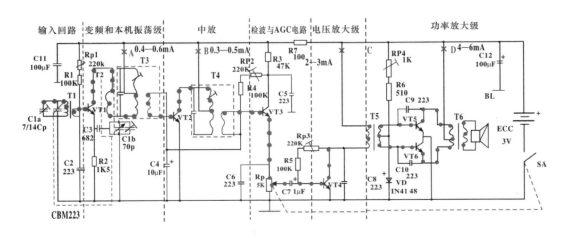

图 5.3.5　S2108 型六管超外差式收音机工作原理图

3. 焊接工艺

(1) 焊接前检查电烙铁的温度是否工作正常(正常温度约 400°)。

(2) 电路板元器件焊接顺序遵循由低到高，由小到大等原则，焊接顺序如下：电阻→二极管→瓷介电容→中周→变压器→双联电容→三极管→电解电容→开关电位器→天线→电源线→喇叭。

(3) 焊接元器件时每安装一个就焊接一个，每焊接完一个元件就剪除这个元件多余的引脚(余留小于 1mm)。

(4) 焊接过程中烙铁头不能有氧化发黑或不平整，焊接时烙铁头镀锡面朝上，同时接触元件引脚和焊盘，时间不能大于 5s。

(5) 焊点要求：可靠的电气连接，足够的机械强度，光洁整齐的外观。焊点以焊接导线为中心，匀称、成裙形拉开。焊料的连接呈半弓形凹面，焊料与焊件交界处平滑，接触角尽可能小，表面有光泽且平滑，无裂纹、针孔、夹渣。

4. 调试与排故

1) 收音机的调试步骤

(1) 通电前把直流稳压电源的电压调到 3 V 或者安装好两节 1.5 V 电池。

(2) 把开关闭合，用万用表测量收音机整机电阻是否为 420Ω 左右，看电阻和变压器是否装错。

(3) 测量整机电流。

将开关打开，通上电源，将万用表调到直流 20mA 挡，将表笔跨接在开关两端(黑笔接电源负极，红笔接开关另一端)，测得电流小于 25 mA，说明可以通电，主要检查电路有无短路或接错的地方。

(4) 如仍收不到电台声音，一般可能是停振或天线线圈有故障。

(5) 调中频频率(俗称调中周)。

目的是将中周的谐振频率都调整到固定的中频频率"465kHz"这一点上(一般出厂已调整到465kHz)。

(6) 调整频率范围(通常叫调频率覆盖或对刻度)。

目的是使双联电容全部旋入到全部旋出，所接收的频率范围恰好是整个中波波段，即535kHz～1605kHz。

(7) 统调(调灵敏度，跟踪调整)。

目的是使本机振荡频率始终比输入回路的谐振频率高出一个固定的中频频率"465kHz"。

2) 收音机的故障检修方法

在维修实践中，收音机有很多有效的检修方法。在检修时应本着先表面、后内部，先电源、后电路，先低频、后高频，先电压、后电流，先调试后替代的原则，灵活运用这些检修方法。

(1) 直观检查法。

直观检查法是在不使用仪器的情况下，通过视觉、听觉、嗅觉及经验检查收音机。这种方法虽然简单，却对许多故障的检修往往很有效。比如：检查电池是否用完(电池变软或硬化)、电池是否流出黏液，电池夹弹簧及接触有无生锈；电路连接线、磁性天线线圈是否脱焊、断线，磁力棒是否断裂；焊点是否有虚焊以及焊锡流淌造成的短路；焊盘是否翘起、脱落；印制板线路有无开裂以及扬声器是否完好等。

(2) 电压测量法。

电压测量法是利用万用表直流电压挡测量电路各关键点电压，并将被测电压与标准值进行比较而分析判断故障的快捷方法。首先测量电源电压，判断电源电压是否正常；在电源电压正常的情况下，再检查给定的 6 个三极管的静态工作点，测量它们的工作状态，查找故障点，见表 5.3.3。

表 5.3.3　三极管静态工作点的参考测量值

	VT_1	VT_2	VT_3	VT_4	$VT_{5\sim6}$
U_e/V	0.75	0	0.1	0	0
U_b/V	1.4	0.6	0.6	0.6	0.7
U_c/V	2.8	2.8	1.2	2.5	3

(3) 电流测量法。

首先测量总电流。

将万用表拨到 50mA 挡。打开电源开关，音量旋到最小的一端，看整机总电流是多少，本机总电流的正常值约为 8～12 mA，若偏离此值甚远，则表示收音机一定有故障。

(4) 利用异常电流查找故障元件。

① 电流远大于正常值，接上电源后电流表指针猛打，这说明电路存在严重短路，应立即断开电源。可能的故障部位有：电源接反；VT5、VT6 三只脚接错或型号用错；二极管正负极接反；三极管 VT5、VT6 或 C12 击穿；印刷电路板上有搭焊或碰线的地方(重点在末级)。

② 总电流值为 20～50mA，有可能是：VT4、VT5 接错或 c、e 间短路，这时 VT4 的集电极电压只有 0.7V 或 0V；前级 VT1、VT2 有严重短路的地方，这时可测得图 9-4 中 R10 左端对地电压为零；应检查中周 T3、T4 的初级绕组是否和屏蔽罩有短路的地方，若测得此电压为 0.7V 左右，则应检查 VT1、VT2 的脚是不是接错了。

③ 总电流小于正常值，有可能是：印刷电路板上预留的测试电流的缺口没有搭焊上，这时扬声器中完全无声；晶体管或偏流电阻安装有误。

④ 总电流值为零，有可能是：电池、开关接触不良。

⑤ 电流值开始正常，随后越变越大可能是： C11、C12 接反或是质量太差，或者严重漏电所致。

⑥ 总电流基本正常，各级晶体管工作点电压也符合规定值，但是收音机还不能正常工作，可能是：本机振荡停振。判断本机振荡是否工作正常，可以测 VT1 的发射极电压，如果这个电压正常，而且用起子将双连中的 C1b 短路时，若该电压略有变化，则说明本机振荡起振了；反之如果没有变化，那就是本机振荡停振了。

(5) 电阻测量法。

收音机的很多故障需要通过元器件的阻值来判断。测量时应当把元器件拆下或者焊下一端引脚，但对某些电阻较小的元器件可在断开电源的情况下在线测量。

(6) 干扰检测法。

干扰检测法是一种既简单又实用的小信号注入法，它是利用人体脉冲在各放大级注入，根据扬声器中的"喀喀"声来判断故障所在。因为收音机由多级放大电路组成，如果某级出现故障，一般不会影响其他各级电路的工作。因此，可以手拿镊子或小起子的金属部分，从后级往前级逐级碰触各级三极管的基极和集电极，如果碰触头以后的部分正常，则扬声器会发出"喀喀"响声，越往前碰，响声越大；如果触碰到某级后声音反而减小或无声，则故障可能出在该级或者后一级电路。当然此法也可灵活应用，有经验的维修人员只需要碰触几个关键点即可判断故障所在部位。在实际检修中，为方便起见，一般采用万用表直流电压挡碰触，利用电压挡的内阻，既检测了电压又注入了干扰信号，能起到一举两得、事半功倍的检查效果。

(7) 信号注入检查法。

信号注入检查法的基本操作与干扰检测法基本相同，它只是利用信号发生器产生的 400 Hz 或 1000 Hz 的低频信号作为检测信号源，收音机各三极管的基极和集电极为信号接入点来进行测试。如果电路正常，扬声器会发出"喀喀"响声，否则注入点以后的电路有问题。

总之，收音机的检查方法较多，除了上述以外，还有"切断分隔法""人为截止法""代换替代法"等，只要熟练掌握这些方法，总可以找出收音机的故障所在。

第6章

多工种融合创新训练

6.1 多工种融合创新训练的性质

多工种融合创新训练的性质是工程训练基于 CDIO 工程教育模式背景下开展的项目式教学。其中，CDIO 工程教育模式是近年来国际工程教育改革的最新成果，表示构思(Conceive)、设计(Design)、实现(Implement)和运作(Operate)，它以产品研发到产品运行的生命周期为载体，让学生以主动实践的方式来学习工程。而项目式教学法则是通过"项目"的形式来进行教学，所设置的"项目"包含多门课程的知识，是指在老师的指导下，将一个相对独立的项目交由学生自己处理，其最显著的特点是"以项目为主线、教师为引导、学生为主体"。

大部分传统高校的工程训练都是围绕单一工种展开一体化教学，学生分模块地去学习钳工、车工、铣削、特种加工等工种，学习和接受知识技能的方式单一且分散，缺乏从整体上解决产品加工中实际问题的能力，不利于学科之间的交叉与渗透。而当今社会各行业的生产运作要求操作者本人对所生产产品的不同工艺都有所了解，这就需要操作者既具备各工种的操作技能，又具备如何灵活运用这些技能的能力。

多工种融合创新训练指的是由两种及以上的工种合作，从而共同完成某产品或某零件的创新训练模式。从 CDIO 工程教育的角度看，该模式以问题为起点，以设计为主线，以团队合作为形式，以多工种融合为导向，实现技术创新、实践应用与理论反思"三位一体"的迭代循环提升。从项目式教学法的角度看，该模式下每一个"问题"都是一个"项目"，以项目为主线，教师为引导，学生为主体，以"案例、问题、项目"为中心，激发学生创造性与创新性思维，贯彻"做中学，学中做"的工学一体化理念，学生在产品设计过程中既能掌握理论知识又能联系实训操作，并且在产品设计过程中加深知识转化效果。

多工种融合的教学过程，从产品设计方案到产品加工制造，小组成员间的工作不再是独立地完成，而是相互贯穿、相互弥补、相互提升的合作关系。任务的设计包含以下要素：一是体现完整的产品设计过程，设计工艺流程，在加工中将各工种融会贯通，让学生的单一、分散的能力通过本任务结合在一起；二是结合专业特点及模块理论知识设计工种融合的种类，适应专业培养方向，具有针对性；三是结合实际情况，制定多工种融合设计方案，充分利用现有条件，提高教学质量与教学效率。

多工种融合的目标就是将专业理论知识与机械加工训练内容以及现代产品设计过程有机结合起来，设计过程包含难度适中的各工种技能操作、理论知识点的融会贯通、产品制造工艺流程，充分体现了"工学一体化""理实一体化"的教学理念，使教学过程生动、直观，知识易于理解与掌握，契合工科类院校学生的学习特点，在一定程度上实现了教学模式与现代产品加工过程的融合。

6.2 多工种融合创新训练项目

6.2.1 多工种融合创新训练项目任务概述

1. 任务目的

多工种融合创新训练项目的实训旨在让学生以项目小组形式进行项目命题作品的设计制作，结合项目命题作品的设计制作过程，学习制造工艺理论知识，对项目命题作品的结构原理、设计、制作、装配、调试、运行等进行一个完整的过程训练。学生在项目实践中将需要结合多个工种，才能完成项目。通过多工种融合创新训练项目，学生将了解机械制造的基本工艺知识和在机械制造中的应用、了解电子电路的设计及制作工艺、了解工业产品制造的全过程，培养学生的工程意识、动手能力、创新精神，提高综合素质。

2. 任务要求

(1) 按老师提供的设计理念、产品外观与尺寸，设计并制作出满足预期功能的作品。

(2) 成品尺寸需要在允许范围内，且各零部件的装配紧凑、牢固，具备一定的稳定性，如有电子元器件，则电子元器件必须检测无故障，安装正确，焊接牢固，无脱焊、虚焊等不良焊点。

(3) 以项目小组的形式进行，每组成员合作并成功制作一个符合要求的产品。

3. 任务内容

(1) 利用建模绘图软件(实训室可选软件：UG / Solidworks /CAD)进行结构设计，采用 Protel、AD 等软件进行电路设计。

(2) 根据各零部件设计特点，选择对应的加工方式进行加工。

(3) 将各零部件按照装配图进行组装。

(4) 调试验证产品的功能与性能，对不合理之处进行优化设计及后处理。

(5) 整理技术资料，以项目小组为单位提交最终产品与其他技术文件(其他技术文件包括但不限于相关设计图纸、心得体会、设计变动与创新特色等)。

4. 任务流程

(1) 指导老师进行任务讲解。

(2) 项目小组提出结构设计方案并绘制零部件图。

(3) 分工协作，加工零部件。

(4) 装配、验证、优化以及后处理。

6.2.2　多工种融合创新训练项目实例

1. 指尖陀螺

观看视频

1) 设计理念

随着社会的不断发展，生活节奏越来越快，现代人的压力也在不断增长，而假如处于长期的焦虑，无论是心理还是生理都存在着一定的损害，而指尖陀螺就能帮助人们减轻焦虑，得到放松。

指尖陀螺由一个双向或多向的对称体作为主体，在主体中间嵌入一个轴承的设计组合，整体构成一个可平面滚动的新式物品，这种小玩具的基本原理类似于传统陀螺，但是需要使用几个手指进行掌握和拨动才能让其旋转。

2) 主要功能

(1) 依赖轴承滚动原理达到旋转效果，把玩指尖陀螺仅需要用拇指与另一个手指的捏力提供固定支点，再利用第三个手指指尖进行拨动便可使其旋转。

(2) 能轻松拨动旋转，不仅能帮助人们缓解焦虑、压力，而且能帮助人们锻炼，让手指灵巧有力。

3) 作品展示

图 6.2.1 是指尖陀螺作品展示图。

图 6.2.1　指尖陀螺作品展示图

4) 加工工艺

本项目涉及线切割、铣削、车削等加工工艺。

2. 多功能防疫消毒器

观看视频

1) 设计理念

新冠疫情反复无常，防疫工作已经常态化。而对于医护工作者、老师、服务人员等职业来说，日常工作需要频繁地与外人接触、交流，使得他们成为高风险人群。通常人们习惯于用香皂或按压式免洗手消毒液等方式清洁，但是这种消毒方式不方便、效率低、消毒不彻底且存在大量的浪费，影响了工作进度和生活质量，增加了很多不必要的时间成本和物料成本。针对上述情形，拟研制新型的桌面级多功能防疫消毒器，一方面能够将消毒液雾化，及时有效地对周边环境进行杀菌消毒，另一方面采用伸手感应设计，自动控制免洗手消毒凝胶也能大大节约日常洗手清洁的时间，既保证了防疫效果又能提升工作效率。

2) 主要功能

(1) 能够实现消毒液等液体雾化，增加环境湿度的同时能够清洁空气，为使用者营造一个健康、舒适的学习工作环境。

(2) 采用免接触感应的方式喷射免洗手凝胶等消毒物质，使用者能够有效地对手部和上臂进行消毒。

作品展示如图 6.2.2 所示。

图 6.2.2　多功能防疫消毒器作品展示图

3) 加工工艺

本项目涉及激光加工、3D 打印及电子制作等加工工艺。

3. 按压型小风扇

1) 设计理念

炎炎夏日，利用 3D 打印和激光雕切技术，亲手设计一款不需要电池、不需要充电的按压式手持风扇。大小方便携带，轻轻一按，立享清凉。

观看视频

2) 主要功能

按下把手，通过内部齿轮结构带动风扇叶片旋转，从而带来阵阵凉风。

3) 作品展示(图 6.2.3)

图 6.2.3　按压型小风扇作品展示图

4) 加工工艺

本项目涉及激光加工、3D 打印等加工工艺。

4. 感应小风扇

1) 设计理念

本项目设计灵感来源于常见迷你小风扇，加上红外感应装置，可让风扇实

观看视频

现自动启停。当用身体部位触发红外感应器后，风扇可自动运转；当身体部位离开感应器范围后，风扇停止运行。使用方便，有效节能。

2) 主要功能

采用感应的方式来开启小风扇，实现"挥之则启，移之则停"。

3) 作品展示(图 6.2.4)

待机状态　　　　　　　　　　　启动状态

图 6.2.4　感应小风扇作品展示图

4) 加工工艺

本项目涉及激光加工、3D 打印及电子制作等加工工艺。

5. 机械蝴蝶

1) 设计理念

机械齿轮蝴蝶造型美观，可用于装饰，采用电机转动带动机械蝴蝶扇动翅膀，体现机电一体化的多工种融合思想。

2) 主要功能

能够通过电机控制齿轮传动，通过齿轮啮合，带动蝴蝶翅膀上下摆动，从而达到装饰美观的作用。

观看视频

3) 产品展示(图 6.2.5)

图 6.2.5　机械蝴蝶作品展示图

图 6.2.5(续)

4) 加工工艺

本项目涉及激光加工、线切割、电子制作等加工工艺。

6. 手拉式竹蜻蜓

1) 设计理念

通过研制竹蜻蜓,既可让学生自主设计造型,达到美观的装饰效果,又可体现车削加工、铣削加工和 3D 打印多工种融合的思想。

2) 主要功能

通过手动拉绳,带动细杆旋转,通过键槽连接,使齿轮进行来回正转和反转,让竹蜻蜓翅膀等回转体旋转飞出,可用于娱乐。

3) 产品展示(图 6.2.6)

观看视频

图 6.2.6 竹蜻蜓作品展示图

4) 加工工艺

本项目涉及车削加工、3D 打印、铣削加工等加工工艺。

7. 3D 打印叶轮模样在砂型铸造中的应用

1) 设计理念

观看视频

利用熔融沉积成型技术制作产品模样来替代传统木模,并进行砂型铸造。叶轮是鼓风机上的核心零件,叶轮成品质量的优劣直接影响鼓风机的工作效率,其铸造用的叶轮模样结构复杂,具有较多的曲面,采用传统的加工方法制造周期长,所需的工装夹具多,综合制造成本高。针对上述情况,拟利用 3D 打印技术将叶轮的三维设计图直接转化成 PLA 材质的塑料叶轮模样，极大地缩短了生产周期，节约了制造成本，3D 打印模样以其良好的抗湿特性、力学性能拓展了铸造用模样的工艺途径。

2) 主要功能

(1) 能够实现 3D 打印叶轮替换传统木质模样。

(2) 针对铸造加工工艺要求设计相关模样，利用 3D 打印技术进行模样的个性化定制。

3) 零件成品展示(图 6.2.7)

图 6.2.7　砂型铸造叶轮作品展示图

4) 加工工艺

本项目涉及 3D 打印及铸造等加工工艺。

8. 简易无人机制作

1) 产品简介

无人机是一种可以通过远程操控来实现某些特定功能的飞行器，具有续航时间长、飞行高度高、可携带外接设备等一系列优点，目前无人机在多个领域取得应用，并且经过行业的不断完善，已经形成初步的产业链。无人机以其自身的突出的优点、高性价比等巨大优势吸引了人们的关注，并且在不断地研究

观看视频

中取得了一定的突破，从无人机整个行业的前景看，无疑是值得肯定的，并且现有技术不断革新的情况下无人机在未来的发展将会越来越好。无人机作为现代的新星，对它的研究应用无论是对自身发展还是国家技术改革创新都具有很大的作用，在无人机势如春笋的发展背景下，通过实训去了解无人机。将对未来就业以及自身发展具有重大意义。

2) 作品展示(图 6.2.8)

图 6.2.8　简易无人机作品展示图

3) 加工工艺

本项目涉及激光加工、3D 打印及电子制作等加工工艺。

9. 蓝牙音箱

1) 设计理念

随着生活水平的不断提高，越来越多的人开始追求物质与精神方面的享受。音乐能够愉悦心情、缓减压力、消除焦虑，是人们日常生活中不可或缺的一部分，蓝牙音箱因外形小巧便携，能与手机、电脑等智能设备连接，越来越受到广大消费者的喜爱。目前市面上的蓝牙音箱存在外观呆板单一、缺乏生机、音量较小、价格偏贵、功能单一等缺点。针对上述情形，拟研制新型时尚的双通道蓝牙音箱，一方面，采用双喇叭结构和 USB 接口设计，既可以提高音量大小，又可以扩展音乐来源。另一方面，外观采用透明亚克力板，时尚美观。

2) 主要功能

(1) 能够与手机、电脑等智能设备进行蓝牙连接，传输距离远且稳定，音质清晰，USB 扩展接口可外接 U 盘音乐库。

(2) 外观采用透明亚克力板；电路采用 LED 彩灯设计，能够根据音量大小和节奏闪烁形成音乐彩灯频谱，使其变得生动活泼、富有情趣。

3) 作品展示(图 6.2.9)

图 6.2.9　蓝牙音箱作品展示图

4) 加工工艺

本项目涉及电子制作、激光加工等加工工艺。

参考文献

[1] 傅彩明. 金工与先进制造实习[M]. 上海：上海交通大学出版社，2020.

[2] 李建明. 金工实习[M]. 北京：高等教育出版社，2010.

[3] 陈吉红，杨克冲. 数控车床实验指南[M]. 武汉：华中科技大学出版社，2003.

[4] 张超英，罗学科. 数控车床加工工艺、编程及操作实训[M]. 北京：高等教育出版社，2003.

[5] 胡慧，彭文静. 金工实习指导[M]. 北京：清华大学出版社，2022.

[6] 傅彩明，刘文锋，陈娟. 金工与先进制造实习[M]. 上海：上海交通大学出版社，2019.

[7] 傅彩明，刘文锋. 金工实习手册[M]. 上海：上海交通大学出版社，2019.

[8] 李苏，张占辉，韩善果，等. 激光技术在材料加工领域的应用与发展[J]. 精密成形工程，2020，12(4)：10.

[9] 陈楠，赵晶，王蕊. 激光加工技术在金属加工工艺中的应用[J]. 冶金管理，2022，5：22-24.

[10] 何广川. 浅谈激光加工技术的现状及发展[J]. 现代制造技术与装备，2020，56(10)：2.

[11] 陈家璧. 激光原理及应用[M]. 北京：电子工业出版社，2014.

[12] 文杨昊. 激光技术在金属材料加工工艺中的应用研究[J]. 世界有色金属，2020，4(23)：133-134.

[13] 侯雪滨. 激光技术在金属材料加工工艺中的应用[J]. 信息记录材料，2020，21(04)：20-21.

[14] 梁磊，张宁. 激光技术应用综述[J]. 河南科技，2019，2(35)：79-80.

[15] 刘丽鸿，李艳艳. 3D 打印技术与逆向工程实例教程[M]. 北京：机械工业出版社，2022.